EXERCICES

ET

QUESTIONS DIVERSES

PAR

J. ADHÉMAR.

TOME PREMIER.

Cours de mathématiques pl 36

PARIS.

CARILIAN-GŒURY ET Vᵉ DALMONT,
QUAI DES AUGUSTINS, 49;

.... ET Cᵉ, RUE PIERRE-SARRAZIN, 14.

MATHIAS, QUAI MALAQUAIS, 15.

1855.

LIBRAIRIE SCIENTIFIQUE-INDUSTRIELLE

DE L. MATHIAS (AUGUSTIN), QUAI MALAQUAIS, 15.

SUPPLÉMENT

AU

TRAITÉ DE GÉOMÉTRIE

DESCRIPTIVE,

Par J. ADHÉMAR.

EXERCICES, ÉPURES DE CONCOURS

ET QUESTIONS D'EXAMENS.

Il paraît une Livraison tous les quinze jours.

50 centimes la Livraison.

Cet ouvrage, composé uniquement d'Exercices, pourra servir de complément
à tous les Traités de Géométrie descriptive.

Chaque livraison est composée d'une planche gravée, du
même format que les Atlas de M. Adhémar. Lorsque la question exigera plus de développements, la planche sera doublée,
et dans ce cas, elle comptera pour deux livraisons.

Chaque feuille de texte, composée de 16 pages, sera envoyée *gratis* aux souscripteurs aussitôt qu'elle sera complète.

1849

Les feuilles de texte et les épures seront disposées de manière à pouvoir être reliées en volumes.

Le nombre des livraisons est indéterminé ; mais les souscripteurs, *ne prenant* aucun engagement pour l'avenir, pourront cesser leur abonnement quand ils voudront.

Chaque épure, sans texte, pourra être vendue séparément au prix de 50 centimes ; mais le texte n'étant pas coupé par planches ne pourra être donné qu'aux personnes qui auront souscrit à toutes les livraisons précédentes.

Les livraisons seront envoyées aux souscripteurs qui se feront inscrire chez Mathias, libraire, quai Malaquais, 15, à Paris.

PARIS. — IMPRIMÉ PAR E. THUNOT ET Cᵉ,
Rue Racine, 26, près de l'Odéon.

CARILIAN-GŒURY ET Vᴼᴿ DALMONT,

LIBRAIRES DES CORPS DES PONTS ET CHAUSSÉES ET DES MINES,
Quai des Augustins, 49, à Paris.

GÉOMÉTRIE DESCRIPTIVE. - SOUSCRIPTION.

EXERCICES,
ÉPURES DE CONCOURS ET QUESTIONS D'EXAMENS.

PAR J. ADHÉMAR.

Il paraît tous les quinze jours une Planche gravée, au prix de

50 centimes la Livraison.

Les vingt-cinq premières Planches sont en vente.

Chaque livraison est composée d'une épure gravée, du même format que les atlas de M. Adhémar. Lorsque la question exigera plus de développements, la planche sera doublée, et quelquefois même quadruplée. Ce qui n'augmentera pas le prix de la livraison.

Chaque feuille de texte in-8°, et par conséquent composée de 16 pages, sera envoyée *gratis* aux souscripteurs aussitôt qu'elle sera complète.

Les feuilles de texte et les épures seront disposées de manière à pouvoir être reliées en volumes.

Le nombre des livraisons est indéterminé; mais les souscripteurs, ne prenant aucun engagement pour l'avenir, pourront *commencer* ou *cesser* leur abonnement quand ils voudront.

Chaque épure, sans texte, pourra être vendue *séparément* au prix de 50 centimes pour les planches simples, 1 franc pour les planches doubles, et 2 francs pour les planches quadruples; mais le texte n'étant pas coupé par planches ne pourra être donné qu'aux personnes qui auront souscrit au moins pour dix livraisons.

Les livraisons seront envoyées aux souscripteurs qui se feront inscrire chez CARILIAN-GOEURY et VICTOR DALMONT, quai des Augustins, 49, à Paris.

***

Ce nouvel ouvrage contiendra beaucoup de problèmes et d'exercices qui n'auraient pas pu trouver une place convenable dans un *Traité de Principes*.

En effet, si les démonstrations étaient accompagnées d'un trop grand nombre de questions particulières, cela pourrait produire confusion dans l'esprit des élèves et fatiguer leur mémoire sans aucun avantage. Ils ne sauraient pas faire une distinction suffisante entre les théorèmes qui doivent être toujours présents à leur pensée, et les problèmes qui n'étant que des exercices peuvent être oubliés sans inconvénient.

D'ailleurs, la forme adoptée pour l'ouvrage actuel permettra de donner aux solutions et à la discussion des problèmes les développements qui, placés ailleurs, détourneraient l'attention du lecteur des idées générales sans lesquelles toute théorie est impossible.

La faculté de renvoyer au Traité des principes dispensera de classer les questions à résoudre dans un ordre déterminé, et permettra par conséquent d'étudier d'abord celles qui paraitront les plus intéressantes ou qui n'auraient pas été suffisamment développées par les auteurs qui ont écrit sur la Géométrie descriptive.

Cet ouvrage renfermera les épures correspondantes aux questions proposées dans les examens pour l'admission aux diverses écoles publiques.

Pour faciliter les études, une table des matières contiendra les énoncés de toutes les questions résolues, avec les renvois nécessaires aux pages et aux articles.

COURS

DE MATHÉMATIQUES

A L'USAGE

DE L'INGÉNIEUR CIVIL,

PAR J. ADHÉMAR.

Chaque Traité se vend séparément.

———————

PARIS.

CARILIAN-GOEURY ET Vᵒʳ DALMONT, LIBRAIRES.

QUAI DES AUGUSTINS, 49.

1852

PARIS. — IMPRIMÉ PAR E. THUNOT ET Cᵉ, RUE RACINE, 26,
Près de l'Odéon.

EXERCICES

DE

GÉOMÉTRIE DESCRIPTIVE.

PARIS. — IMPRIMÉ PAR E. THUNOT ET Cᵉ,
Rue Racine, 26, près de l'Odéon.

SUPPLÉMENT

AU

TRAITÉ DE GÉOMÉTRIE

DESCRIPTIVE,

Par J. ADHÉMAR.

EXERCICES, ÉPURES DE CONCOURS
ET QUESTIONS D'EXAMENS.

PARIS.

MATHIAS, LIBRAIRE, QUAI MALAQUAIS, 15.

1850.

1849

TABLE DES MATIÈRES.

NOTA. — *Les chiffres à gauche sont les numéros des articles, et les chiffres correspondants à droite indiquent la page.*

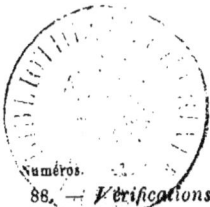

FIN DE LA TABLE DU PREMIER VOLUME.

INTRODUCTION.

Dans l'ouvrage dont je publie aujourd'hui la première livraison, je me propose de réunir un certain nombre de problèmes et d'exercices qui n'auraient pas pu trouver une place convenable dans mon *Traité de Géométrie descriptive*.

En effet, si la démonstration des principes était accompagnée d'un trop grand nombre de questions particulières, cela pourrait produire confusion dans l'esprit des élèves et fatiguer leur mémoire sans aucun avantage. Ils ne sauraient pas faire une distinction suffisante entre les idées qui doivent être toujours présentes à leur pensée, et celles qui n'étant que des exercices peuvent être oubliées sans inconvénient.

D'ailleurs, la forme adoptée pour l'ouvrage actuel permettra de donner aux solutions et à la discussion des problèmes les développements qui, placés ailleurs, détourneraient l'attention du lecteur des idées générales sans lesquelles toute théorie est impossible.

La faculté de renvoyer aux différents articles du traité des principes dispensera de classer les questions à résoudre dans un ordre déterminé, et permettra par conséquent d'étudier d'abord celles qui paraîtront les plus intéressantes ou qui n'auraient pas été suffisamment développées par les auteurs qui ont écrit sur la Géométrie descriptive.

L'ordre arbitraire adopté pour ces exercices permettra d'y introduire les solutions trouvées par les personnes qui s'occupent avec succès de cette partie si utile des mathématiques, et M. Adhémar adresse d'avance ses remercîments aux professeurs ou élèves qui consentiront à lui communiquer les résultats de leurs études particulières.

Quoique ce recueil soit principalement destiné aux exercices de Géométrie descriptive, l'auteur se réserve la faculté d'y introduire les questions de Géométrie élémentaire ou d'algèbre appliquée qui pourraient se rattacher d'une manière plus ou moins directe à la solution graphique des problèmes.

Enfin, le tout formera une espèce de journal périodique où l'on donnera principalement les solutions de tous les problèmes qui seraient de nature à intéresser le lecteur.

Cet ouvrage renfermera les réponses aux questions

proposées dans les examens pour l'admission aux diverses écoles publiques.

Pour faciliter les études, une table des matières contiendra les énoncés de toutes les questions résolues avec les renvois nécessaires aux pages et aux articles.

Avis. Le nombre placé en tête et du côté opposé au numéro de chaque page, indique la planche ; les numéros des figures sont placés dans le texte ; le numéro de chaque article est au commencement du premier alinéa qui concerne cet article, et les nombres seuls, entre parenthèses sont des renvois aux articles précédents de cet ouvrage. Enfin, les renvois au *Traité de Géométrie descriptive* sont indiqués par les deux lettres GD, suivies du numéro de l'article.

EXERCICES

DE

GÉOMÉTRIE DESCRIPTIVE.

1. Notation. La Géométrie descriptive peut être considérée comme une langue au moyen de laquelle on exprime
les relations qui existent entre les différentes parties de
l'espace.

La Géométrie descriptive est la langue de l'ingénieur, c'est
la langue dont il se sert lorsqu'il veut se faire comprendre
des ouvriers; et quoique ces derniers ne soient pas encore
assez éclairés pour apprécier l'exactitude du langage géométrique, ils comprennent parfaitement les relations qui sont
exprimées par une épure : s'ils ne comprennent pas le langage parlé, s'ils ne comprennent pas le langage écrit, ce qui
provient de ce que beaucoup d'entre eux n'ont pas les con-
naissances géométriques suffisantes, ils comprennent parfaitement en revanche le langage dessiné.

Pour obtenir ce résultat, il faut apporter beaucoup de soin dans la disposition de l'épure et dans le choix des lignes destinées à relier entre elles toutes les parties du problème, de manière à faire reconnaître autant que possible l'ordre des opérations par lesquelles les quantités inconnues sont déduites des quantités données.

Je crois que c'est le but que l'on doit chercher à remplir dans un ouvrage destiné à familiariser le lecteur avec la solution graphique des problèmes, et j'ai toujours pensé que le *Traité de Géométrie descriptive* le plus parfait serait celui qui n'aurait pas besoin de texte, ou au moins dont le texte ne remplirait qu'une fonction secondaire.

Excepté pour l'explication des principes, le texte ne devrait être qu'une sorte de légende destinée à faire comprendre la décomposition de la question principale, et l'ordre dans lequel doivent être exécutées les opérations particulières qui doivent concourir au résultat.

Je sais que cette opinion n'est pas entièrement partagée par quelques professeurs qui, pour mieux fixer l'attention des élèves sur les principes généraux, croient devoir écarter de leurs cours toutes les circonstances particulières que l'on rencontre dans la pratique.

Réduisant alors l'*épure* à sa plus simple expression, ils ne lui attribuent qu'un rôle analogue à celui que joue la *figure* dans la démonstration des théorèmes de la Géométrie élémentaire; mais les personnes qui ont appliqué la Géométrie descriptive savent très-bien que la disposition de l'épure et le choix des plans de projection est la partie la plus essentielle de la solution des problèmes.

S'il n'est pas possible de faire un traité de Géométrie descriptive sans texte, il faut chercher au moins à en diminuer l'étendue en faisant concourir tous les moyens à la clarté des épures.

On atteindra en partie le but que je propose par l'emploi

d'une bonne notation, et je crois qu'il ne sera pas sans utilité d'entrer à cet égard dans quelques détails.

---

2. Intersection des plans de projection. On sait (·GD) qu'une épure n'est autre chose que le développement de l'angle dièdre formé par les plans de projection.

On suppose toujours que l'on a fait tourner un de ces deux plans autour de la droite suivant laquelle ils se coupent, jusqu'à ce que les deux plans coïncident et ne forment plus qu'une seule surface sur laquelle on dessine.

Le rabattement dont nous venons de parler se fait donc autour de la droite, *intersection des deux plans de projection*, et Monge, dans son *Traité des principes*, n'a jamais nommé cette ligne autrement; mais, pour éviter la répétition de cette longue phrase, il a constamment désigné la droite dont il s'agit par les deux lettres L et M, et *depuis la première page jusqu'à la dernière, il n'a jamais parlé de cette ligne autrement qu'en la nommant la droite* LM.

Hachette, dans tous ses ouvrages sur la Géométrie descriptive, a toujours dit *la droite* AB, tandis que Lacroix n'a jamais désigné cette même ligne autrement que par les deux lettres XY.

Malgré les autorités que je viens de nommer, quelques personnes ont cru devoir donner le nom de *ligne de terre* à la droite suivant laquelle se coupent les deux plans de projection.

Il est assez probable que cela provient de l'usage dans lequel sont les architectes de considérer la ligne horizontale au-dessus de laquelle ils dessinent leur élévation, comme indiquant la surface du sol; mais il est évident que ce cas est beaucoup trop particulier pour motiver l'expression de ligne de terre comme désignation générale.

Ce qui est vrai pour un dessin représentant l'ensemble d'un monument, cesse complétement d'être exact dans les épures de détail ; et sans sortir des applications à l'architecture, je ferai remarquer que dans les épures de coupe des pierres, le plan horizontal de projection se trouve presque toujours *à la hauteur des naissances des voûtes*, tandis que dans les épures de charpente, cette même ligne se trouve à la hauteur des *sablières*, c'est-à-dire immédiatement au-dessous du comble, et par conséquent *dans la partie la plus élevée du monument*.

Dans la perspective, le plan horizontal de projection est souvent pris *au-dessus des monuments que l'on dessine*.

L'expression dont il s'agit ne peut donc se rapporter avec exactitude qu'à un très-petit nombre d'applications particulières, et manque essentiellement du caractère de généralité que l'on doit toujours chercher à introduire dans la démonstration des principes.

Au surplus, j'attacherais fort peu d'importance à cette dénomination si une longue expérience ne m'avait pas fait reconnaître qu'elle donne des idées fausses aux commençants. Confondant souvent dans leur esprit le plan horizontal avec la surface de la terre, ils ont de la peine à considérer les plans de projection d'une manière abstraite et comme des conceptions géométriques, qui doivent rester entièrement au choix de celui qui opère ; de sorte que, préoccupés de cette pensée, que l'un des plans coordonnés doit nécessairement coïncider avec la surface du sol, ils comprennent difficilement que le plan horizontal de projection peut être pris à toutes les hauteurs.

L'expression que je critique offre d'ailleurs dans les applications d'autres inconvénients faciles à comprendre.

En effet, dans les grandes épures, il n'y a souvent qu'un seul plan horizontal, mais il y a presque toujours un assez grand nombre de plans verticaux de projection. Or, si dans une question composée il y avait, ce qui arrive fréquemment, cinq, six ou un plus grand nombre de plans de projection, il faudrait donc dire *la première*, *la seconde*, *la troisième ligne de terre*, etc., ce qui jetterait une grande confusion dans le langage, tandis qu'il sera toujours facile de distinguer ces lignes par les expressions AZ, A'Z', A"Z", etc.

Enfin, dans quelques problèmes où aucun des plans de projection n'est horizontal, il est évident que l'expression de ligne de terre ne signifierait plus rien.

Au surplus, les réflexions qui précèdent ne sont dictées par aucun désir d'innovation; je ne pense pas qu'il soit utile de changer les expressions adoptées par l'usage ou de créer des expressions nouvelles, et pourvu que les *définitions soient exactes*, j'attache fort peu d'importance à une exactitude de mots que l'on n'obtiendra jamais.

Il y aurait d'ailleurs trop à faire si l'on voulait que les mots fussent toujours l'expression parfaitement exacte des idées, et dans ce cas il faudrait commencer par changer le nom même de la GÉOMÉTRIE, qui bien certainement n'a pas pour but principal de mesurer la terre, comme sembleraient l'indiquer les deux mots grecs qui composent ce nom.

Le mot de multiplication appliqué au calcul des fractions n'est pas plus exact que les mots quarrés et cubes, employés en arithmétique pour exprimer la seconde ou la troisième puissance d'un nombre; mais il s'agit ici d'expressions consacrées par l'usage universel, tandis que le nom de ligne de terre n'a jamais été employé que par un petit nombre d'auteurs.

D'ailleurs, en blâmant l'emploi de cette expression, je ne prétends pas me mettre hors de cause, et je prendrai à mon compte une partie des critiques précédentes.

En effet, dans la première édition de mon *Traité de principe*, j'avais adopté ce même nom de ligne de terre sans y

attacher d'abord une grande importance; mais lorsque j'ai vu
la confusion que cela produisait dans l'esprit des commençants et dans l'explication des épures composées, je me suis
empressé d'abandonner une expression qui n'a jamais été
employée par MONGE, LACROIX ni HACHETTE, et suivant leur
exemple, j'ai constamment désigné par AZ la droite suivant
laquelle se coupent les deux plans de projection.

Il serait sans doute à désirer que tout le monde s'accordât
pour désigner cette droite par les mêmes lettres; mais puisqu'elle a successivement été nommée LM par Monge, XY par
Lacroix, AB par Hachette et LT par M. Ollivier, il ne peut y
avoir aucun inconvénient à la nommer AZ; et si l'on deman-
dait à un élève ce qu'il entend par cette expression, il pourrait dire, comme Monge, que c'est *l'intersection des deux
plans de projection*, tandis que le nom de *ligne de terre*
sera toujours plus difficile à expliquer d'une manière satis-
faisante.

Le choix des lettres A et Z est d'ailleurs motivé par la notation adoptée dans les applications de l'algèbre à la géométrie.

En effet, en exprimant par ZX le plan horizontal de projection et par ZY le plan vertical, il sera facile de transporter
sur l'épure les résultats obtenus par le calcul algébrique, et
réciproquement.

De plus, tout plan auxiliaire de projection, perpendiculaire
à la ligne AZ, pourra être désigné par XY, et si l'on place la
lettre A au point d'intersection des trois plans coordonnés, on
aura établi une analogie complète entre les notations de la
Géométrie descriptive et celle de l'algèbre appliquée.

—————

3. **Notation des points et des lignes**. La plus grande
difficulté que l'on rencontre dans la notation des grandes
épures de Géométrie descriptive provient de ce que les points

que l'on veut désigner sont souvent si nombreux, si rapprochés les uns des autres et entourés par un si grand nombre de lignes d'opérations, qu'il ne reste plus assez de place pour écrire les lettres qui doivent faire reconnaître ces points.

Cette difficulté n'est presque jamais sensible dans les études élémentaires, parce que les épures destinées à la démonstration des principes généraux sont ordinairement peu chargées de lignes et de points; mais lorsqu'on arrive aux applications, il n'en est plus de même, et c'est alors que les inconvénients dont nous venons de parler, se faisant vivement sentir, l'on regrette de ne pas avoir adopté dès l'origine une notation plus convenable.

Mais quand on parviendrait à trouver une notation parfaite, il serait sans doute très-difficile de la faire adopter; car il faudrait pour cela que l'on abandonnât toutes celles qui sont en usage, ce que je ne proposerai même pas.

Je me contenterai d'indiquer quelques modifications qui, je crois, suffiront pour faire disparaître une grande partie des inconvénients que j'ai signalés plus haut.

Je ferai remarquer d'abord qu'il n'est nullement nécessaire que chacune des projections d'une même droite soit désignée par deux lettres.

Une seule, placée à l'endroit où la ligne suffisamment prolongée rencontre le cadre de l'épure (PL. 1), suffira pour faire retrouver la droite dont on parle, beaucoup plus facilement qu'on ne peut le faire avec deux lettres, qu'il faut souvent chercher longtemps au milieu du réseau formé par le nombre considérable de lignes qui concourent à la solution de certains problèmes composés.

Cette méthode, que j'ai toujours employée, a l'avantage de diminuer le nombre des lettres nécessaires, et cet avantage est d'autant plus grand que l'on éprouve quelquefois beaucoup de difficulté pour trouver autant de lettres que l'on a de lignes et de points à désigner, et que l'on est souvent obligé d'employer les chiffres pour indiquer un grand nombre de ces points.

Ce qui précède étant admis, voyons s'il n'y aurait pas moyen d'introduire quelque régularité dans le choix des lettres employées.

Monge, et par suite Hachette, dans leurs *Traités*, ont à peu près constamment désigné par une lettre capitale la projection horizontale de chaque point, et par la petite lettre correspondante la projection verticale du même point.

Cette notation assez simple aurait toujours le défaut d'embarrasser par des grandes lettres la projection horizontale de l'épure, et cet inconvénient est d'autant plus grave dans les applications, que plusieurs projections verticales se rapportant souvent à une seule projection horizontale, cette partie de l'épure est presque toujours la plus chargée de lignes.

C'est ce que Hachette paraît avoir reconnu, puisque dans quelques-unes de ses épures, et principalement dans celles qui se rapportent aux applications, il a repris l'usage des petites lettres pour les deux projections.

D'ailleurs, il est souvent nécessaire, pour démontrer un principe ou pour faire comprendre la décomposition d'une question principale, de faire une figure de géométrie ordinaire; et l'usage adopté généralement dans ce cas, étant d'employer les lettres capitales, on ne pourrait plus, dans le texte, désigner suffisamment les points A ou B de l'espace, si leurs projections horizontales étaient indiquées de la même manière sur l'épure.

Ces considérations paraissent avoir déterminé la notation adoptée par Lacroix, qui, réservant les lettres A, B, C, etc., pour désigner les points de l'espace, exprime leur projection horizontale par A', B', C', et les projections verticales correspondantes par A'', B'', C''.

Cette notation serait peut-être préférable à celles de Monge et de Hachette, mais outre l'inconvénient de placer des accents sur la projection horizontale qui est souvent embarrassée par un si grand nombre de lignes, il est évident qu'il sera toujours plus facile de trouver la place pour une petite lettre que pour une lettre capitale.

Je crois donc, qu'une partie des difficultés que je viens de signaler serait évitée par la notation suivante adoptée par beaucoup de professeurs :

Points ou lignes de l'espace. . . . . **A, B, C, D,**
Projections horizontales des mêmes points. $a, b, c, d,$
Projections verticales. . . . . $a', b', c', d'.$

Quelquefois aussi, on pourra désigner les points ou lignes de l'espace par aa', bb', cc', etc.

La confusion entre les lignes et les points ne sera jamais possible si, comme je le propose ici, la lettre indiquant la projection d'un point est placée sur l'épure, tout auprès de cette projection, tandis que la lettre employée pour désigner une ligne, serait placée au bord de l'épure, au point où la projection de cette ligne prolongée vient couper le cadre.

Souvent dans la pratique, lorsqu'il n'est pas nécessaire de conserver la notation et qu'elle n'est utile que pour éviter la confusion pendant l'exécution du travail graphique, on peut se contenter d'écrire au crayon la lettre en dehors du cadre (*pl.* 1) et la faire disparaître avec la gomme aussitôt que l'épure est terminée.

En jetant un coup d'œil rapide au bord du cadre, on retrouve de suite la ligne dont on a besoin, et il est facile alors de suivre cette ligne dans toutes les parties de l'épure quelle que soit la confusion qui pourrait provenir du grand nombre de points ou de lignes projetées.

On peut encore simplifier la notation en employant le moyen

2

que je vais indiquer, et qui m'a été fort utile dans quelques
épures très-composées.

On écrira l'alphabet sur un morceau de papier en disposant
les lettres de la manière suivante :

$$a\ c\ e\ i\ m\ n\ o\ r\ s\ t\ u\ v\ x\ z$$
$$b\ d\ f\ g\ h\ j\ k\ l\ p\ q\ y$$

* Les lettres de la première ligne étant moins embarrassantes
pourront être employées de préférence pour désigner les points
situés dans les parties de l'épure qui seront très-chargées, tandis que les autres lettres seront plus particulièrement affec-
tées à la notation des lignes prolongées jusqu'au bord du
cadre.

---

4. Projections auxiliaires. Nous n'avons parlé dans ce
qui précède que des deux principaux plans de projection que
l'on est convenu de nommer vertical et horizontal, quoiqu'il
arrive quelquefois que tous les deux sont verticaux ou inclinés
dans l'espace.

Ces deux plans suffisent presque toujours pour résoudre les
questions élémentaires ou pour la démonstration des principes ; mais, dans les questions composées, il sera souvent
nécessaire d'introduire un assez grand nombre de plans auxiliaires de projection.

Or, de quelque manière que soient placés ces plans, on
pourra toujours, en exprimant, comme nous en sommes con-
venus, chaque point de l'espace par une lettre capitale désigner
ses diverses projections par la petite lettre correspondante,
accentuée de manière à indiquer l'ordre des nouveaux plans
de projection successivement introduits.

Ainsi, on aurait (*fig.* **2**, *pl.* **1**) :

Points ou lignes de l'espace.	A, B, C, D, E
Projection horizontale.	a, b, c, d, e
Projection verticale.	a', b', c', d', e'
Première projection auxiliaire.	a'', b'', c'', d'', e''
Deuxième projection auxiliaire. . . .	a''', b''', c''', d''', e'''

et ainsi de suite, quel que soit le nombre des plans sur lesquels un point ou une ligne auront été projetés.

Ce mode de notation permettra, surtout dans les opérations de rabattement, de suivre par la pensée les lignes et les points dans toutes les positions qu'il faut leur faire occuper dans l'espace pour arriver à la solution complète du problème.

Les notations que nous venons d'indiquer ne seront employées que pour désigner les points et les lignes droites : pour les courbes, dont la construction exige un grand nombre de points, il sera plus commode d'employer des chiffres accentués également, de manière à indiquer autant que possible l'ordre des opérations successives.

On pourra encore employer les chiffres dans les questions où il faudra désigner un grand nombre de points, comme, par exemple dans les projections de polyèdres qui auraient beaucoup de sommets, dans les épures de coupe des pierres et d'assemblages de charpente, où les polygones formés par les pénétrations mutuelles des pièces de bois ont souvent un si grand nombre de côtés; enfin on peut également désigner par des chiffres les génératrices de surface ou les divers systèmes de lignes que l'on est souvent obligé de tracer pour arriver à la solution des problèmes, telles, par exemple, que les rayons de lumière dans la théorie des ombres, ou les rayons visuels dans la perspective, etc.

Lorsque l'on aura épuisé l'alphabet ordinaire, il faudra bien trouver quelque autre notation pour indiquer les parties essentielles de l'épure.

Quelques auteurs emploient l'alphabet grec, mais la forme de ces caractères, avec lesquels beaucoup de personnes et surtout les ouvriers sont peu familiarisés, m'engagera toujours à en restreindre l'usage.

Je préfère employer les lettres capitales, et quoique nous ayons réservé l'usage de ces lettres pour désigner les points ou les lignes de l'espace, je crois que l'on se priverait volontairement d'une ressource précieuse si l'on considérait cette convention comme absolue, et que l'on pourra sans inconvénient, introduire les lettres capitales dans certaines épures composées.

Ainsi, par exemple, nous avons adopté les deux lettres A et Z pour l'intersection de plans coordonnés principaux ; nous consacrerons également les lettres YX ou YZ pour les plans auxiliaires de projection (*fig.* **2**).

Enfin, les lettres E, F, D, G, H, etc., pourront être employées avec avantage pour désigner quelques-unes des parties principales de l'épure, comme, par exemple, la base ou la section droite d'un prisme, la projection tout entière de ce prisme, celle d'un cylindre, d'un cône ou d'une sphère, le développement d'une surface ou la courbe tout entière provenant de la section d'une surface par un plan ou de la pénétration de deux surfaces, etc.

----

5. **Notation des plans**. Nous n'avons rien dit encore des plans, pour lesquels nous adopterons une notation exceptionnelle.

En effet le plan, dans la Géométrie descriptive, possède un caractère qui lui est essentiellement particulier. On *détermine* la position d'un plan, mais *on ne le projette pas.*

Les traces ne sont pas des projections.

Les traces font partie du plan auquel elles appartiennent, et dans lequel elles sont situées ; tandis que les projections des lignes et des points ne font partie ni de ces points ni de ces lignes.

Le plan est l'élément essentiel de la Géométrie descriptive, comme l'équation est l'élément essentiel de l'algèbre ; c'est par les intersections des plans que l'on détermine les points et les lignes dans la géométrie descriptive, comme dans l'algèbre c'est en combinant des équations que l'on parvient à trouver les quantités inconnues.

Enfin les plans, dans la géométrie descriptive, comme les équations dans l'algèbre, ne sont que des *instruments*, ou si l'on veut des *formules* qui, par leur combinaison, servent à trouver la solution des problèmes.

Je n'ai donc pas cru devoir étendre au plan la notation que j'ai indiquée plus haut pour les points et les lignes.

Jusqu'ici j'ai désigné tous les plans par la lettre *p*, en les distinguant seulement par des accents qui indiquent l'ordre suivant lequel chacun d'eux est tracé sur l'épure.

Je continuerai à suivre la même méthode ; mais pour établir une différence encore plus sensible entre la notation des plans et celle des points ou des lignes, je remplacerai dans l'ouvrage actuel la lettre *p* par P et les accents par des chiffres placés à droite et au bas de la lettre P (*fig.* 1 et 2).

Chacun de ces chiffres indiquera l'ordre suivant lequel le plan correspondant sera venu participer à la solution du problème.

Cette convention, en permettant d'exprimer tous les plans par une seule lettre, augmentera le nombre de celles qui resteront disponibles pour désigner les autres parties de l'épure.

D'ailleurs, les traces étant elles-mêmes situées dans les plans auxquels elles appartiennent, il n'y a rien d'irrégulier à indiquer ces traces par les lettres que l'on emploierait pour désigner les mêmes plans dans l'espace, tandis que les *projections* ne faisant pas partie des lignes ou des points auxquels elles se rapportent, et cette distinction devant être souvent rappelée dans le langage, il est nécessaire qu'elle soit également exprimée sur les épures par des lettres d'un caractère différent.

Les chiffres placés au bas et à droite de la lettre P seront moins embarrassants que les accents ', ″, ‴, etc., et suffiront pour désigner tous les plans de l'épure.

En effet, les traces verticale et horizontale d'un plan sont toujours faciles à distinguer par la partie de l'épure sur laquelle elles sont situées, et les ponctuations adoptées feront suffisamment reconnaître celles de ces traces qui sont prolongées au delà du plan de projection auquel elles se rapportent.

Ce que je viens de dire pour la notation des plans ne doit pas être pris dans un sens trop absolu.

Ainsi, nous pourrons quelquefois employer les lettres italiques p, p_1 et p_2, etc., pour désigner les traces de certains plans d'une importance secondaire ; mais il faudra éviter, autant que possible, d'employer sur la même épure les lettres P et p, parce que ces lettres ne diffèrent pas assez par leur forme, et, dans les notations manuscrites, la distinction provenant de la différence de grandeur ne serait pas toujours assez sensible.

---

6. Remarques. Aux considérations qui précèdent, j'ajouterai quelques détails qui sont souvent très-commodes dans l'exécution d'une grande épure.

Ainsi, en écrivant a-c sur le bord du cadre, on pourra désigner la droite qui est déterminée par les deux points a et c. On pourra nommer P_1-P_2 la droite qui résulte de l'intersection des plans P_1 et P_2.

On pourrait aussi exprimer par d-h le point résultant de l'intersection des droites d et h ; par b-P, le point suivant lequel la droite b perce le plan P; par P-bh, P-bd, P-hd, les plans déterminés par les droites b et h, b et d, h et d ;

Par P-acu, P-cmn, les plans déterminés par les trois points a, c, u ou c, m, n; par P-ab, le plan qui contient le point a et la droite b, etc.

Mais toutes ces notations composées de plusieurs lettres ne doivent être placées qu'au bord du cadre et, pendant l'exécution du travail graphique, après quoi on les fait disparaître pour les remplacer par une seule lettre, si toutefois, après l'épure terminée, il est nécessaire de conserver la notation; car il ne faut pas oublier que le principal inconvénient des notations proposées jusqu'ici consiste surtout dans la difficulté de placer un grand nombre de lettres au milieu des épures, et que, par conséquent, *au lieu de chercher à multiplier ces lettres, on doit faire tout ce qui est possible pour en diminuer le nombre.*

---

7. Des différentes espèces de tracés. On peut encore tirer un parti fort utile des différentes manières de tracer les lignes sur les épures.

Ainsi, indépendamment des lignes en points ronds ou en points allongés, on pourra, comme cela est admis par l'usage, employer des ponctuations mixtes, telles que celles qui suivent :

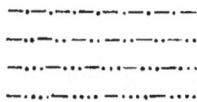

—·—·—·—·—·—·—·—·—
—··—··—···—···—
—···—··—····—···—
—····—····—···—····

De sorte que le nombre de points ronds placés entre deux points allongés consécutifs désignerait certaines lignes ou certains systèmes de lignes satisfaisant à des conditions particulières; et cela suffirait, dans un grand nombre de cas, pour indiquer l'ordre des opérations successives nécessaires pour résoudre la question proposée.

Au surplus, j'espère que l'application des conventions qui précèdent ne laissera dans l'esprit du lecteur aucun doute sur l'avantage qui peut en résulter pour l'exécution des grandes épures.

---

8. Problème. (*Fig.* 1, *pl.* 1.) *Trouver le point commun à trois plans donnés.*

solution. Ce problème, résolu au numéro 67 de mon *Traité des principes*, n'est présenté de nouveau ici que pour offrir au lecteur l'occasion d'appliquer la notation proposée dans les articles précédents.

Ainsi, les trois plans donnés étant désignés par P_1 P_2 et P_3 il est facile de retrouver leurs traces, en parcourant extérieurement les bords du cadre.

La droite bb', intersection des plans P_1 et P_2 est déterminée par les points aa', et cc', suivant lesquels se rencontrent les traces de ces deux plans.

La droite dd', intersection des plans P_2 et P_3 est déterminée par les points vv' et uu',

Et le point xx', commun aux trois plans donnés, résulte de l'intersection de la droite bb' avec dd'.

vérification. La droite hh', intersection du plan P_1 et du plan P_3 est déterminée par les points mm' et nn'.

---

9. Problème. (*Fig.* 2.) *Un point étant donné par ses deux projections* a *et* a', *on se propose de construire la projection* a''' *de ce point sur un plan* P, *puis de rabattre ce dernier plan sur l'épure.*

solution. Pour simplifier le rabattement, on introduira un plan auxiliaire de projection Y′ A′ Z′ perpendiculaire à la trace horizontale du plan P, et par conséquent perpendiculaire à ce plan.

On rabattra sur l'épure le plan $Y'A'Z'$, en le faisant tourner autour de sa trace horizontale $A'Z'$. Par ce mouvement la verticale $A'Y'$ viendra se placer en $A'Y''$, et si l'on fait $A'n''$ égale à $A'n'$, la droite $s''n''$ sera la troisième trace du plan P : car il ne faut pas oublier qu'un plan doit avoir autant de traces qu'il y a de plans de projection.

L'épure étant disposée comme nous venons de le dire, on construira la troisième projection a'' du point donné aa'.

Cette projection sera déterminée en abaissant du point a une perpendiculaire sur $A'Z'$ et portant sur cette droite une quantité $c''a''$ égale à $c'a'$, qui exprime la distance du point donné au plan horizontal de projection.

La perpendiculaire abaissée du point aa'' sur le plan P percera ce plan en un point projeté par t'' sur le plan auxiliaire $Y''A'Z'$, et lorsque l'on rabat le plan P en le faisant tourner autour de sa trace horizontale ss''. Le pied de la perpendiculaire abaissé du point aa'' décrit un arc de cercle qui a le point z pour centre.

Cet arc, parallèle au plan auxiliaire de projection $Y'A'Z'$, se projette sur ce plan par $t''t'''$ et la droite $t'''a'''$, perpendiculaire sur $A'Z'$ détermine sur le prolongement de az le point a''' qui est la projection du point aa' sur le plan P rabattu.

En opérant de la même manière, on pourra projeter sur le plan P tout autre point ou ligne de l'espace.

Ainsi, les points vv', uu' étant projetés d'abord en v'' et u'' sur le plan auxiliaire $Y''A'Z'$, on en déduira facilement les projections v''' et u''' des mêmes points sur le plan P; de sorte que la droite $v'''u'''$ sera la projection de la droite vu, $v'u'$ sur le plan P rabattu.

On pourra également, comme exercice ou comme vérification, obtenir sur le plan P la projection e''' du point e, suivant lequel la droite vu, $v'u'$ percerait le plan horizontal de projection ou le point r''', projection du point r'', suivant lequel la même droite est coupée par le plan P.

Les arcs de cercle décrits du point A' comme centre ont pour but de rappeler que les projections d'un même point doivent être à la même hauteur sur les deux plans verticaux Y'A'Z, Y"A'Z'; mais il faut bien remarquer que ces arcs ne représentent pas le chemin parcouru dans l'espace par les points de la droite A'Y' lorsque l'on rabat cette ligne en A'Y": car il est évident, par exemple, que le point n' ne peut venir se placer en $n"$ qu'en décrivant deux arcs de cercle dont le premier, perpendiculaire à la ligne A'Z, et projeté par A'n' sur le plan vertical Y'A'Z, a pour but de ramener le point n à la place qu'il occuperait dans l'espace si le plan Y'AZ était revenu à sa position perpendiculaire au plan horizontal de projection, tandis que si l'on rabat le plan Y'A'Z', le point nn' décrit un second arc perpendiculaire sur A'Z' et projeté sur l'épure par A'$n"$.

---

10. Deuxième solution. (*Fig.* 2.) On peut obtenir la projection a''' du point aa' sur le plan P, sans employer le plan auxiliaire de projection Y'A'Z'.

En effet, concevons par le point mm' une droite perpendiculaire sur la trace horizontale $ss"$ du plan P.

Cette ligne sera projetée sur le plan horizontal par la droite mo perpendiculaire sur $ss"$.

Or, si l'on fait tourner le plan P autour de sa trace horizontale, le point m' viendra se placer en m''' en décrivant un arc de cercle qui aurait pour centre le point o, et pour rayon la droite om''' égale à la perpendiculaire qui mesurerait la distance du point m' à la droite $ss"$.

Il est certain que l'on pourrait chercher la longueur de cette perpendiculaire par le moyen connu ; mais il sera plus simple de remarquer que le triangle projeté sur le plan horizontal par som est rectangle au point o; et puisque l'on connaît dans leur véritable grandeur :

1° Le côté os de l'angle droit ;

2° L'hypoténuse sm' faisant partie de la trace verticale du plan P,

On fera tourner cette hypoténuse autour du point s jusqu'à ce que le point m' soit venu se placer en m''' sur la projection mm''' de l'arc de cercle que décrit le point m' lorsque l'on rabat le plan P.

La droite sm''' sera donc la trace verticale du plan P, rabattue sur le plan horizontal de projection.

Cela étant fait, supposons que nous voulons obtenir la projection a''' du point aa'. nous remarquons que la perpendiculaire abaissée de ce point sur le plan P est l'intersection des deux plans projetants P_1 et P_2

Or, le premier de ces plans étant perpendiculaire à la trace horizontale ss'', coupe le plan P suivant une ligne az qui, dans le rabattement, se confond avec la trace horizontale du plan P_1

Ensuite le plan P_2 perpendiculaire sur la trace verticale sn' du plan P, coupe ce plan suivant la droite $a'x'$ qui devient $x'''a'''$ perpendiculaire sur la trace sx''' du plan P rabattu. On fera donc sx''' égale à sx' ; de sorte que les deux droites aa''' perpendiculaire sur ss'' et $x'''a'''$ perpendiculaire sur sx''' se couperont suivant le point a''' qui sera la projection du point aa' sur le plan P rabattu.

En opérant de la même manière, on déterminera les points u''', v''', et par conséquent la droite b''' qui est la projection de la ligne bb' sur le plan P rabattu.

------

11. Considérations générales. Les difficultés que l'on éprouve lorsque l'on commence à étudier la Géométrie descriptive proviennent en grande partie de ce que l'on se préoccupe trop de la position des données.

On doit d'abord chercher à découvrir quelles sont les relations géométriques desquelles dépend la solution du problème, et ce n'est qu'après avoir trouvé ces relations qu'on les traduit par une épure.

Il faut que l'on ait bien reconnu quelles sont toutes les opérations à faire, et que la question soit complétement *résolue*, avant que la première ligne ne soit tracée sur l'épure. C'est alors seulement que l'on doit examiner les données, afin de reconnaître si, dans leur disposition particulière, il y a quelques moyens de simplifier l'application du principe.

Les questions à résoudre sont ordinairement de deux espèces. Les unes, que je nommerai questions *simples*, se déduisent directement d'un théorème démontré. Les autres, que je nomme *composées*, résultent de la combinaison de plusieurs questions précédemment résolues.

Pour résoudre une question simple, il suffit de découvrir le théorème exprimant les relations géométriques qui existent entre les quantités que l'on connaît et celles que l'on cherche ; et, dans ce cas, l'épure n'est plus qu'une traduction graphique de ces mêmes relations. Ainsi, par exemple, dès que nous avons démontré qu'un plan perpendiculaire sur une droite doit avoir ses traces perpendiculaires sur les projections de cette droite, il est évident qu'il suffit d'établir cette perpendicularité sur l'épure pour construire un plan perpendiculaire à une ligne donnée.

Mais lorsqu'une question est composée, il faut, *avant de commencer l'épure*, découvrir toutes les questions simples dont se compose la question principale, et déterminer bien exactement l'ordre suivant lequel doivent être faites les opérations successives.

Il n'est pas nécessaire pour cela de se figurer la position, dans l'espace, des lignes et des surfaces sur lesquelles on opère ; cette manière d'agir serait inutile et contraire à l'esprit d'analyse. On conçoit en effet que, si l'on veut construire l'intersection de deux plans , on doit opérer en conséquence des relations générales qui ont lieu lorsque deux plans se coupent, et non d'après la position particulière de deux plans plutôt que de deux autres.

Dans le problème du n° 8, il ne faut pas chercher à *voir* dans son imagination tel plan plutôt que tel autre. Il n'est pas nécessaire de savoir si le plan P est plus incliné que le plan P_1; il suffit d'appliquer deux fois de suite le principe de l'intersection de deux plans.

Ainsi, dans une opération de calcul, on doit s'occuper plus de la manière d'opérer que de la valeur des chiffres que l'on a sous les yeux.

Il en est de même dans la Géométrie descriptive; la connaissance parfaitement exacte de la position des quantités données ne faciliterait en rien la solution du problème, et si l'on veut connaître le résultat, il faut attendre que l'épure soit terminée.

Si toutefois on a besoin d'aider son imagination, on pourra le faire en représentant les lignes et les plans de l'espace par des fils de métal ou des feuilles de carton mince, ou plutôt, *ce qui sera bien préférable*, en dessinant une figure en perspective, comme on le fait dans les cours élémentaires pour démontrer les principes de la Géométrie à trois dimensions; mais il n'est pas nécessaire que les points. les lignes ou les plans ainsi figurés soient placés comme les plans ou les lignes données par la question.

Cela ne servirait à rien et ne ferait que détourner l'attention du but principal qui est *la recherche des relations géométriques qui existent entre les données et les inconnues.*

J'insiste donc principalement sur la nécessité de ne pas confondre la *solution du problème avec l'exécution de l'épure.*

Cette seconde opération n'étant que la traduction de la pre·

mière et ne devant être commencée que lorsque la première est finie.

Les exemples suivants éclairciront ce que nous venons de dire.

---

12. Problème. *Trouver la distance de deux droites.*

solution. On sait que la distance de deux points est le plus court chemin pour aller d'un de ces points à l'autre ; c'est pourquoi cette distance a ordinairement pour mesure la portion de ligne droite qui passe par les points donnés.

On sait de même que la distance d'un point à une droite ou à un plan est la perpendiculaire abaissée du point sur la droite ou sur le plan donné ; que la distance de deux droites ou de deux plans parallèles est la partie de perpendiculaire comprise entre les plans ou les droites données.

Voyons donc comment on pourra trouver le plus court chemin entre deux droites quelconques, ce qui revient évidemment à déterminer sur ces lignes les deux points les plus rapprochés.

Soient (*fig.* 2, *pl.* 2) les droites données B et D.

1re *opération.* On prendra sur B un point quelconque A.

2e ▬▬ On fera passer par le point A une droite H parallèle à la droite D.

3e ▬▬ Les droites B et H détermineront le plan P, parallèle à la droite D.

4e ▬▬ On prendra sur la droite D un point quelconque C.

5e ▬▬ On fera passer par le point C une droite K, perpendiculaire sur le plan P.

6e ▬▬ On déterminera le point E suivant lequel la droite K perce le plan P.

7e ▬▬ On fera glisser la droite K parallèlement à elle-même en l'appuyant sur la droite D, jusqu'à ce que le point E soit arrivé en M sur la droite B.

8e ▬▬ La droite MN, parallèle à CE, et par conséquent perpendiculaire au plan P, sera la plus courte distance entre les deux droites données B et D.

En effet, la droite MN perpendiculaire sur le plan P, sera perpendiculaire sur la droite B qui passe par son pied dans le plan P.

Par la même raison, elle sera perpendiculaire sur EM, et par conséquent sur la droite D parallèle à EM.

Il est, d'ailleurs, évident que la droite MN est plus courte que toute autre droite qui joindrait un point quelconque V de la droite D avec un autre point quelconque U de la droite B.

En effet, si par le point V on conçoit la droite VS perpendiculaire sur le plan P, et si l'on trace la droite SU, le triangle VSU sera rectangle en S, ce qui donnera :

(1) $$VU > VS$$

mais les deux droites VS et NM étant toutes les deux perpendiculaires au plan P et comprises entre les parallèles EM et CN, on a :

(2) $$VS = NM$$

Multipliant l'équation (1) par (2), et réduisant on obtient :

$$VU > NM$$

donc la droite NM est la plus courte distance des deux droites B et D.

Épure. Si l'on a bien compris tout ce qui précède, il sera facile d'en suivre l'expression sur la *fig. 1*. Il suffira de se rappeler que, suivant les conventions admises au numéro 3, la droite B est représentée sur l'épure par ses projections bb'; la droite D, par ses projections dd'; le point A, par aa', etc.

Ainsi, pour exécuter l'épure, on construira successivement :

1° ━━ Le point aa' pris à volonté sur bb';

2° ━━ La droite hh' parallèle à dd';

3° ━━ Le plan P déterminé par les droites bb', hh';

4° ━━ Le point cc' pris à volonté sur dd';

5° ━━ La droite kk' perpendiculaire sur P;

6° ━━ Le point ee', intersection de la droite kk', avec le plan P;

7° ━━ La droite em, $e'm'$ parallèle a dd' ou hh';

8° ━━ La droite mn, $m'n'$ parallèle à ec, $e'c'$, et par conséquent perpendiculaire au plan P.

Vérification. Le plan P_1 qui contient les deux droites D et K ($fig.$ 2), coupe le plan P suivant la droite L, et le point M pourra être déterminé par l'intersection des deux droites B et L sans qu'il soit nécessaire de chercher le point E.

Ainsi, après avoir déterminé la droite kk' sur l'épure, on pourra construire successivement ($fig.$ 1),

1° ━━ Le plan P_1 qui contient les droites D et K;

2° ━━ La droite ll', intersection des plans P et P_1 ce qui déterminera le point mm' et par conséquent la droite demandée mn, $m'n'$.

Les deux projections de la droite mn, $m'n'$ étant obtenues sur l'épure, on fera tourner cette droite autour de l'horizontale projetante du point nn', ce qui donnera nm''' pour la distance des deux droites bb' et dd'.

Je ferai remarquer ici ce que j'ai déjà dit plus haut, c'est que la solution du problème dépend uniquement de la Géométrie ordinaire.

C'est dans la décomposition de la question principale, dans la recherche des opérations successives, et de l'ordre dans lequel ces opérations doivent être faites, que consiste la solution.

La construction de l'épure a uniquement pour but de traduire chacune de ces opérations dans le langage de la Géométrie descriptive, et je le répète, l'on ne doit tracer la première

ligne sur l'épure (*fig.* 1) qu'au moment où la question est
complétement résolue sur la *fig.* 2.

---

13. **Deuxième solution** du problème précédent. Le but
que je me propose ici, étant d'offrir au lecteur l'occasion de
s'exercer sur la décomposition géométrique des problèmes,
nous reprendrons la question précédente en introduisant
quelques modifications dans l'ordre des opérations particulières.

Je recommande beaucoup aux élèves ces sortes d'exercices
qui consistent à résoudre le même problème de plusieurs manières et sans changer les données.

Il en résulte que chaque solution peut servir de vérification à toutes les autres. Or ces vérifications successives
pouvant être considérées comme autant de manières différentes d'obtenir le résultat, on s'habitue ainsi à choisir sans
hésitation le moyen le plus simple de résoudre la question
proposée.

Nous reviendrons donc au problème précédent, et nous supposerons encore qu'il s'agit d'obtenir la perpendiculaire commune, ainsi que la plus courte distance des deux droites B et D
(*fig.* 4).

Pour y parvenir, on construira :

1° ━━ La droite H, parallèle à D et passant par un point
    quelconque A de la droite B ;

2° ━━ Le plan P qui contient les deux droites B et H, et qui
    sera par conséquent parallèle à la droite D ;

3° ━━ Par un point quelconque V de la droite B, on con-
    struira la droite G perpendiculaire sur le plan P ;

4° ━━ Le plan P₁ contenant les droites B et G, sera perpen-
    diculaire sur le plan P.

5° ▬ Par un point quelconque C de la droite D, on construira la droite K, perpendiculaire au plan P;

6° ▬ Les deux droites D et K détermineront le plan P_2 perpendiculaire sur P;

7° ▬ Les deux plans P_1 et P_2 étant perpendiculaires sur le plan P, leur intersection S sera perpendiculaire sur les droites B et L qui passent par son pied dans ce plan, et par conséquent sur D qui est parallèle à la droite L;

8° ▬ La partie MN de la droite S sera la perpendiculaire demandée.

Épure. La *fig.* 3 n'est évidemment que la traduction *mot à mot* de la solution précédente; ainsi on construira:

1° ▬ La droite hh' passant par un point quelconque aa' de la droite bb';

2° ▬ Le plan P, déterminé par les droites bb' et hh';

3° ▬ La droite gg perpendiculaire sur le plan P et passant par un point quelconque vv' de la droite bb';

4° ▬ Le plan P_1 qui contient les deux droites bb' et gg';

5° ▬ La droite kk', passant par le point cc', pris à volonté sur la droite dd';

6° ▬ Le plan P_2 déterminé par les droites dd' et kk';

7° ▬ La droite ss', intersection des plans P_1 et P_2 détermine les droites mn et $m'n'$, projections de la perpendiculaire demandée.

8° ▬ Enfin, la droite mn $m'n'$, rabattue autour de l'horizontale projetante du point mm', devient mn''', qui est la distance des droites données bb' et dd'.

Cette solution donne le même résultat que l'épure précédente, ce qui devait être, puisque les données sont exactement les mêmes.

La trace horizontale du plan P_2 doit contenir les traces des deux droites kk' et dd'; mais la trace horizontale de cette der-

nière ligne n'étant pas sur l'épure, on pourra opérer de la manière suivante :

1° ▬▬ On prendra sur dd' un point quelconque oo' ;

2° ▬▬ On fera passer par ce point une droite qq', perpendiculaire au plan P, et le point u suivant lequel la droite
qq' percera le plan horizontal de projection sera situé par
la trace horizontale du plan P_2

3° ▬▬ La trace verticale de ce même plan sera déterminée
par la trace verticale x' de la droite dd', et par le point
suivant lequel la ligne AZ est coupée par la trace horizontale ue du plan P_2

Remarque. En faisant coïncider le point aa' avec la trace
horizontale de la ligne bb' (*fig.* 3), on évite la construction de
la droite qui joindrait les deux projections a et a' si ce point
était pris ailleurs.

De même, en prenant le point c' sur la projection verticale
de la droite gg', il s'ensuit que les deux droites G et K ont
une projection verticale commune, ce qui diminue un peu
le nombre des lignes tracées; mais il ne faut employer ces
moyens d'abréviation qu'avec mesure, et seulement lorsqu'il en résulte quelque avantage pour la disposition de l'é-
pure, parce que si l'on évite quelques opérations, il peut arriver, d'un autre côté, que cette coïncidence de deux lignes
ou de deux points différents jette de la confusion dans l'esprit
du lecteur.

––––––––

14. **Troisième solution** du problème précédent.

1re *opération* (*fig.* 2, *pl.* 3). On construira où l'on voudra le
plan P perpendiculaire sur la droite B.

2° ▬▬ On construira le plan P_1 perpendiculaire à la
droite D.

3° ■■■ La ligne K, intersection des plans P et P₁ sera parallèle à la droite cherchée, puisque cette dernière ligne doit
être perpendiculaire sur les droites données B et D.

4° ■■■ Par un point C pris à volonté sur D on construira la
droite H parallèle à K.

5° ■■■ Les droites H et D détermineront le plan P₂ qui doit
contenir la droite demandée.

6° ■■■ On construira le point M suivant lequel la droite B
perce le plan P₂

7° ■■■ Par ce point M on fera passer une droite L parallèle à K,
et par conséquent perpendiculaire sur les deux lignes données; la partie MN de la droite L sera la perpendiculaire
demandée.

Épure (*fig.* 1). On construira :

1° ■■■ Le plan P perpendiculaire sur bb';

2° ■■■ Le plan P₁ perpendiculaire sur dd';

3° ■■■ La droite kk', intersection des deux plans P et P₁

4° ■■■ La droite hh' parallèle à kk' et passant par un point
quelconque cc' de la droite dd';

5° ■■■ Le plan P₂ contenant les droites dd' et hh';

6° ■■■ Le plan vertical P₃ contenant la droite bb';

7° ■■■ La droite ss', intersection des plans P₁ et P₃ détermine le point $m'm$ sur bb';

8° ■■■ La droite $mn, m'n'$ sera la perpendiculaire demandée :

9° ■■■ Il ne restera plus qu'à chercher sa longueur mn'''.

---

15. Quatrième solution (*fig.* 3).

1ʳᵉ *opération.* Par un point quelconque A de la ligne B on
construira la droite H parallèle à D.

2° ■■■ Les droites H et B détermineront un plan P parallèle à D.

3ᵉ ▬▬ Par un point C pris à volonté sur D, on construira la droite K parallèle à B.

4ᵉ ▬▬ Les droites D et K détermineront le plan P₁ parallèle à P.

Il est évident qu'il ne restera plus qu'à chercher la distance des deux plans parallèles P et P₁

5° ▬▬ Cette distance étant la même partout, on construira une droite quelconque S, perpendiculaire aux plans P et P₁ et la portion VU comprise entre les points suivant lesquels la droite S perce les plans P et P₁ sera la distance de ces deux plans et par conséquent des droites B et D

6° ▬▬ On pourra se proposer comme exercices de trouver la position de la perpendiculaire qui coupera les deux droites données.

Pour y parvenir, on fera glisser S parallèlement à elle-même jusqu'à ce que le point U vienne se placer en O sur la droite B en parcourant UO parallèle aux droites H ou D.

7ᵉ ▬▬ On fera glisser la droite IO sur la droite B jusqu'à ce que le point I soit arrivé en N sur la droite D.

Je n'ai pas donné d'épure pour cette quatrième solution, qui ne différera pas de la première si l'on fait passer la droite S par un point quelconque de la droite D.

———

16. Cinquième solution (*fig.* 5).

1ʳᵉ *opération*. Pour un point A pris à volonté sur la droite B, on construira la droite H parallèle à D.

2ᵉ ▬▬ Les droites H et B détermineront le plan P parallèle à D.

3° ▬▬ Un plan quelconque P₁ perpendiculaire à P sera considéré comme plan auxiliaire de projection.

4° ━━ La droite D se projettera sur le plan P, par d parallèle à l'intersection b des plans P et P₁

5° ━━ La droite CU qui mesure la distance des deux parallèles d et b sera égale en longueur à la droite MN, perpendiculaire sur les deux lignes B et D.

Épure (*fig. 4*).

1° ━━ Par le point aa' pris à volonté sur bb' on tracera la droite hh' parallèle à dd' ;

2° ━━ Par les droites hh' et bb' on fera passer le plan P ;

3° ━━ Le plan vertical P₁ perpendiculaire sur la trace horizontale du plan P, et par conséquent sur ce plan, sera considéré comme plan auxiliaire de projection ;

4° ━━ On rabattra le plan P₁ sur l'épure en le faisant tourner autour de sa trace horizontale A'v et l'on fera A'e″=A'e', ce qui donnera ve″ pour la troisième trace du plan P perpendiculaire au nouveau plan vertical de projection P₁

5° ━━ On prendra sur la droite dd' un point quelconque cc' ;

6° ━━ On fera cc″ égal à oc', et le point c″ sera la projection du point cc' sur le nouveau plan de projection P₁

7° ━━ Les droites d″ et b″ parallèles entre elles seront les projections des lignes données sur le plan P₁ et la droite c″u″, perpendiculaire sur b″ et d″, sera la plus courte distance des droites B et D.

Le point cc' ayant été pris dans le plan P₁ la droite c″u″ aura pour projection horizontale cu.

Si l'on fait glisser cette droite parallèlement à elle-même et de manière que le point c ne quitte pas la ligne d, il y aura un moment où le point u viendra se placer en m sur b, et les droites mn, m'n' seront alors les deux projections de la perpendiculaire aux deux droites données.

Si l'on veut se contenter de la distance de ces deux droites, il sera inutile de construire les projections mn et m'n' de la perpendiculaire commune ainsi que la projection d'' de la droite d sur le plan P_1 et dans ce cas, l'épure sera réduite à un grand degré de simplicité.

---

17. Sixième solution. Au lieu d'employer un plan de projection perpendiculaire au plan P, on peut projeter les deux droites sur un plan perpendiculaire à l'une d'elles.

Ainsi, par exemple, si la droite dd' (*fig. 1, pl. 4*) était perpendiculaire au plan horizontal de projection, il est évident que la droite $mn, m'n'$ perpendiculaire sur les droites bb' et dd' serait projetée sur le plan horizontal dans sa véritable grandeur mn.

Or il est facile d'obtenir ce résultat de deux manières différentes, savoir :

En faisant tourner les deux droites données jusqu'à ce que l'une d'elles soit perpendiculaire à l'un des deux plans de projection ; ou bien, en employant un plan auxiliaire de projection perpendiculaire à l'une de ces droites.

Si l'on veut employer le premier moyen, on pourra opérer de la manière suivante :

1re *opération* (*fig. 3*). On fera tourner la droite D de l'espace, autour de la verticale projetante aa' de l'un quelconque de ses points.

Dans ce mouvement, le point V décrira un arc de cercle horizontal $vv'', v'v'''$, et lorsque la droite D sera parallèle au plan vertical de projection, sa nouvelle projection horizontale d'' sera parallèle à la ligne AZ, et les points v'' et v''' seront les nouvelles projections du point V.

2e ▬▬ (*fig. 4*). On fera tourner la droite D autour de l'horizontale projetante ss' de l'un de ses points, et l'on arrê-

tera le mouvement lorsque cette droite D sera perpendiculaire au plan horizontal de projection.

Dans ce mouvement le point O décrira l'arc oo'', $o'o'''$.

La nouvelle projection horizontale de la droite D sera ré-
duite au point d^{iv}, et sa nouvelle projection verticale d^{v} sera perpendiculaire à la ligne AZ.

Ainsi (*fig. 5*), par deux mouvements, l'un autour d'une
verticale aa' et l'autre autour d'une horizontale projetante ss',
on pourra toujours amener une droite quelconque D dans
une position perpendiculaire au plan horizontal de projection.

Par des opérations analogues, on pourra, si on le préfère,
faire tourner la droite donnée jusqu'à ce qu'elle soit perpendiculaire au plan vertical de projection.

Épure. Si l'on a bien compris ce qui précède, il sera facile
d'exécuter l'épure qui est tracée sur la *fig.* 2; ainsi les données étant les mêmes que pour les épures précédentes :

1re *opération*. Par le point suivant lequel se rencontrent les
projections horizontales b et d des deux droites données
B et D, on tracera la verticale aa'. Cette droite coupera les
deux lignes données suivant des points qui seront projetés sur le plan vertical par e' et c'; or si l'on fait tourner la droite D autour de la verticale aa', le point V viendra se projeter en $v''v'''$ après avoir décrit l'arc horizontal
vv'', $v'v'''$.

2e ▬▬ On joindra le point v''' avec c' et v'' avec c, de sorte
que les deux droites d'' et d''' seront les nouvelles projections
de la droite D, ramenée dans un plan parallèle au plan vertical de projection.

Mais, si nous admettons que la droite B ait été entraînée
dans le mouvement précédent, de manière toutefois que les
deux droites données aient toujours conservé entre elles la
même position relative, tous les points de ces droites auront décrit des arcs semblables, et ceux de ces points qui

seront à égale distance de l'axe aa' auront décrit des arcs égaux.

Par conséquent, si l'on prend sur la droite B un point U dont la projection horizontale u serait située sur le cercle vv''; l'arc $uu'',u'u'''$ décrit par le point U sera égal à l'arc de cercle $vv'',v'v'''$ décrit par le point V; de sorte qu'au moment où ce dernier point sera venu se projeter en $v''v'''$, le point U se projettera par les points u'',u''', et joignant le point $u''u'''$ avec ee', les droites b'' et b''' seront les nouvelles projections de la droite B.

3° ══ Par le point s' suivant lequel se rencontrent les nouvelles projections verticales b''' et d''' des deux droites données, on tracera l'horizontale projetante $s's$.

Cette droite coupera la droite D en un point dont la projection horizontale sera d^{iv}, et la droite B en un point qui n'a pas pu être placé sur l'épure.

Or, si l'on fait tourner la droite D autour de l'horizontale projetante ss', le point oo' viendra se projeter en o''' après avoir décrit l'arc de cercle $o'o''',oo''$, parallèle au plan vertical de projection. La droite D, devenue verticale, se projette alors sur le plan horizontal par un seul point d^{iv}, et sa nouvelle projection d^v sera perpendiculaire à la ligne AZ.

Mais, pendant que le point O de l'espace a décrit l'arc $oo'',o'o'''$, le point E, situé sur le même cercle, a dû décrire l'arc $e'e'''$ égal à $o'o'''$, et lorsque le point E est venu se projeter sur le plan vertical en e''', sa nouvelle projection horizontale est devenue e''.

Pour remplacer la projection horizontale du point suivant lequel la droite B rencontre l'horizontale projetante ss', on choisira sur la droite B un point quelconque $u''u'''$, et l'on remarquera qu'au moment où la droite B se projette sur le plan vertical par la droite b^v, le point U doit se projeter en u^vu^{iv}, après avoir décrit l'arc vertical $u'''u^v,u''u^{iv}$.

4⁰ ▬▬ Par suite du mouvement qui précède, la droite B est projetée par les droites $b^{\text{iv}}b^{\text{v}}$, et la droite D, perpendiculaire au plan horizontal de projection, est projetée sur ce dernier plan par le point d^{iv}; de sorte que la droite $d^{\text{iv}}m^{\text{iv}}$ perpendiculaire sur b^{iv} sera la projection horizontale de la perpendiculaire commune aux deux droites données B et D.

Si l'on n'a pas d'autre but que de connaître la distance de ces deux droites, on peut considérer l'opération comme terminée : mais si, comme vérification ou comme exercice, on veut obtenir les deux projections de la perpendiculaire commune, on y parviendra facilement en construisant :

1⁰ ▬▬ La projection verticale $m^{\text{v}}n^{\text{v}}$ de la droite obtenue $m^{\text{iv}}n^{\text{iv}}$;

2⁰ ▬▬ Les projections $m''n'', m'''n'''$, qui appartiendraient à la même droite si l'on faisait revenir les lignes B et D dans leurs positions $b''b'''$ et $d''d'''$;

3⁰ ▬▬ Enfin, les projections mn et $m'n'$ de la droite qui représenterait la perpendiculaire commune, si les deux droites données B et D étaient ramenées à leurs positions primitives.

———

18. septième solution. Au lieu de faire tourner les droites données dans l'espace jusqu'à ce que l'une d'elles soit perpendiculaire à l'un des plans de projection, il sera beaucoup plus simple d'introduire un nouveau plan de projection perpendiculaire à l'une des droites données. Ainsi :

1ʳᵉ *opération* (*fig.* 6). On construira où l'on voudra un plan P perpendiculaire à la droite dd'.

2⁰ ▬▬ On prendra (9) un plan auxiliaire de projection $\text{YA}'\text{Z}'$ vertical et parallèle à la même droite dd'.

3⁰ ▬▬ On prendra sur la droite dd' deux points quelconques aa', nn' que l'on projettera sur le plan YAZ' en opérant comme nous l'avons dit au n⁰ 9.

On obtiendra par ce moyen la droite d'' pour la projection de la droite D sur le plan YA'Z' et la troisième trace du plan P sera perpendiculaire sur d''.

4° ▬▬ On rabattra le plan P sur l'épure en le faisant tourner autour de sa trace horizontale, et l'on obtiendra (9) le point d''' pour la projection de la droite D sur le plan P.

5° ▬▬ On choisira sur la droite B deux points quelconques uu', vv', et l'on construira les projections u'' et v'' de ces deux points sur le plan YA'Z'.

6° ▬▬ On construira les projections u''' et v''' des mêmes points sur le plan P rabattu.

7° ▬▬ La droite $n'''m'''$, perpendiculaire sur b''', sera la véritable longueur de la perpendiculaire commune aux deux droites données B et D.

8° ▬▬ Si l'on veut retrouver les projections de la perpendiculaire obtenue, on ramènera le point m''' en m'' et l'on construira la droite $m''n''$, parallèle à la troisième trace du plan P et par conséquent parallèle à ce plan.

9° ▬▬ La projection horizontale mn se déduira facilement des deux projections auxiliaires $m''n'', m'''n'''$.

10° ▬▬ Enfin, la projection verticale $m'n'$ s'obtiendra en élevant des perpendiculaires par les points m et n de la projection horizontale, et l'on fera bien de s'assurer que les hauteurs sont les mêmes sur les deux plans verticaux de projection YA'Z et YA'Z'.

───────

19. Huitième solution. On peut, en opérant comme nous l'avons dit au n° 10 de l'ouvrage actuel, éviter l'emploi du plan auxiliaire YA'Z'. Dans ce cas, il faudra opérer de la manière suivante (*fig.* 1, *pl.* 5) :

1° ▬▬ On construira le plan P perpendiculaire sur la droite dd' ;

2° ▄▄ On prendra sur la trace verticale du plan P un point quelconque o' que l'on projettera en o sur la ligne AZ, et l'on rabattra ce point sur le plan horizontal en faisant so'' égal à so' (10);

3° ▄▄ On ramènera le point u' en u'' par un arc de cercle décrit du point s comme centre, ou, ce qui revient au même, on fera su'' égal à su';

4° ▄▄ On tracera $u''d''$ perpendiculaire sur la trace so'' du plan P rabattu, et l'intersection de la droite $u''n''$ avec la droite d donnera le point d'' pour la projection de la droite D sur le plan P rabattu.

5° ▄▄ On choisira sur la droite bb' deux points quelconques aa' et cc', puis, en opérant comme nous l'avons dit au n° 10, on obtiendra les projections a'' et c'' de ces deux points sur le plan P rabattu; cette opération déterminera b'' projection de la droite B sur le plan P.

6° ▄▄ La droite $d''m'''$, perpendiculaire sur b'', sera la projection de la perpendiculaire commune aux droites données B et D;

7° ▄▄ La droite MN étant perpendiculaire sur la droite D sera parallèle au plan P, d'où il résulte que sa projection $d''m''$ ou $n''m''$ sera la distance des deux droites données;

8° ▄▄ Si l'on veut obtenir les projections verticale et horizontale de la droite MN, on ramènera d'abord le point m'' en m par la droite $m''m$, perpendiculaire à la trace horizontale du plan P;

9° ▄▄ On ne pourra pas employer le même moyen pour obtenir le point n sur la projection horizontale de la droite d.

Mais, si dans le plan P rabattu, on construit la droite $v''r$ parallèle à $u''s$, qui dans le rabattement représente la trace verticale du point P, il est évident qu'en ramenant ce plan à la place qu'il doit occuper dans l'espace, la droite $v'r$ parallèle à la trace verticale $u''s$ du plan P, aura pour projection horizontale la droite rv, parallèle à la ligne AZ; de sorte que la droite ve sera l'intersection du plan P par le plan qui contient la droite D, et la perpendiculaire commune MN.

Or cette dernière ligne, parallèle au plan P, sera par conséquent parallèle à la droite ve; de sorte qu'en traçant mn, parallèle à ev, on déterminera le point n sur la projection horizontale de la droite D.

10° ▬▬ La projection verticale $m'n'$ se déduira facilement de la projection horizontale mn.

Vérification ($fig.$ 2). Afin d'offrir aux élèves un sujet d'exercices. j'ai recommencé la solution précédente sur la $fig.$ 2. avec cette seule différence, qu'au lieu de projeter les droites données sur un plan perpendiculaire à celle que nous avions nommée B dans tous les exemples précédents, je les ai projetées toutes les deux sur un plan perpendiculaire à la seconde droite.

Mais, pour ne pas répéter l'analyse du problème et pour que l'explication précédente puisse convenir à la $fig.$ 2, j'ai désigné par bb' la droite qui jusqu'ici avait été nommée D, et par dd' celle que nous avions nommée B.

Par ce moyen. la $fig.$ 2 peut être considérée comme une traduction *mot à mot* de la $fig.$ 1 , dont elle ne diffère que par la disposition des lignes d'opérations, et si l'on exécute sur la $fig.$ 2 tout ce que nous avons dit de la $fig.$ 1, on pourra reconnaître que, malgré la différence apparente des deux épures, les opérations nécessaires pour arriver au résultat sont exactement les mêmes et doivent être exécutées dans le même ordre.

Remarque. Dans cette dernière épure et dans quelques-unes de celles qui précèdent, on a changé la position de la ligne AZ : il est évident que cela revient à faire mouvoir les plans de projection parallèlement à eux-mêmes, et tant que l'on conserve la position relative des données, il ne doit y avoir rien de changé dans le résultat.

---

20. Cas particuliers de la question précédente. Jusqu'ici nous avons toujours opéré avec les mêmes données ; c'est ce que l'on appelle un exemple d'épreuve.

Ces exercices habituent, comme je l'ai dit plus haut, à varier les moyens de solution ; mais il est bon aussi de s'exercer à changer les données et de voir comment la solution générale se modifie suivant les circonstances particulières.

En effet, c'est dans le parti que l'on peut tirer de ces circonstances pour simplifier la solution du problème, que consiste toute l'habilité du praticien ; c'est pourquoi nous allons étudier quelques cas particuliers de la question précédente.

---

21. Nous avons eu déjà (17) l'occasion de remarquer combien la solution est simple, lorsqu'une des droites données est perpendiculaire à l'un des deux plans de projections.

Or, si les deux lignes bb', dd' (*fig. 4, pl. 6*) étaient perpendiculaires au plan horizontal, leurs projections sur ce plan se réduiraient aux points b et d, et les projections verticales b' et d' seraient perpendiculaires à la ligne AZ.

La perpendiculaire commune serait projetée sur le plan horizontal par sa véritable grandeur mn, et sa projection verticale $m'n'$ pourrait être prise à toutes les hauteurs. On comprend qu'il en serait de même si les droites données étaient toutes les deux perpendiculaires au plan vertical de projection.

---

22. Si l'une des droites données bb' (*fig. 2*) était perpendiculaire au plan vertical de projection, tandis que la droite dd' serait perpendiculaire au plan horizontal, la perpendiculaire commune $mn, m'n'$ serait évidemment parallèle aux deux plans de projection, et par conséquent parallèle à la ligne AZ, et dans ce cas chacune des projections mn ou $m'n'$ exprimerait la distance des deux droites données.

————

23. Si l'une des droites données bb' (*fig.* 1) était parallèle à l'un des plans de projection, on projetterait les deux droites sur un plan auxiliaire YA'Z', perpendiculaire sur la droite bb'. Cette dernière ligne se projetterait alors par le point b'', et la droite $b''n''$, perpendiculaire sur d'', serait la distance demandée, dont on pourrait facilement retrouver les projections $mn, m'n'$ si cela était nécessaire

————

24. Si la droite bb' (*fig.* 3) était parallèle à la ligne AZ, on agirait comme dans l'exemple précédent.

La seule différence, c'est que le plan auxiliaire de projection YA'Z' serait perpendiculaire à la ligne AZ.

————

25. On agirait encore de la même manière (*fig.* 9) si l'on voulait avoir la distance de la ligne AZ à une droite quelconque.

Dans ce cas la ligne AZ remplacerait la droite bb', et sa projection sur le plan auxiliaire YA'Z' se confondrait avec A'.

Sur la *fig.* 9, il s'agit de trouver la distance de la ligne AZ avec une droite dd' qui lui est perpendiculaire.

Cette dernière ligne étant déterminée par les points aa' et cc', suivant lesquels elle perce les plans de projection, on projettera ces deux points en a'' et c'' sur le plan auxiliaire YA'Z', et la droite bb' étant projetée sur ce dernier plan par b'', la distance des deux droites données sera $b''n''$.

---

26. Si les droites données bb' et dd' ($fig.$ 5) étaient toutes deux parallèles à l'un des plans de projection, la perpendiculaire commune se projetterait sur ce plan par un seul point mn, et sa seconde projection $m'n'$ exprimerait évidemment la distance demandée.

---

27. Si les droites bb', dd' ($fig.$ 7) étaient toutes deux parallèles à la ligne AZ, la perpendiculaire commune mn, $m'n'$ serait perpendiculaire à la ligne AZ et sa véritable grandeur $m'n'''$ serait facilement obtenue par un rabattement.

---

28. Si les droites données bb', cc' ($fig.$ 10) étaient toutes deux perpendiculaires à la ligne AZ, elles seraient parallèles à un même plan YA'Z' que l'on pourrait considérer comme plan auxiliaire de projection.

La droite bb' étant déterminée par les deux points aa' et cc', on construirait les projections a'' et c'' de ces points sur le plan YA'Z' rabattu.

On construirait également les projections v'' et u'' de deux points déterminés de la droite dd', et la perpendiculaire commune projetée sur le plan auxiliaire par le point $m''n''$ serait égale en longueur à l'une quelconque des deux projections mn ou $m'n'$.

---

29. Sur la $fig.$ 8, la droite bb' est parallèle au plan horizontal, tandis que la droite dd' est parallèle au plan vertical de projection.

Or, on sait (GD) qu'un angle droit se projette par un angle droit, toutes les fois que l'un de ses côtés est parallèle au plan de projection.

Il résulte de là, que si la perpendiculaire commune était connue, sa projection horizontale serait perpendiculaire sur b, tandis que sa projection verticale serait perpendiculaire sur d'. Donc :

1° ▬▬ Si l'on construit où l'on voudra, h perpendiculaire sur b et h' perpendiculaire sur d', la droite hh' sera évidemment parallèle à la perpendiculaire demandée, dont par conséquent la direction sera connue.

2° ▬▬ Si l'on fait passer la droite hh' par un point quelconque aa' de la droite bb', la droite PP qui contient la trace horizontale de hh' sera la trace horizontale d'un plan qui contiendra la droite bb', et qui sera parallèle à la perpendiculaire demandée.

3° ▬▬ Par un point cc' pris à volonté sur dd' on tracera la droite kk' parallèle à la ligne hh' et le plan P_1 contenant les droites dd' et hh, sera parallèle à la droite cherchée.

4' ▬▬ On obtiendra donc cette droite en construisant l'intersection ll' des deux plans P et P_1

5° ▬▬ Les projections de la perpendiculaire commune étant mn, $m'n$, la longueur mn'' pourra facilement être obtenue par un rabattement.

La solution précédente est évidemment une application de celle que nous avons donné au n° 13 pour la solution du problème général.

━━━━━━

30. Sur la *fig.* 11, les données sont les mêmes que pour l'exemple qui précède, mais on a employé la solution du n° 18. Ainsi,

1' ▬▬ La direction de la ligne demandée étant déterminée comme ci-dessus par la droite h perpendiculaire à b et

4

par h' perpendiculaire sur d', on a projeté les deux droites données sur le plan vertical P_1 qui contient la droite hh'.

2° ▬▬ Le plan de projection P_1 a été ramené dans la position P_2 en tournant autour de la verticale projetante du point cc' pris à volonté sur la droite bb'.

3° ▬▬ Par suite de ce mouvement, la projection de la droite b se réduit en un seul point b'', et la droite dd' se projette par d'' que l'on obtient en projetant deux quelconques de ses points vv' et oo' sur le plan P_1 rabattu en P_2

4° ▬▬ Cela étant fait, la droite $m''n''$ perpendiculaire sur d'' sera la distance demandée.

5° ▬▬ Si l'on veut obtenir les projections de cette droite on construira cn''' projection de $m''n''$ sur la trace horizontale du plan P_2

6° ▬▬ Ramenant le plan P_2 dans sa position primitive P_1 la droite cn''' devient cn^{IV}.

7° ▬▬ La droite $n^{IV}n$ perpendiculaire sur P_1 déterminera le point n, et par suite la droite nm perpendiculaire sur b.

8° ▬▬ Enfin, la projection verticale $m'n'$ se déduira facilement des deux projections mn, $m''n''$.

---

31. Dans l'exemple qui est représenté (*fig.* 6) la droite bb' est perpendiculaire à la ligne AZ et déterminée par les points aa', cc', suivant lesquels elle perce les plans de projection.

Dans ce cas, on pourra employer la solution du n° 12. Ainsi :

1° ▬▬ Par le point aa' ou par tout autre point de la droite bb', on tracera hh' parallèle à dd'.

2° ▬▬ Les droites bb' et hh' détermineront le plan P parallèle à dd'.

3° ▬▬ Par un point quelconque oo' de la droite dd' on tracera kk' perpendiculaire à P.

4° ▬▬ On déterminera le point ee' suivant lequel le plan P est percé par la droite kk'.

5° ━━ On fera glisser la droite $oe,o'e'$ sur la droite dd' jusqu'à ce qu'elle soit venue se projeter par les droites mn, $m'n'$.

6° ━━ Au lieu de chercher l'intersection du plan P et P_1 on peut considérer ce dernier comme plan auxiliaire de projection que l'on rabattra sur l'épure en le faisant tourner autour de sa trace horizontale k.

7° ━━ Par suite de ce mouvement, le point oo' devient o'' et la droite bb' est projetée en b'', qui est en même temps la troisième trace du plan P puisque P_1 est considéré ici comme un troisième plan de projection;

8° ━━ Les deux plans P et P_1 étant perpendiculaires l'un à l'autre, la droite $o''e''$ perpendiculaire sur b'' sera la distance du point oo' de la droite dd' au plan P qui est parallèle à cette droite, et qui contient bb', de sorte que $o''e''$ sera la distance des deux droites données;

9° ━━ Pour obtenir les projections de la perpendiculaire commune on projettera $o''e''$ en oe, d'où on déduira facilement mn et par suite $m'n'$.

Cette solution est évidemment la même que celle du numéro 16.

La solution du problème précédent serait encore facile, en projetant les deux droites données sur un plan perpendiculaire à la droite bb'.

Je me contenterai d'indiquer ce moyen comme sujet d'exercice.

━━━━━

32. **Angle trièdre**. On donne en général le nom d'angle trièdre, à l'espace compris entre trois plans.

Lorsque trois plans P P_1 P_2 (*fig.* 10, *pl.* 7) se coupent dans l'espace, ils forment *huit angles trièdres*, qui ont tous le point S pour sommet.

Quatre de ces angles sont situés au-dessus du plan P, et les quatre autres sont situés au-dessous.

Pour simplifier la question, nous ne considérerons qu'un seul de ces huit angles trièdres.

Ainsi, par exemple, les droites SM, SN et SO qui aboutissent au point S, étant les intersections des trois plans P P, et P₂ nous pourrons négliger les *sept* angles trièdres formés par les prolongements de ces plans, et transporter (*fig.* 7) l'angle trièdre, que nous proposons d'étudier.

Lorsque l'on considère ainsi un angle trièdre, indépendamment de ceux qui seraient formés par les prolongements des trois plans P P₁ et P₂ on donne le nom d'arêtes aux droites SM, SN, SO, suivant lesquelles ces plans se coupent.

On peut également, pour simplifier le langage, donner le nom de *faces* aux *trois angles plans* MSN, NSO, MSO, formés par les arêtes SM, SN, SO, le point S sera le sommet de l'angle trièdre.

La combinaison des faces avec les arêtes de l'angle trièdre donne lieu à *neuf* angles de trois espèces différentes, savoir :

1°   ▬▬ Les trois *faces* ou *angles plans* MSN, NSO, MSO, formés par les arêtes, et qui ont le point S pour sommet commun;

2°   ▬▬ Les trois *angles dièdres* que les faces font entre elles;

3°   ▬▬ Les trois *angles* que chacune des arêtes fait avec la face qui lui est opposée.

Il existe entre les six premiers de ces neuf angles des relations telles, que toutes les fois que l'on connaît trois quelconques d'entre eux, on peut toujours trouver les trois autres. C'est la solution de cette question qui va surtout nous occuper.

La recherche du problème proposé, par le calcul, forme ce que l'on appelle la trigonométrie sphérique.

En effet, on sait (*géom.*) que l'angle dièdre formé par deux plans P et P₁ (*fig.* 1) a pour mesure l'angle plan BAC formé par deux droites AB, AC tracées par un même point A dans chacun des plans donnés, et perpendiculaires à leur intersection SM.

Or, si l'on conçoit sur une sphère D (*fig.* 3), deux arcs de grands cercles AK, AH, on sait (*géom.*) que l'angle formé par ces arcs est égal à l'angle formé par leurs tangentes AB, AC Or, ces deux dernières lignes étant perpendiculaires à l'extrémité du rayon qui aboutit au point A, il s'ensuit que l'angle BAC sera la mesure de l'angle dièdre formé par les plans P et P₁ qui contiennent les deux arcs AK et AH, d'où il suit, que *l'angle formé par deux arcs de grands cercles tracés sur une sphère, est toujours égal à l'angle dièdre formé par les plans qui contiennent ces arcs* et réciproquement.

Or, si nous supposons (*fig.* 4) que du point S comme centre et d'un rayon quelconque SA, on ait décrit les trois arcs AB, AC et BC, situés dans les faces de l'angle trièdre S,

Il est évident que ces trois arcs, ayant tous leurs points à égale distance du point S, seront situés sur la surface de la sphère qui aurait le point S pour centre, et la droite SA pour rayon.

De plus, les plans des trois arcs AB, AC et BC contenant le point S, il s'ensuit que ces arcs appartiennent à des grands cercles de la sphère (*Géom.*) et que le triangle ABC est ce que l'on appelle un *triangle sphérique.*

Or en exprimant les angles de ce triangle par A,B,C, on sait que les côtés opposés doivent être désignés par les petites lettres correspondantes, de sorte que, l'arc BC opposé à l'angle A sera nommé *a*, l'arc AC sera *b* et l'arc AB sera *c*.

Mais il est évident que les arcs AB, AC et BC sont les mesures des angles plans ou faces, formés au centre de la sphère, par les trois arêtes de l'angle trièdre; d'où il résulte que les cotés *a,b,c* seront les mesures des trois angles BSC, ASC, ASB.

Si de plus, on se rappelle ce que nous avons dit plus haut, que l'angle sphérique BAC ou A a la même mesure que l'angle

dièdre formé par les plans ou faces ASB, ASC, que l'angle sphérique ABC ou B a la même mesure que l'angle dièdre formé
par les faces ASB et BSC, et qu'enfin il en est de même de
l'angle C, on comprendra pourquoi la notation adoptée pour
désigner les six parties du triangle sphérique, convient également pour désigner les parties correspondantes de l'angle
trièdre.

Ainsi les trois lettres *a,b,c* exprimeront indifféremment les
trois *angles plans* ou faces BSC, ASC, ASB, ou les trois côtés
BC, AC et AB du triangle sphérique ABC.

Et les trois lettres A,B,C désigneront les trois angles dièdres
formés par les faces *a,b,c* ou les trois angles correspondants
du triangle sphérique.

Les considérations précédentes étant admises, nous rappellerons qu'il s'agit de résoudre graphiquement ce problème général.

Étant données trois quelconques des six quantités A,B,C,
a,b,c *d'un angle trièdre, trouver les trois autres.*

Cette question principale peut se décomposer en six questions particulières, suivant que les quantités données seront :

1° ■■■ *Les trois faces ou angles plans ;*

2° ■■■ *Deux faces et l'angle dièdre compris ;*

3° ■■■ *Deux faces et l'angle dièdre opposé à l'une d'elles ;*

4° ■■■ *Deux angles dièdres et la face qui leur est commune ;*

5° ■■■ *Deux angles dièdres et la face opposée à l'un d'eux ;*

6° ■■■ *Les trois angles dièdres.*

---

33. **Premier problème sur l'angle trièdre**. *Étant données les trois faces* a,b,c, *trouver les angles dièdres* A,B et C.

Solution (*fig.* 2, *pl.* 7) :

1° ■■■ On placera les angles donnés ou faces *m'*SN, NSO,
OS*m''* à côté les unes des autres, comme on le voit sur la

figure **2**, et l'on prendra une distance quelconque $Sm' = Sm''$, que l'on portera à droite et à gauche du point S, sur les deux côtés extérieurs des angles plans ou faces *a* et *c*.

2° ■■■ On fera tourner l'angle plan ou face *a* autour de l'arête SN, pour ramener cette face à la position qu'elle doit occuper dans l'espace. Le point m' décrira un arc de cercle dont le plan sera perpendiculaire à l'arête SN, et dont la projection sur le plan de la face *b* sera $m'm$.

3° ■■■ On fera tourner également l'angle plan ou face *c* autour de l'arête SO et le point m'' décrira un arc de cercle qui aura pour projection la droite $m''m$.

4° ■■■ Quand les deux faces *a* et *c* seront revenues à la place qu'elles doivent occuper dans l'espace, les deux points m' et m'' qui sont à égale distance du point S seront réunies en un seul et même point que nous nommerons M, et ce point devant être situé en même temps dans les deux plans $m'm$ et $m''m$ fera partie de leur intersection, qui étant perpendiculaire au plan de la face *b*, se projettera sur ce plan par le point m.

5° ■■■ L'angle trièdre étant reformé ; l'angle *dièdre* C qui exprime l'inclinaison des faces *a* et *b* aura son sommet au point *u* sur l'arête SN et sera projeté sur le plan de la face ou angle plan *b* par la droite um qui sera l'un de ses côtés.

6° ■■■ Si l'on fait tourner le plan de cet angle C autour du côté um, la perpendiculaire abaissée du point M de l'espace sur le plan de la face *b* se rabattra suivant mm''', et le point M viendra occuper la position m''', que l'on déterminera en décrivant du point *u* comme centre, l'arc de cercle $m'm'''$ dont le rayon $um' = um'''$ sera le second côté de l'angle cherché C.

7° ■■■ Une construction analogue déterminera l'angle A rabattu sur le même plan dans la position mvm^{iv}.

8° ▬▬▬ Pour obtenir l'angle B, on concevra par le point M de l'espace, un plan perpendiculaire à l'arête SM. Ce plan qui contiendra l'angle B (*fig.* 4), coupera la face *a* suivant une droite perpendiculaire à l'arête SM et représentée sur la *fig.* 2 par *m'*N perpendiculaire à S*m'*. Ce même plan qui contient l'angle B coupera la face *c* suivant la droite *m''*O perpendiculaire sur l'arête S*m''*, et la face *b* suivant NO; de sorte que les trois droites *m'*N, NO et O*m''* seront les trois côtés du triangle au sommet duquel se trouve l'angle B, que l'on connaîtra en construisant le triangle MO*m*^{v}, dans lequel on a N*m*^{v} = N*m'* et O*m*^{v} = O*m''*

─────────

34. Remarques. Si l'une des trois faces ; la face *b*, par exemple, était égale à la somme des deux autres, le point *m* serait situé sur l'arc de cercle *m'rm''*, les angles A et C seraient nuls, l'angle B vaudrait deux angles droits, et les deux faces *a* et *c* coïncidant avec le plan *b*, l'angle trièdre serait réduit à un plan.

Si c'était la face *a* qui fût égale à la somme des deux autres, le point *m* viendrait coïncider avec *m''*, les angles C et B seraient nuls. L'angle A vaudrait deux angles droits, et l'angle trièdre serait réduit encore à un plan.

Enfin, s'il y avait dans les données quelque condition d'impossibilité, elle se manifesterait toujours par la construction de l'épure.

Ainsi, par exemple, si la face *b* était plus grande que la somme des deux autres faces *a* et *c*, le point *m* tomberait en dehors de la circonférence *m'rm''* et le triangle *mum'''* deviendrait impossible, puisque le côté *mu* de l'angle droit serait plus grand que l'hypoténuse *um'''* = *um'*.

Il en serait de même du triangle *mvm*^{iv}, puisque l'on aurait *mv* plus grand que *vm*^{iv}.

L'impossibilité du triangle $m'NO$ serait encore mise en évidence, parce que le côté NO serait plus grand que la somme des deux droites Nm' et Om''.

J'indique aux élèves cette discussion comme sujet d'exercices, et je les engage à changer la grandeur des données, afin de reconnaître ce qui doit arriver dans toutes les hypothèses.

———

35. vérifications. La figure **2** contenant les trois faces et les trois angles dièdres, peut être considérée comme l'expression complète de toutes les relations qui existent entre ces six quantités.

On peut donc comparer cette figure à une formule générale au moyen de laquelle, lorsqu'on connaîtra trois quelconques des six éléments de l'angle trièdre, on pourra toujours retrouver les trois autres.

Mais avant de passer à la solution des cinq problèmes qui nous restent à résoudre, je ferai quelques remarques importantes.

En examinant avec attention la *fig.* 2, on reconnaîtra cinq vérifications principales.

1° ▄▄▄ Les angles Sum, Svm étant droits, les sommets u et v doivent être situés sur la circonférence du cercle qui a pour diamètre Sm, de sorte que le quadrilatère Sumv sera toujours inscriptible dans un cercle (*géom.*);

2° ▄▄▄ Les droites mm''' et mm^{iv} doivent être égales entre elles, puisqu'elles représentent toutes les deux la perpendiculaire abaissée du point M de l'espace sur le plan de la face b, d'où il résulte que les deux points m''' et m^{iv} doivent être situés sur un même arc de cercle $m'''m^{iv}$ décrit du point m comme centre ;

3° ▄▄▄ Les droites SN et mm''' perpendiculaires toutes deux sur $m'm$ sont parallèles entre elles, et les droites mm^{iv}, SO sont également parallèles, puisqu'elles sont toutes deux perpendiculaires sur mm''.

Il résulte de là que l'angle $m'''mm^{iv}$ sera égal à l'angle b, puisque les côtés de ces deux angles seront parallèles chacun à chacun ;

4° ▬▬ Si l'on considère la face b comme un plan de projection, la droite NO sera la trace du plan qui contient l'angle B, et ce plan étant perpendiculaire sur l'arête SM de l'espace, la trace NO sera perpendiculaire sur Sm, qui est la projection de la droite SM sur la face b ;

5° ▬▬ Si le triangle m^vNO, qui est construit dans sa véritable grandeur, était ramené à la place qu'il doit occuper dans l'espace, la droite NO ne changerait pas de place, et le point m^v, ramené en M sur l'intersection des faces a et c, serait projeté en m sur le plan de la face b ; l'arc de cercle décrit par le point M serait perpendiculaire sur la droite NO, et la projection mm^v de cet arc de cercle devrait alors se confondre avec la projection SM de Sm sur le plan de la la face b, d'où il résulte que le point m^v, qui représente le point M rabattu, doit toujours être situé sur la droite Sm.

―――――

36. **Deuxième problème sur l'angle trièdre.** *Étant donnés deux angles plans ou faces, et l'angle dièdre compris, trouver la troisième face et les deux autres angles dièdres.*

solution. Pour offrir aux élèves un moyen de vérification, nous allons résoudre les six problèmes de l'angle dièdre avec les mêmes données, de sorte qu'en considérant comme quantités connues trois quelconques des six angles A, B, C, a, b, c de la *fig. 2*, on doit toujours retrouver les trois autres pour la valeur des inconnues.

Par conséquent, si nous prenons pour données dans le problème actuel, les faces a et b, et l'angle dièdre C de la *fig. 2*,

nous devons retrouver les angles désignés sur la même *figure*
par *c*, A et B.

1° ▬▬ Pour y parvenir, on placera d'abord ces deux faces
ou angles plans donnés *a* et *b* à côté l'un de l'autre, comme
on le voit sur la *fig*. 2, puis on prendra le point *m'* à volonté, sur le côté extérieur de la face *a*;

2° ▬▬ La perpendiculaire abaissée du point *m'* sur l'arête SN,
donnera en *u* le sommet de l'angle C, et puisque la valeur
de cet angle est donnée par la question, que de plus on sait
que *um'''* doit être égal à *um'*, on décrira l'arc de cercle
m'm''', et l'on construira le triangle rectangle *m'''um*, ce
qui déterminera le point *m*;

3° ▬▬ On abaissera de ce point la droite *mv* perpendiculaire
sur l'arête SO, et l'arc de cercle *m'rm''* déterminera le
point *m''*, sur le prolongement de la droite *mv*, de sorte
qu'en joignant *m''* avec le point S, la face *c* sera connue.

4° ▬▬ Les angles A et B s'obtiendront comme dans le problème précédent qui ne diffère du problème actuel que par
l'ordre des opérations.

────────

37. Troisième problème sur l'angle trièdre. *Étant
données deux faces et l'angle dièdre opposé à l'une d'elles,
trouver la troisième face, et les deux autres angles dièdres.*

solution. (*Fig*. 1, *pl*. 8.) Les données étant *a*, *c* et C, on
construira:

1° ▬▬ La face ou angle plan *a*, sur l'un des côtés duquel
on prendra le point *m'* à volonté;

2° ▬▬ La perpendiculaire *m'u*, abaissée du point *m'* sur le
second côté SN de la face *a*, déterminera le point *u*, sommet de l'angle donné C;

3° ▬▬ On construira l'angle *mum'''* égal à l'angle donné C,
et l'on fera le côté *um'''* égal à *um'*;

4° ▬▬ La droite $m'''m$, perpendiculaire sur le prolongement de $m'u$ déterminera le point m, projection du point M, sur le plan de la face b;

5° ▬▬ On tracera la droite Sm, et prenant cette droite comme diamètre, on décrira la circonférence qui doit contenir le point v, sommet de l'angle A;

6° ▬▬ Pour déterminer le point v on construira le triangle rectangle m'SV, dont on connaît l'hypoténuse Sm' et l'angle aigu m'SV égal à l'angle plan c, qui est donné par la question;

7° ▬▬ Du point S comme centre et du rayon SV, on décrira un arc de cercle qui déterminera le point v, sommet de l'angle A sur la circonférence qui a pour rayon Sm.

8° ▬▬ On joindra le point v avec S, et l'angle vSu sera égal à la face b cherchée;

9° ▬▬ On prolongera la droite mv, et du point S comme centre, on décrira l'arc de cercle $m'vm''$, ce qui déterminera le point m'';

10° ▬▬ On joindra m'' avec le point S. et si l'on a bien opéré, l'angle m''Sv doit être égal à l'angle donné c;

11° ▬▬ Les trois faces ou angles plans, a, b, c étant alors connus et disposés comme dans les épures précédentes, le reste n'offrira plus aucune difficulté.

Il est évident que l'angle vSm'' est égal à l'angle VSm', par conséquent à la face c, que l'on avait portée à gauche de la face a, en attendant que la face b soit déterminée.

On pourrait même, si l'on avait peu de place, construire partout ailleurs le triangle VSm', qui n'a pas d'autre but que de faire connaître SV, c'est-à-dire la distance du point S au point v de la circonférence Sumv.

38. Remarque. La circonférence qui a pour diamètre la droite Sm est coupée en deux points v et x par l'arc de cercle Vvx.

Il résulte de là que l'on pourrait prendre le point x pour sommet de l'angle dièdre cherché A, que nous désignerons ici par A$''$, et qui serait alors obtus au lieu d'être aigu, comme cela aurait lieu si l'on prenait son sommet au point v.

Ainsi, les données admises a, c et C conviennent à deux angles trièdres différents; et le problème actuel correspond au cas de géométrie plane où l'on donne deux côtés a, b d'un triangle, et l'angle A opposé à l'un d'eux (*fig.* 2).

Pour distinguer les parties des deux angles trièdres qui satisfont à la question, je mettrai deux accents à la droite de celles des parties du second angle qui diffèrent par leur grandeur, ou par leur position, des parties correspondantes du premier. Ainsi, en réservant la lettre A pour l'angle qui a son sommet en v, nous désignerons par A$''$ celui qui a son sommet en x, et nous remarquerons que ces deux angles diffèrent par leur position et par leur grandeur, puisque l'un d'eux est aigu et l'autre obtus.

Le premier, rabattu sur l'épure, devient mvm^{iv}, tandis que le second est rabattu en $m^{vii}xZ$.

Dans l'angle trièdre pour lequel le point v serait le sommet de l'angle dièdre A, la face ou angle plan b sera uSv, et la face c projetée sur le plan de la face b par le triangle vSm sera rabattue en vSm''.

Tandis que si l'on choisit le point x pour sommet de l'angle dièdre A$''$, la face c remplacée par c'' sera projetée sur le plan de la face b par le triangle xSm et rabattue en xSm^{vi}, les deux faces c'' et c sont égales et ne diffèrent que par leur position.

Dans ce dernier cas, l'angle plan ou face b du premier angle trièdre sera remplacé par l'angle NSO$'$ que je nommerai b'' et l'angle dièdre B, ou, ce qui est la même chose, Nm'O deviendra Nm'O$'$, qui est désigné sur l'épure par B$''$.

Le plan qui contient ce dernier angle ainsi que l'angle B, coupera les trois faces du second angle trièdre, suivant les droites m'N, NO' et O'm^{vi}, qui sont les trois côtés du triangle NO'm^v, au sommet m^v duquel se trouve l'angle B'' cherché.

Ainsi, les six parties du premier angle trièdre seront a, b, c, A,B,C, tandis que les parties du second seront a,b'',c'',A'',B'',C.

La face a et l'angle dièdre C sont les seules parties communes aux deux angles trièdres.

La face c'' du second est égale à la face c du premier, et ces quantités ne diffèrent entre elles que par leur position.

L'angle dièdre A du premier est le supplément de l'angle A'' du second.

Les angles b'' et B'' du second angle trièdre sont situés dans les mêmes plans que les faces b et B du premier, et ces quantités ne diffèrent entre elles que par leurs grandeurs.

___

39. Angle trièdre supplémentaire. Avant de passer à la solution des trois problèmes qui nous restent à résoudre, je rappellerai quelques théorèmes de géométrie élémentaire qui se rapportent aux propriétés de l'angle trièdre.

1° ━━ (*Fig.* 5, *pl.* 7). Si par un point A pris à volonté dans l'espace, on conçoit les droites AB, AC perpendiculaires sur les plans P et P_1, *l'angle* BAC *que les deux droites font entre elles sera supplément de l'angle dièdre* COB *formé par les deux plans*, et réciproquement, *l'angle dièdre formé par les plans* P *et* P_1 *sera le supplément de l'angle plan formé par les deux droites* AB, AC.

2° ━━ (*Fig.* 8). Si par un point S' pris à volonté dans l'espace, on abaisse une perpendiculaire sur chacun des trois faces SMN,SMO,SON d'un angle trièdre S. On pourra considérer ces trois droites SO',SN',SM', comme les arêtes d'un second angle trièdre S' dont les faces S'M'N,S'O'N',S'N'O' seront perpendiculaires aux trois arêtes SN,SM,SO du premier; d'où il résulte par le théorème cité précédemment, *que les angles plans ou faces de l'un de ces angles trièdres seront les suppléments des angles dièdres correspondants du second, et que les faces ou angles plans du second seront les suppléments des angles dièdres du premier.* Ainsi en exprimant par A,B,C, *a,b,c,* les six éléments de l'angle trièdre qui a son sommet en S et par A',B',C', *a',b',c',* les six éléments du second angle trièdre, on aura toujours les équations

$$A + a' = 180° \qquad a + A' = 180°$$
$$B + b' = 180° \qquad b + B' = 180°$$
$$C + c' = 180° \qquad c + C' = 180°$$

Pour rappeler cette propriété, on dit en géométrie que les deux angles trièdres S et S' sont supplémentaires l'un de l'autre.

3° ▬▬ (*Fig.* 6). Si les trois sommets A,B,C d'un triangle sphérique sont les pôles des trois côtés d'un second triangle tracé sur la même sphère, on sait (*géom.*) que les sommets du second triangle seront les pôles des côtés qui leur sont opposés dans le premier, et qu'en outre *les côtés de l'un quelconque de ces deux triangles seront les suppléments des angles qui leur sont opposés dans le second, de sorte* que les six équations ci-dessus auront encore lieu entre les six parties A,B,C,*a,b,c* du premier triangle et les six parties A',B',C',*a',b',c',* du second.

La coïncidence qui existe entre les deux théorèmes que nous venons de citer, provient de ce que si le triangle ABC de la *fig.* 6 était la base d'une pyramide triangulaire qui aurait son sommet au centre de la sphère, le triangle A'B'C' serait la base d'une seconde pyramide qui aurait le même sommet que la première, mais dont les arêtes seraient perpendiculaires sur les plans des grands cercles qui forment les côtés du triangle ABC : de sorte que, le troisième théorème ne différerait pas du second, si l'on faisait coïncider le point S' de la *fig.* 8, avec le point S, et si l'on remplaçait les trois arêtes S'O', S'M', S'N' par leurs prolongements comme on le voit sur la *fig.* 11.

Les deux triangles sphériques de la *fig.* 6, résulteraient alors des intersections de la surface d'une sphère qui aurait pour centre le sommet commun aux deux angles trièdres, par les six plans qui en forment les faces.

La *fig.* 9 de la planche 7 est le développement de l'angle trièdre supplémentaire de celui qui avait été choisi pour sujet de la *fig.* 2, de sorte que tous les angles de la *fig.* 2 sont remplacés sur la *fig.* 9 par leurs suppléments.

Il résulte de la que les six parties de l'angle dièdre (*fig.* 2) étant aigus, leurs suppléments (*fig.* 9) sont obtus ; mais cela ne change rien à la manière de résoudre le problème ; les opérations sont absolument les mêmes et doivent être exécutées dans le même ordre, la position des points ou des lignes obtenues fait toute la différence des deux épures. J'engagerai donc le lecteur à exécuter sur la *fig.* 9, toutes les opérations qui ont été indiquées au numéro 33 pour la *fig.* 2.

Pour rendre ce travail plus facile, j'ai désigné par les mêmes lettres, tous les points et lignes correspondants des deux figures.

On remarquera cependant que les six parties de ce nouvel angle trièdre sont désignées par des lettres accentuées. De sorte que, pour reconnaître sur la *fig.* 9, toutes les opérations qui ont été indiquées plus haut pour la *fig.* 2, il suffira de remplacer les quantités a, b, c, A, B, C par a' b', c', A', B', C'.

Toutes les vérifications qui ont été indiquées au n° 35, pour la *fig.* 2, auront également lieu sur la figure actuelle.

Ainsi, la circonférence qui a Sm pour diamètre, contiendra les points u et v.

Les points m''' et m'' seront situés sur un même arc de cercle décrit du point m comme centre.

L'angle $m'''mm''$ sera égal à l'angle plan ou face b'.

La droite NO sera perpendiculaire sur Sm. Et cette dernière droite contiendra le point m' qui est le sommet de l'angle dièdre B$'$.

***

40. **Quatrième problème ramené au second par les suppléments.** Les principes rappelés au n° 39 permettront de ramener la solution des trois derniers problèmes à celle des trois premiers; en effet, supposons pour le quatrième problème que les données soient les deux angles dièdres A,B et la face c, qui leur est commune, on construira (*fig.* 15, 16 et 14) :

$$1° \quad\text{━━━}\quad 180° - A = a';$$
$$2° \quad\text{━━━}\quad 180° - B = b';$$
$$3° \quad\text{━━━}\quad 180° - c = C'.$$

Il est évident alors, que la question est ramenée au deuxième problème, pour lequel on connaissait deux faces a,b et l'angle dièdre compris C, de sorte qu'il ne reste plus qu'à exécuter mot à mot, avec les nouvelles données, toutes les constructions indiquées au numéro 36 pour les données a,b et C.

Puis, lorsqu'on aura obtenu c',A$'$ et B$'$, on aura :

$$1° \quad\text{━━━}\quad 180° - c' = C;$$
$$2° \quad\text{━━━}\quad 180° - A' = a;$$
$$3° \quad\text{━━━}\quad 180° - B' = b.$$

Ainsi, étant données A,B et c, on aura trouvé C,a et b.

Je ferai seulement remarquer que si les angles donnés A.B,c sont aigus, leurs suppléments a',b' et C$'$ seront obtus, ce qui donnera la *fig.* 9 au lieu de la *fig.* 2 que l'on avait obtenue pour la solution du deuxième problème; mais cela ne changera rien à l'ordre des opérations.

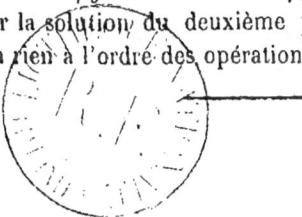

41. Deuxième solution du quatrième problème de l'angle trièdre. *Étant donnés deux angles dièdres et la face qui leur est commune, trouver les deux autres faces et le troisième angle dièdre.*

Les données étant *b*, A et C (*fig.* 2), on construira :

1° ▬▬ L'angle $m'''mm^{\text{iv}}$ égal à l'angle plan donné *b* (35).

2° ▬▬ Le triangle rectangle $mm'''u$ pour lequel on connaît un côté mm''' dont la grandeur peut être prise à volonté, et l'angle donné C.

3° ▬▬ Le triangle rectangle $mm^{\text{iv}}v$ dont on connaît le côté mm^{iv} égal à mm''' et l'angle donné A.

4° ▬▬ Les deux droites S*u* et S*v* parallèles aux côtés mm''' et mm^{iv} de l'angle $m'''mm^{\text{iv}}$ détermineront le point S et l'angle *u*S*v* égal à *b*.

Cela étant fait, il ne restera plus aucune difficulté; ainsi :

5° ▬▬ Le triangle rectangle S*um'*, dont on connaît le côté S*u* et le côté $um' = um'''$, déterminera l'angle plan ou face *a*.

6° ▬▬ Le triangle rectangle svm'' dont on connaît S*v*, et le côté $vm'' = vm^{\text{iv}}$ déterminera l'angle plan *c*.

7° ▬▬ Enfin l'angle B se construira comme dans les premier et deuxième problèmes.

———

42. Cinquième problème ramené au troisième par les suppléments.

Les données étant A, C et *c*, on construira (*fig.* 15, 17 et 14) :

$$1° \quad \text{▬▬} \quad 180° - A = a';$$
$$2° \quad \text{▬▬} \quad 180° - C = c';$$
$$3° \quad \text{▬▬} \quad 180° - c = C',$$

et la question sera évidemment ramenée au troisième problème, pour lequel les données étaient les faces *a*, *c*, et l'angle dièdre C opposé à l'une d'elles.

Il ne restera donc plus qu'à exécuter avec les nouvelles données a', c' et C' toutes les opérations indiquées au n° 37, pour les données a, c et C; puis, lorsqu'on aura obtenu b', A' et B', on aura :

$$1° \quad 180° - b' = B;$$
$$2° \quad 180° - A' = a;$$
$$3° \quad 180° - B' = b.$$

Ainsi, connaissant A, C et c, on aura trouvé B, a et b.

Je n'ai pas tracé, sur la *fig.* 9, les constructions indiquées au numéro 37, parce que la solution que nous allons donner est beaucoup plus simple.

---

43. Deuxième solution du cinquième problème de l'angle trièdre. *Étant donnés, deux angles dièdres, et la face opposée à l'un d'eux, trouver les deux autres faces, et le troisième angle dièdre.*

Les quantités données étant A, C et a, on construira (*pl.* 8, *fig.* 3) :

1° —— L'angle donné a, sur l'un des côtés duquel on prendra un point quelconque m'.

2° —— La perpendiculaire abaissée de ce point m'. Sur le second côté SN de l'angle a, déterminera le point u, sommet de l'angle donné C.

3° —— On construira le triangle rectangle mum''', dont on connaît l'angle C, et l'hypoténuse um''' égale à um'.

4° —— On tracera la droite mS, et sur cette droite, comme diamètre, on décrira la circonférence qui doit contenir le point v, sommet de l'angle A donné.

5° —— Pour déterminer la place du point v sur la circonférence qui a Sm pour diamètre, on construira le triangle rectangle mVm''', dont on connaît le côté mm''' de l'angle droit, et l'angle mVm''' égal à l'angle donné A.

6° **━━** Du point *m* comme centre, avec une ouverture de compas égale à *m*V, on décrira l'arc de cercle V*v*, ce qui déterminera la position du point *v*, sur la circonférence qui a S*m* pour diamètre.

7° **━━** On joindra le point *v* avec S, et l'angle *u*S*v* sera la face ou angle plan *b*.

8° **━━** Dès que la face *b* sera connue, on terminera l'épure en opérant comme pour le deuxième problème.

───────

44. sixième problème ramené au premier par les suppléments.

Étant donnés les trois angles dièdres A, B *et* C, *trouver les trois angles plans ou faces a, b, c.*

solution. On construira (*fig.* 15, 16 et 17, *pl.* 8) :

$$1° \quad \text{━━} \quad 180° - A = a';$$
$$2° \quad \text{━━} \quad 180° - B = b';$$
$$3° \quad \text{━━} \quad 180° - C = c'.$$

La question se trouve alors ramenée au premier problème, pour lequel on connaissait les trois faces *a*, *b*, *c*.

Ainsi, en exécutant sur la *fig.* 9 avec les nouvelles données *a'*, *b'*, *c'*, toutes les opérations indiquées au numéro **33**, pour les données *a*, *b*, *c*, on obtiendra les trois angles dièdres A′, B′, C′, dont les suppléments *a*, *b*, *c* seront les quantités demandées.

───────

45. Deuxième solution du sixième problème.

En combinant les *fig.* **2** et 9 de la *pl.* 7, il est facile de ramener la solution du sixième problème, à celle que nous avons indiquée au numéro 40 pour le quatrième.

En effet, les données étant A, B et C (*fig.* 3, 4 et 5, *pl.* 9), on construira :

$$1° \rule{1cm}{0.4pt} \; 180° - A = a';$$
$$2° \rule{1cm}{0.4pt} \; 180° - B = b';$$
$$3° \rule{1cm}{0.4pt} \; 180° - C = c'.$$

Puis, on placera ces trois angles plans ou faces autour du point S' comme on le voit sur la *fig.* 1 ; cela étant fait, on tracera l'arc de cercle $x'x''$ décrit du point S' comme centre avec une ouverture de compas quelconque.

Cette opération déterminera les points x' et x'' à égale distance du point S'. Or, si l'angle trièdre qui a pour sommet le point S' était reformé, il est évident que les deux points x' et x'' seraient réunis en un seul que nous pourrons nommer X et qui serait situé sur l'arête suivant laquelle se coupent les deux faces a' et c'.

Mais le plan qui serait mené par le point X, perpendiculairement à l'arête S'X de l'espace, contiendrait l'angle dièdre B' formé par les faces a' et c'.

Ce plan, perpendiculaire à l'arête SX, couperait la face a' suivant la droite x'H, perpendiculaire sur S'x' qui n'est autre chose que la droite S'X rabattue.

Ce même plan coupera la face c' suivant la droite x''K, perpendiculaire sur S'x''; enfin, si l'on joint le point K avec H, les droites x'H, HK et Kx'' seront les trois côtés du triangle au sommet X duquel doit se trouver l'angle dièdre B' que les faces a' et c' font entre elles (39).

De sorte que si des points K et H comme centres, on décrit les deux arcs de cercle $x''m$ et $x'm$, on aura déterminé le point m, sommet de l'angle KmH qui est égal à B'.

Mais on sait que l'angle B' que font entre elles les faces a' et c' de l'angle trièdre qui a son sommet en S', est le supplément de l'angle plan ou face b de l'angle trièdre auquel appartiennent les trois angles donnés A, B et C.

Par conséquent, si par les points K et H on construit Ku, perpendiculaire sur le prolongement de Hm et Hv perpendicu-

laire sur le prolongement de Km, on déterminera le point S;
et l'angle uSv sera égal à la face demandée b, car dans le quadrilatère Sumv, les deux angles opposés Sum, Svm étant
droits, il est évident que la somme des deux autres angles
umv, uSv sera égal à deux angles droits : mais le premier umv
de ces deux angles, étant égal à l'angle KmH $=$ B′, l'angle uSv,
supplément de umv, sera égal à la face ou angle plan b, supplément de l'angle B′.

Or, la face b étant connue et les deux angles dièdres A et C
étant donnés par la question, il est évident que la solution du
sixième problème est ramenée à celle du quatrième. Ainsi, on
pourra construire successivement :

> 1° ▬▬ L'angle C et la face a,
> 2° ▬▬ L'angle A et la face c.

De sorte que les faces a, b et c seront alors connues.

Remarque. Les droites Kv, Hu étant perpendiculaires sur
les côtés SH, SK du triangle SKH; la droite Sm sera perpendiculaire sur le troisième côté KH (*géom.*).

Il résulte de là que l'on peut considérer KH (*fig.* 2) comme
la trace d'un plan qui serait perpendiculaire sur la droite
SM de l'espace, et qui par conséquent contiendrait l'angle
dièdre B.

De sorte que, si l'on trace la droite Kn′ perpendiculaire
sur SD, et la droite Hn″ perpendiculaire sur SG, on pourra
prendre les trois droites n′K, KH, Hn″ pour les côtés du triangle
au sommet duquel serait situé l'angle B, dont le sommet
serait alors projeté en n.

Cette dernière remarque permettra de réduire l'épure à un
grand degré de simplicité, en supprimant tout ce qui, dans
les figures précédentes, ne servait qu'à rappeler les principes.

Ainsi, les trois angles a′, b′ et c′, suppléments des angles
donnés étant disposés comme on le voit sur la *fig.* 2.

On tracera :

1° ━━ L'arc de cercle $x'x''$;

2° ━━ La droite x'H perpendiculaire sur S'x' ;

3° ━━ La droite x''K perpendiculaire sur S'x'' ;

4° ━━ La droite KH ;

5° ━━ L'arc de cercle $x'm$;

6° ━━ L'arc de cercle $x''m$;

7° ━━ La droite Hmu ;

8° ━━ La droite Hmv ;

9° ━━ La droite Ku perpendiculaire sur Hu ;

10° ━━ La droite Hv, perpendiculaire sur Kv, ces deux droites formeront l'angle uSv égal à la face b cherchée ;

11° ━━ On décrira la circonférence passant par les trois points K, S', H ;

12° ━━ La droite S'mS déterminera sur la circonférence précédente le point n''', sommet de l'angle B ;

13° ━━ L'arc de cercle $n'''n'$ sera décrit du point K comme centre ;

14° ━━ La droite Sn' tangente à l'arc $n'''n'$ *déterminera l'angle* n'Su *égal à la face* a ;

15° ━━ On décrira l'arc $n'''n''$ du point H comme centre ;

16° ━━ Enfin, la tangente Sn'' *déterminera l'angle* n''SH *égal à la face* c.

---

46. Troisième solution du sixième problème.

Concevons (*fig.* 8, *pl.* 10) un cône circulaire dont la génératrice OA ferait, avec le plan P, un angle V ; il est évident (*géom.*) que tout plan, tel que P$_1$ qui serait tangent au cône, ferait également un angle V avec le plan P. D'après cela, étant donnés les trois angles dièdres A, B et C :

1° ━━ Concevons (*fig.* 1) un plan de projection perpendiculaire à la droite, suivant laquelle se coupent les plans

P et P₁ qui contiennent les deux faces *a* et *c*, que l'on veut obtenir. L'angle donné B sera projeté sur ce plan dans sa grandeur réelle.

2° ━━ Si par un point O, pris à volonté dans le plan de projection, on conçoit la droite O*u*, faisant avec le plan P l'angle C donné, cette droite O*u* tournant autour de O*q* perpendiculaire au plan P, engendrera un cône circulaire O*tz*, et tout plan tangent à ce cône fera avec le plan P, par conséquent avec la face *a*, un angle dièdre égal à l'angle C donné.

3° ━━ Si par le point O on conçoit une seconde droite O*v*, faisant avec le plan P₁ l'angle A donné par la question, cette droite O*v* tournant autour de O*g*, perpendiculaire au plan P₁ engendrera un second cône circulaire O*ie*, et tout plan tangent à ce dernier cône, fera avec le plan P₁ et par conséquent, avec la face *c*, un angle dièdre égal à l'angle A donné.

4° ━━ Il est donc évident que tout plan qui sera tangent aux deux cônes O*tz* et O*ie*, contiendra la face *b*, puisqu'il coupera le plan P ou la face *a*, suivant l'angle C et le plan P₁ ou la face *c*, suivant l'angle A.

5° ━━ Pour construire un plan tangent aux deux cônes O*tz* et O*ie*, il faudra se rappeler un théorème connu, dont voici l'énoncé.

Si l'on conçoit (fig. 9) qu'une sphère soit pénétrée par un cône, de manière que l'une des courbes de pénétration TZ *soit un cercle, la seconde courbe* IE *sera pareillement circulaire* (51).

Réciproquement, *si deux cercles* TZ, IE *sont situés sur la même sphère, on pourra toujours concevoir une surface conique qui les contiendra tous deux* (52).

6° ━━ Ce qui précède étant admis, si l'on trace sur la figure première, les deux droites *ti* et *ze*, le point *x*, suivant lequel ces deux droites se rencontreront, sera le sommet d'un cône qui contiendra les deux cercles *tz* et *ie*, de sorte que si l'on joint le point *x* avec le point O, sommet commun des deux premiers cônes, la droite *x*O sera l'intersection de deux plans qui toucheront en même temps les trois cônes, et qui pourront être pris, l'un ou l'autre, pour la face *b* demandée, puisqu'ils couperont le plan P ou la face *a* suivant l'angle donné C et le plan P₁ ou la face *c* suivant l'angle donné A.

7° ▬ De ce que, par la droite O*x*, on peut mener deux plans tangents aux trois cônes, il semblerait qu'il peut exister deux angles trièdres satisfaisant aux conditions données : mais ces deux angles étant placés symétriquement par rapport au plan de projection que l'on a choisi, et les parties symétriquement placées étant égales chacune à chacune, nous ne considérerons pas ces deux angles trièdres comme deux solutions différentes, et nous ne prendrons que les parties de l'angle trièdre situé au-dessus du plan de projection.

8° ▬ Pour obtenir les faces *a*, *b* et *c*, nous supposerons que les plans P et P₁ qui contiennent ces faces se renversent l'un à gauche et l'autre à droite de l'épure, tandis que le plan tangent aux trois cônes se rabat autour de la droite *mn*, qui contient les sommets *x* et O.

9° ▬ Dans ce mouvement, les points *m* et *n* ne changeront pas de place ; la circonférence décrite du point *q*, comme centre, sera l'intersection du cône O*tz*, par le plan P et la tangente *ms'*, sera l'intersection du plan P, qui contient la face *a*, par le plan qui est tangent aux trois cônes, et qui contient la face *b*.

10° ▬ La circonférence décrite du point *g* comme centre, est l'intersection du cône O*ie* par le plan P₁ et la tangente *ns''*, est la droite suivant laquelle le plan P₁ qui contient la face *c*, est coupé par le plan de la face *b*.

11° ▬ Les droites *ss'* et *ss''* perpendiculaires, la première sur *ms* et la seconde sur *ns*, doivent être égales entre elles, puisque chacune d'elles représente la perpendiculaire abaissée du point S de l'espace sur le plan de projection B.

Cette perpendiculaire est l'intersection des deux plans P et P₁

12° ▬▬ Enfin, les droites *s′m*, *mn* et *ns″*, sont les trois côtés du triangle, au sommet duquel se trouve l'angle *ms‴n* qui est égal à la face demandée *b*, que l'on suppose ici rabattue sur l'épure, en tournant autour de la droite *mn*.

13° ▬▬ Dans ce mouvement, le point S de l'espace décrit un arc de cercle projeté sur le plan de l'épure, par la droite *ss‴*, qui par conséquent doit être perpendiculaire sur *mn*.

Remarque. Si le point *x* était trop éloigné, ou si les deux droites *ti* et *ze* se coupaient trop obliquement, on tracerait :

1° ▬▬ La droite *t′z′* parallèle à *tz* ;

2° ▬▬ La droite *t′o′* parallèle à *to* ;

3° ▬▬ La droite *z′o′* parallèle à *zo* ;

on déterminerait ainsi le point *o′* homologue du point *o*, et la droite *oo′* passerait par le point *x* qui est le centre de similitude des deux triangles *tzo*, *t′z′o′* (*géom.*).

---

47. Quatrième solution du sixième problème.

On peut éviter l'emploi du cône qui a son sommet en *x*, en opérant de la manière suivante :

1° ▬▬ Les données étant les mêmes que pour le problème qui précède, on disposera l'épure comme sur la *fig.* 1, c'est-à-dire que l'on prendra (*fig.* 3) un plan de projection perpendiculaire aux plans P et P₁ qui contiennent les faces demandées *a* et *c*. L'angle *msn* sera par conséquent égal à l'angle B donné.

2° ▬▬ On choisira un point O quelconque, situé dans le plan de projection, et de ce point comme centre, on décrira un cercle que l'on pourra considérer comme la projection d'une sphère dont le rayon Or, peut être pris à volonté.

3° ▬▬ On construira la tangente xu, qui fait avec le plan P l'angle donné C, et faisant tourner cette tangente autour de la droite qx perpendiculaire au plan P, on engendrera un cône circonscrit à la sphère du rayon Or, et tous les plans tangents à ce cône feront évidemment l'angle C avec le plan P, et par conséquent avec la face a qui coïncide avec ce plan.

4° ▬▬ On construira ensuite la tangente zv, qui fait avec le plan P$_1$ un angle svz, égal à l'angle donné A, et faisant tourner cette tangente autour de la droite zg, perpendiculaire au plan P$_1$ on engendrera un second cône circonscrit à la sphère, et tous les plans tangents à ce deuxième cône feront l'angle A avec le plan P$_1$ et par conséquent avec la face c qui est située dans ce plan.

5° ▬▬ Il est donc évident qu'il ne reste plus, pour obtenir la face b, qu'à construire un plan tangent aux deux cônes.

Pour y parvenir on tracera successivement.

6° ▬▬ La droite zx qui contient les sommets des deux cônes, et qui perce les plans P et P$_1$ aux points m et n.

7° ▬▬ La circonférence décrite du point q, comme centre avec le rayon uq, sera la section du premier cône par le plan P qui contient la face a.

8° ▬▬ La tangente ms' sera l'intersection du plan P de la face a, par le plan qui est tangent aux deux cônes, et qui doit contenir la face b.

9° ▬▬ La droite ss', perpendiculaire sur ms, sera l'intersection des plans P et P₁ ou ce qui est la même chose des faces *a* et *c*.

10° ▬ L'angle *ms's* sera par conséquent égal à la face demandée *a*.

11° ▬ La circonférence décrite du point *g* comme centre, avec le rayon *gv*, sera la section du second cône par le plan P₁ de la face *c*.

12° ▬ La tangente *ns*″ sera l'intersection du plan P₁ de la face *c*, par le plan de la face *b*, qui est tangent aux deux cônes.

13° ▬ La droite *ss*″ perpendiculaire sur *ns* doit être égale à *ss'*, puisque ces deux lignes, ramenées à leur place, n'en feraient qu'une seule projetée par le point *s*, et provenant de l'intersection des faces *a* et *c*;

14° ▬ L'angle *ns*″*s* sera égal à la face demandée *c*;

15° ▬ Enfin les trois droites *s'm*, *mn* et *ns*″ seront les trois côtés du triangle au sommet duquel est situé l'angle *ms*‴*n* égal à la face *b* cherchée;

16° ▬ L'angle *ms*‴*n* représentant la face *b* rabattue sur le plan de l'épure, la droite *ss*‴, projection de l'arc de cercle parcouru par le point S de l'espace, doit par conséquent être perpendiculaire sur la droite *mn* autour de laquelle se fait le rabattement.

———

48. Théorème. Concevons (*fig.* 4) deux plans P et P₁ situés d'une manière quelconque dans l'espace ;

Concevons de plus une droite AB perpendiculaire à l'un des deux plans donnés, au plan P₁ par exemple ;

Si par la droite AB nous concevons le plan ABC, perpendiculaire sur la droite CS intersection des deux plans P et P₁ le plan ABC coupera les deux plans P et P₁ suivant les droites BC et CA ; l'angle BCA sera l'angle dièdre formé par les deux plans P et P₁ et l'angle ABC mesurera l'inclinaison de la droite AB sur le plan P ;

Or, la droite BA étant perpendiculaire sur le plan P₁ le triangle BAC est rectangle en A, et les deux angles B et C sont compléments l'un de l'autre.

Par conséquent, si l'on veut construire un plan P₁ faisant avec le plan P un angle donné ACB, on pourra opérer de la manière suivante :

1° ▬▬ On tracera une droite quelconque AB faisant avec le plan P un angle ABC, complément de l'angle donné ACB.

2° ▬▬ On construira un plan P₁ perpendiculaire à la droite AB.

---

49. Cinquième solution du sixième problème.

Les principes qui précèdent donnent une solution extrêmement simple pour le sixième problème de l'angle trièdre. En effet supposons *fig* 7,

1° ▬▬ Que la face demandée *b* coïncide avec le plan horizontal de projection que je désignerai par P

2° ▬▬ Construisons le plan P₁ perpendiculaire au plan vertical de projection, et faisant avec le plan P l'angle *m's'z* égal à l'angle dièdre donné A. Le plan P₁ contiendra la face *c* qui est une des quantités cherchées.

Il ne restera plus qu'à construire un troisième plan faisant l'angle C avec le plan P et l'angle B avec le plan P₁

3° ▬▬ Pour obtenir ce résultat, on construira d'abord,

Fig. 5, l'angle *c″*, complément de l'angle C donné, et

Fig. 6, l'angle *b″*, complément de l'angle B qui est également connu.

4° ▬▬ On tracera ensuite sur la *fig.* 7 les droites *s'o″* et *s'o‴*, de manière que l'angle *o″s'z* soit égal à l'angle *c″* de la

fig. 5, et que l'angle $o'''s'm'$ soit égal à à l'angle b'' de la
fig. 6;

5° ▬▬ Les deux droites $s'o''$ et $s'o'''$ étant situées dans le plan
vertical de projection auront la ligne AZ pour projection horizontale commune;

6° ▬▬ Si l'on fait actuellement tourner $s'o''$ autour de la
droite $s'v$, qui est perpendiculaire au plan P de la face b,
on engendrera un cône circulaire dont la génératrice $s'o''$
fera toujours l'angle c'' avec le plan P de la face b;

7° ▬▬ Si l'on fait ensuite tourner $s'o'''$ autour de la droite
$s'x$, qui est perpendiculaire au plan P_1 de la face c, on
engendrera un second cône circulaire dont la génératrice $s'o'''$ fera toujours l'angle b'' avec le plan P_1 de la
face b;

8° ▬▬ Or, les deux cônes engendrés par les droites $s'o''$ et
$s'o'''$ ayant le point s' pour sommet commun, se couperont
suivant une génératrice commune, qui fera l'angle c'' avec
le plan P de la face b, et l'angle b'' avec le plan P_1 de la
face c;

9° ▬▬ Pour obtenir un second point de cette génératrice,
qui contient le point s', on décrira de ce point, comme
centre, un arc de cercle quelconque hy;

10° ▬▬ Cet arc peut être considéré comme appartenant à
la projection verticale d'une sphère qui coupera le cône
engendré par $s'o''$, suivant un cercle projeté sur le plan
vertical par $o''o'$;

11° ▬▬ La même sphère coupera le cône engendré par $s'o'''$,
suivant un cercle parallèle au plan P_1 et projeté sur le
plan vertical par la droite $o'''o'$;

12° ▬▬ Les deux cercles $o''o'$ et $o'''o'$ étant situés sur la
même sphère se rencontreront en un point, dont la projection verticale sera o', et dont la projection horizon-

tale o sera située sur la projection horizontale de l'arc de cercle décrit par le point o'' ;

13° ▬▬ Joignant le point s' avec les deux points o et o', on obtiendra les droites $s'o$, $s'o'$ pour les deux projections de la génératrice commune aux deux cônes ;

14° ▬▬ Si l'on construit actuellement un plan P_2 perpendiculaire à la droite $s'o$, $s'o'$ que l'on vient d'obtenir, il résulte évidemment de ce que nous avons dit (48), que ce plan P_2 coupera le plan P de la face b suivant un angle C, complément de c'', qui exprime l'inclinaison de la droite $s'o$, $s'o'$ sur le plan P, et que par la même raison l'angle formé par les plans P_1 et P_2 sera égal à l'angle B, complément de l'angle b'' que la droite $s'o$, $s'o'$ fait avec le plan P_1

15° ▬▬ Le plan P_2 contiendra donc la face demandée a, et les trois plans P P_1 et P_2 formeront les trois faces de l'angle trièdre dont le sommet sera situé au point S sur le plan horizontal de projection.

16° ▬▬ Il ne restera plus, pour obtenir les trois faces demandées a, b, c, qu'à développer l'angle trièdre en faisant tourner les plans P_1 et P_2 autour de leurs traces horizontales.

Dans ce mouvement, le point m' tournant avec la face c, viendra se placer en m''' sur la ligne AZ, et le même point tournant avec la face a, se rabattra en m'' que l'on obtiendra en construisant le triangle rectangle zrm'' dont on connaît le côté de l'angle droit zr et l'hypoténuse zm'' égale à zm' (10).

---

50. **Problème**. *Fig.* 10. *Étant données les trois faces* a, b, c *d'un angle trièdre, on demande les angles que chacune des arêtes fait avec la face qui lui est opposée.*

solution. Pour faciliter l'explication de l'épure, j'exprimerai par X l'angle que l'arête Sv fait avec la face a qui lui est opposée; par Y, l'angle que l'arête Su fait avec la face opposée c, et par Z, l'angle que l'arête SM de l'espace fait avec la face opposée b, qui coïncide ici avec le plan de la figure.

Nous rappelons d'abord (*géom.*) que l'angle qui mesure l'inclinaison d'une droite sur un plan est égal à l'angle que cette droite fait avec sa projection sur le plan dont il s'agit. Ainsi, *fig.* 4, si l'on voulait avoir l'angle que la droite BC fait avec le plan P$_1$ il faudrait :

1° ▬ Construire BA perpendiculaire sur P$_1$

2° ▬ Déterminer les points A et C;

3° ▬ Tracer la droite AC;

4° ▬ Mesurer l'angle ACB.

D'après cela, si par le point k de la droite Su (*fig.* 10) on conçoit une perpendiculaire sur le plan P$_1$ de la face c. Cette perpendiculaire, rabattue autour kv deviendra ko; de sorte que, si l'on ramène la droite kS en ks''' au moyen de l'arc Ss''', décrit du point k comme centre, la droite os''' sera la projection de ks''' sur le plan de la face c, et l'angle $ks'''o = $ X exprimera l'inclinaison de l'arête Sk sur le plan de la face c qui lui est opposée; une opération analogue déterminera l'angle Y que l'arête Sv fait avec la face opposée a. En effet, si par le point h de l'arête Sv on conçoit une perpendiculaire sur le plan P$_2$ de la face a, cette perpendiculaire rabattue autour de hu deviendra he; de sorte que, si l'on ramène la droite hS en hs'' en décrivant l'arc de cercle ss'' du point h, comme centre; la droite es'' sera la projection de l'arête hs'' sur le plan de la face a, et l'angle $hs''e = $ Y exprimera l'inclinaison de l'arête Sk sur le plan de la face a qui lui est opposée.

La construction, pour avoir l'angle Z, sera encore plus simple. En effet, si l'on se rappelle, que dans toutes les figures précédentes, la droite Sm est la projection de la droite SM de l'espace sur le plan de la face b qui lui est opposée, il est évident qu'en ramenant mS dans la position ms' perpendiculaire à mm''', la droite $s'm'''$ représentera la droite SM de l'espace ; ms' sera égale à la projection de SM sur le plan de la face b, et l'angle $m'''s'm = Z$ exprimera l'inclinaison de l'arête SM de l'espace sur le plan de la face b qui lui est opposée.

Remarque. Si au lieu des trois faces on connaissait quelques-unes des autres parties de l'angle trièdre, on commencerait par chercher les faces, et l'on agirait ensuite comme nous venons de le dire.

———

51. **Remarque.** Le problème qui précède complète évidemment la solution de tous les problèmes dont le but serait de déterminer les relations qui résultent de l'intersection de trois plans, et quoique nous n'ayons étudié qu'un seul des huit angles trièdres qui sont représentés sur la *fig.* 10 de la *pl.* 7, il n'en est pas moins vrai que l'une quelconque des épures précédentes suffira toujours pour faire connaître toutes les parties des huit angles qui ont le point S pour sommet commun, puisque celles de ces parties qui ne sont pas égales aux éléments de l'angle trièdre que nous avons étudié, en sont nécessairement les suppléments.

Ainsi, en exprimant comme nous l'avons fait au numéro 32, l'angle MSN par a, l'angle NSO par b et l'angle OSM par c ; appelant en outre les suppléments de ces trois angles A′, B′, C′.

Les faces des angles trièdres en commençant par les quatre qui sont situés en deçà du plan P, et tournant de N en M (*fig.* 10), seront :

1ᵉʳ	$a, b, c,$
2°	A′, B′, c,
3°	B′, C′, a,
4°	A′, C′, b ;

et pour les quatre angles situés derrière le plan P, on aura en tournant dans le même sens :

$$5^e \ldots \ldots \quad | \quad B', C', a,$$
$$6^e \ldots \ldots \quad | \quad A'. C', b,$$
$$7^e \ldots \ldots \quad | \quad a, b, c,$$
$$8^e \ldots \ldots \quad | \quad A', B', c.$$

On remarquera que les angles opposés par le sommet sont composés des mêmes faces ou angles plans disposés dans un ordre symétrique.

---

52. Problème. *Étant donnés les angles que deux droites font avec la verticale, et l'angle que ces mêmes droites font entre elles, on demande de construire l'angle formé par leurs projections horizontales.*

solution. On pourra considérer les deux droites dont il s'agit, et la verticale, comme les trois arêtes d'un angle trièdre dont on construira le développement (*fig. 2, pl. 10*).

La face a sera l'angle que l'une des deux droites $s'm''$ fait avec la verticale $s's$.

La face b sera l'angle que cette verticale fait avec la seconde droite $s'U$.

Enfin la face c sera l'angle que les deux droites obliques $s'M, s'U$ font entre elles.

Les droites $s'm''$ et $s'm'''$ sont égales puisqu'elles représentent toutes deux la droite $S'M$ de l'espace.

L'angle trièdre étant développé (*fig. 2*), il ne reste plus qu'à ramener les faces a et c à la place que chacune d'elles doit occuper dans l'espace. On obtiendra par ce moyen l'angle C pour la projection horizontale de l'angle c que les droites $s'M$ et $s'U$ font entre elles.

On dit alors que l'angle $m'''s'$U que les deux droites données font entre elles est *ramené à l'horizon*.

---

53. Théorème. Pour résoudre, au numéro 46, le sixième problème de l'angle trièdre, nous avons appliqué un théorème dont on trouve la démonstration dans les traités d'analyse : Mais on peut démontrer facilement ce théorème par la géométrie élémentaire.

En effet, *fig.* 9, un cercle qui a pour diamètre TZ étant situé sur une sphère quelconque, si l'on prend à volonté le point X pour sommet d'un cône qui aurait pour directrice la circonférence du cercle TZ, il s'agit de prouver *que la courbe* IE, *suivant laquelle le cône perce la surface de la sphère, est également un cercle.*

Pour y parvenir, nous prendrons comme plan de projection, le plan du grand cercle qui contient le point X, le centre O de la sphère, et le centre C du cercle TZ.

Ce plan de projection contenant la ligne droite CO sera perpendiculaire au plan du cercle donné TZ, dont la projection se réduira par conséquent à son diamètre TZ.

Les génératrices TX et ZX du cône seront situées dans le plan de projection, et la droite IE sera une corde du grand cercle TZEI.

Le cône sera du second degré, puisque la courbe directrice TZ est un cercle.

Or, si nous concevons par la droite IE un plan perpendiculaire au grand cercle TZEI, la section du cône par ce plan sera une courbe que nous pourrons admettre provisoirement comme une ellipse, en attendant que nous ayons prouvé qu'elle est circulaire.

Le plan du grand cercle TZEI est un plan de symétrie par rapport au cône, puisqu'il contient le sommet X, et qu'il est perpendiculaire au plan du cercle directeur TZ.

De plus, le plan P étant perpendiculaire au plan de projection TZX, il s'ensuit que la courbe IE sera coupée par ce plan en deux parties symétriques, et que la droite IE sera l'un des axes principaux de l'ellipse.

Cela étant admis, concevons par un point quelconque de la courbe IE un plan P_1 parallèle au plan du cercle TZ, la section du cône par le plan P_1 sera un cercle, puisque les deux sections parallèles TZ et HK doivent être semblables (géom.).

Mais, le quadrilatère TZEI étant inscrit dans un cercle, l'angle TZU sera égal à l'angle HIm comme ayant le même supplément CZE.

L'angle CZU est égal à l'angle mKE comme correspondants, d'où il suit que les angles HIm et mKE sont égaux entre eux, puisqu'ils sont tous les deux égaux à l'angle CZU.

De plus, les angles ImH, KmE sont égaux comme opposés par le sommet ; par conséquent, les triangles ImH et mKE sont semblables, et l'on a la proportion :

$$H m : m E :: I m : m K , \qquad \text{d'où}$$

(1) $$H m \times m K = m E \times I m ;$$

or, la courbe HK, semblable à TZ, est une circonférence de cercle, et si nous exprimons par y la perpendiculaire abaissée sur le plan de projection par le point de rencontre des deux courbes HK et IE, nous aurons (géom.) :

(2) $$y^2 = H m \times m K.$$

Multipliant l'équation (1) par (2) et réduisant, on aura :

$$y^2 = m E \times I m ;$$

donc, puisque l'ordonnée du point m est moyenne proportionnelle entre les deux segments Im et mE, il s'ensuit que la section du cône par le plan P est un cercle qui a pour diamètre la droite IE.

Mais ce même cercle sera évidemment la section de la sphère par le plan P. Donc le cercle IE, situé en même temps sur le cône et sur la sphère, sera l'intersection de ces deux surfaces.

---

54. Réciproque du théorème précédent. *Deux cercles TZ et IE étant situés sur une sphère, on peut toujours concevoir une surface conique qui les contiendrait tous les deux.*

Pour le démontrer, concevons comme ci-dessus la sphère projetée sur le plan du grand cercle TZIE qui contient les centres des deux cercles TZ et IE.

Les projections de ces deux cercles se réduiront alors à leurs diamètres, et si l'on prolonge les droites TI et ZE, on obtiendra un point X situé dans le plan du grand cercle qui contient les quatre points TZEI.

Supposons actuellement que le point X soit pris pour sommet du cône dont les génératrices s'appuieraient sur le cercle TZ, je dis que le cercle IE sera situé sur la surface de ce cône.

En effet, concevons une génératrice quelconque XM, et désignons par *m* le point suivant lequel la projection de cette génératrice rencontre la projection du cercle IE.

Si par le point *m* on conçoit un plan P₁ parallèle à celui qui contient le cercle TZ, ce plan coupera le cône suivant un cercle HK, puisque les sections du cône par les deux plans parallèles TZ et HK doivent être semblables.

Or, si par le point *m*, nous concevons une droite perpendiculaire au plan de projection, cette ligne rencontrera les deux cercles IE et HK en deux points que nous supposerons différents jusqu'à ce qu'il soit démontré que ces deux points coïncident; et si nous exprimons par y l'ordonné du cercle IE, nous aurons (*géom.*) :

(1) $y^2 = \mathrm{I}m \times m\mathrm{E}$;

mais si nous exprimons par Y, l'ordonné du cercle HK, nous aurons également :

(2) $\mathrm{H}m \times m\mathrm{K} = \mathrm{Y}^2$.

De plus, la similitude des triangles ImH, mKE donnera comme ci-dessus.

(3) $\mathrm{I}m \times m\mathrm{E} = \mathrm{H}m \times m\mathrm{K}$.

Or, si l'on ajoute ou si l'on multiplie entre elles les équations (1) (2) et (3), on aura après toutes réductions :

$$y^2 = \mathrm{Y}^2,$$

d'où l'on peut évidemment conclure que les cercles IE de la sphère, et HK du cône, se coupent en un point qui est projeté en m sur le plan du grand cercle TZEI.

Il résulte de là que la génératrice XM du cône s'appuie sur les deux cercles TZ et IE.

On démontrerait de la même manière que toutes les géné- ratrices du cône, qui a pour directrice le cercle TZ, rencon- trent la circonférence du cercle IE; d'où l'on peut conclure que les deux circonférences TZ, IE sont situées sur la surface du cône qui a le point X pour sommet.

———

55. Tout ce que nous venons de dire peut être appliqué fa- cilement au cas où le sommet du cône serait pris entre les plans des deux cercles TZ et IE.

———

56. Enfin, il est évident que le théorème s'applique également au cas où les deux cercles TZ et IE seraient égaux, ce qui éloignerait le point X jusqu'à l'infini, et changerait par conséquent le cône en un cylindre.

Ainsi, *lorsque l'une des courbes de pénétration d'une sphère par un cylindre est un cercle, la seconde courbe de pénétration est également circulaire.*

———

57. **problème.** *Construire une droite, connaissant les angles suivant lesquels cette ligne coupe deux autres droites données.*

solution. Si les droites données étaient situées dans un même plan, il est évident qu'elles se rencontreraient, et la droite demandée n'étant pas située dans le plan de ces droites ne pourrait les couper toutes les deux, qu'autant qu'elle passerait par leur point d'intersection.

Dans ce cas, les deux droites données et la droite cherchée seraient les trois arêtes d'un angle trièdre dont les faces ou angles plans seraient les deux angles donnés, et l'angle connu que les droites données font entre elles.

Ces trois angles étant placés à côté les uns des autres, il ne restera plus qu'à reformer l'angle trièdre (33), et les projections de la droite demandée dépendront de la position des droites données dans l'espace.

Nous allons d'abord résoudre cette première question, nous verrons ensuite ce qu'il faudrait faire si les droites données n'étaient pas situées dans un même plan.

———

58. **Premier problème** (*fig.* 1, *pl.* 11). *Les droites sN, sO étant situées dans le plan horizontal de projection, il s'agit de construire une droite qui rencontre la droite sN suivant l'angle donné a et la droite sO suivant l'angle c.*

Solution. Par le point s suivant lequel se coupent les deux droites données sN et sO, on tracera les droites sm'' et sm''', de manière que l'angle $m''sN$ soit égal à l'angle donné a et que l'angle $m'''sO$ soit égal à l'angle c, de sorte que si nous exprimons par b, l'angle connu que les deux droites sN et sO font entre elles, les trois angles a, b, c seront les faces de l'angle trièdre qui aurait pour arêtes les droites données sN, sO, et la droite demandée rabattue en sm'' avec la face a, et en sm''' avec la face c.

Or, il est évident que si l'on reforme l'angle trièdre, en faisant tourner la face ou angle plan a autour de sN, et la face c autour de sO, jusqu'à ce que les deux droites sm'' et sm''' soient réunies en une seule, cette dernière ligne sera la droite demandée, dont la position dans l'espace sera déterminée.

Les deux points m'' et m''' se réuniront en un seul point M dont la projection horizontale m sera déterminée par la rencontre des droites $m''u$ et $m'''v$.

Ces deux lignes perpendiculaires, la première sur sN et la seconde sur sO, sont les projections des arcs de cercle décrits par les points m'' et m''' lorsqu'on ramène les faces a et c à la place que chacune d'elles doit occuper dans l'espace (33).

La projection horizontale sm étant déterminée, on rabattra le cercle $vm'^{iv}m'''$ que décrit le point m''' en revenant à sa place, et l'ordonnée mm'^{iv} sera la hauteur du point M au-dessus de la face b; de sorte qu'en faisant dm' égal à mm'^{iv}, le point m' sera la projection verticale du point M et les droites sm, $s'm'$ seront par conséquent les deux projections de la ligne demandée.

***

59. Remarque. Lorsque l'on fait tourner la face a pour la ramener à la place qu'elle doit occuper dans l'espace, l'arête sm'' engendre la surface d'un cône circulaire qui a pour

axe la droite sN, et pour base ou section droite le cercle parcouru par le point m'' et projeté sur le plan horizontal par la
droite $m''u$.

Lorsque l'on ramène à sa place la face ou angle plan c. la
droite sm''' engendre la surface d'un second cône circulaire qui
a pour axe la droite sO et pour base le cercle projeté par la
droite vm''' et rabattu en $vm^{iv}m'''$.

Or, les deux cercles $m''u.m'''v$ étant situés tous deux sur la
sphère qui a pour rayon sm'', il est évident qu'ils se coupent
suivant *deux points* qui ont le point m pour projection horizontale commune, et les deux cônes ayant le point s pour
sommet commun se coupent suivant deux droites qui ont
toutes les deux sm pour projection horizontale.

Il existe donc *deux droites* qui satisfont à la condition demandée, et pour distinguer ces deux lignes nous désignerons
l'une d'elles par $s—1$ et la seconde par $s—2$.

En faisant $d—2$ égal à mm^{iv}, on obtiendra la projection verticale $s'—2$ de la seconde droite.

Pour éviter la confusion, je n'ai tracé en ligne pleine, sur
la projection verticale de chacune des deux lignes trouvées,
que la partie de cette ligne qui est au-dessus du plan horizontal
de projection.

C'est pour la même raison que je n'ai pas mis d'accents
pour les projections verticales des points qui sont désignés
par des chiffres, les accents placés au-dessus des lettres suffisant pour faire distinguer les projections des lignes correspondantes.

60. En examinant avec attention la *fig*. 2, on reconnaîtra
facilement que les deux cônes n'ont pas d'autres génératrices
communes que les deux droites S—1 et S—2.

Mais si la somme des deux angles donnés (*fig*. 3) était plus
grande que l'angle obtus OSN que les deux droites SN et SO

font entre elles, ou en d'autres termes, si la somme des trois faces $(a+b+c)$ de l'angle trièdre, était plus grande que deux angles droits; la base ou section droite de l'un des deux cônes rencontrerait en quatre points les deux cercles de même diamètre, situés sur le deuxième cône, d'où il résulte que les deux cônes ayant quatre génératrices communes, il y aurait alors quatre droites S—1, S—2, S—3 et S—4, satisfaisant aux conditions demandées.

61. Si la somme des angles donnés était égale à l'angle obtus NSO que font entre elles les deux droites données, les deux cônes (*fig. 4*) seraient tangents suivant une droite S—3 qui serait située dans le plan qui contient les deux droites données; cette droite S—3 remplacerait les deux droites S—3 et S—4 de la *fig.* 3, lesquelles droites seraient alors réunies en une seule par suite de la condition en vertu de laquelle les deux cônes seraient tangents l'un à l'autre.

Mais indépendamment de la droite S—3 suivant laquelle se touchent les deux cônes (*fig.* 4), ils se couperaient encore suivant deux droites S—1 et S—2, de sorte que, dans le cas actuel, il y aurait trois droites qui satisfont à la question proposée.

62. Si la somme des angles donnés M"SN, M'''SO (*fig.* 9) était égale à l'angle aigu NSO que les deux droites données font entre elles, ou, en d'autres termes, si la somme des faces $(a+c)$ était égale à la face b, les deux cônes ne se couperaient pas, mais ils se toucheraient suivant la droite SM, située dans le plan des deux lignes données. Il n'y aurait alors qu'une seule droite satisfaisant aux conditions demandées.

63. La même chose aurait lieu si l'angle a était égal à $b+c$, ou ce qui est la même chose, si l'angle b était égal à $a-c$;

mais alors l'un des cônes toucherait l'autre intérieurement, comme on le voit sur la *fig.* 8.

64. Enfin, on doit se rappeler que le problème serait impossible si l'un quelconque des trois angles a, b ou c était plus grand que la somme des deux autres (*géom.*), de sorte que si nous exprimons par b l'angle aigu que les deux droites données font entre elles, et si nous supposons que a soit le plus grand des deux angles donnés, on doit toujours avoir b plus petit que $a + c$ et plus grand que $a - c$.

Ce qui précède étant admis, nous allons choisir comme études, quelques-uns des cas les plus intéressants de la question proposée.

---

65. **Deuxième problème.** *Les droites données* sN, sO (*fig.* 5) *sont situées, comme précédemment, dans le plan horizontal de projection*, mais la somme des angles donnés $m''sN$, $m'''sO$ étant plus grande que l'angle obtus NsO, il existe quatre droites qui satisfont aux conditions du problème.

Pour les obtenir on construira :

1° ▬ Les projections horizontales des cônes engendrés par les droites sm'', sm''' ;

2° ▬ Les projections horizontales $s—1$, $s—2$, $s—3$, $s—4$ des quatre droites suivant lesquelles les deux nappes du premier cône coupent les deux nappes du second.

3° ▬ On rabattra le cercle décrit par le point m'', et les ordonnées mm^{iv}, $m^{v}m^{vii}$ seront les distances des points 1, 2, 3, 4, au plan horizontal qui contient les deux droites données ;

4° ▬ On fera les droites $m'—1$, $m'—3$ égales à mm^{iv} et les droites $m''—4$, $m''—2$ égales à $m^{v}m^{vii}$;

5° ▬ On joindra le point s' avec les projections verticales des points 1, 2, 3, 4, et l'on aura les projections verticales des quatre droites qui satisfont aux conditions données.

---

66. Troisième problème. *Les droites donnés (fig. 7) étant situées dans un plan* P, *perpendiculaire au plan vertical de projection*, on opérera de la manière suivante :

1° ▬ On rabattra le plan P sur l'épure en le faisant tourner autour de sa trace horizontale ;

2° ▬ On construira sur ce plan P rabattu, les projections des cônes engendrées par les droites $s''m''$, $s''m'''$;

3° ▬ La somme des deux angles données $m''s''N$, $m'''s''O$ étant plus grande que l'angle obtus $Ns''O$ formé par les droites données, on obtiendra pour réponse les quatre droites $s''-1$, $s''-2$, $s''-3$, $s''-4$, projetées par $s''m$ et $s''m^v$;

4° ▬ En ramenant le plan P à sa place, les points m et m^v viendront se projeter en m' et m^{vi} ;

5° ▬ On rabattra le cercle $m'''m^{vii}m^{iv}v$ que décrit le point m''' en tournant autour de la droite $s''O$;

6° ▬ Les ordonnés mm^{iv}, $m^v m^{vii}$ seront les distances des points 1, 2, 3, 4 au plan P ;

7° ▬ On portera ces distances sur les droites menées par les points m' et m^{vi} perpendiculairement au plan P ;

8° ▬ En joignant les quatre points obtenus par cette dernière opération, avec le point s' on aura les projections verticales des quatre droites demandées ;

9° ▬ Les projections horizontales des points 1, 2, 3, 4 seront déterminées par la rencontre des perpendiculaires abaissées de la projection verticale sur la ligne AZ, avec les droites menées parallèlement à la ligne AZ par les projections des mêmes points sur le plan P rabattu.

---

67. Quatrième problème. *Les droites données* (fig. 10) *étant encore situées dans un plan* P *perpendiculaire au plan vertical de projection*, la disposition de l'épure sera la même que pour le problème précédent.

Mais la somme des angles donnés $m''s''N$, $m'''s''O$ étant égale à l'angle obtus $Ns''O$ que les deux droites données font entre elles, on n'obtiendra pour réponse que les trois droites s''—1, s''—2, s''—3.

La dernière de ces trois lignes étant située dans le plan P, sa projection verticale devra coïncider avec la trace verticale de ce plan.

Tout le reste se fera comme pour le problème qui précède. Ainsi, le cercle décrit par le point m''', étant rabattu sur l'épure, l'ordonnée mm^{iv} déterminera sur la projection verticale les distances des points 1 et 2 au plan P.

68. *Si les droites données étaient situées dans un plan perpendiculaire au plan horizontal*, il est évident qu'il suffirait de faire sur le plan vertical toutes les opérations que l'on vient de faire sur le plan horizontal et réciproquement.

———

69. Cinquième problème. *Les droites données* (*fig.* 6) *étant situées dans un plan incliné quelconque*, on devra opérer de la manière suivante, on construira (9) :

1° ▬▬ Le plan auxiliaire de projection YAZ', sur lequel on déterminera la troisième trace du plan P et la troisième projection s'' du point S suivant lequel se rencontrent les deux droites données SN et SO ;

2° ▬▬ Les projections $s''n''$ et $s''o''$ de ces deux droites sur le plan Y'AZ', se confondront avec la troisième trace du plan P ;

3° ▬▬ On fera tourner ce plan P autour de sa trace horizontale jusqu'à ce qu'il soit rabattu sur le plan horizontal de projection ;

Dans ce mouvement, le point S de l'espace se rabattra en s''' et les droites données deviendront $s'''n'''$, $s'''o'''$;

4° ▬▬ On obtiendra la première de ces deux lignes en construisant les projections successives x, x'' et x''' d'un quelconque de ces points ;

5° ▬▬ Pour la droite $s'''o'''$ on joindra s''' avec le point z qui est situé sur la trace horizontale du plan P, et qui par conséquent n'a pas changé de place ;

6° ▬▬ Les droites données étant rabattues avec le plan P, sur le plan horizontal de projection, on exécutera successivement toutes les opérations nécessaires pour déterminer les projections des cônes engendrées par les droites $s'''m''$ et $s'''m'''$, tournant autour des deux lignes données, et la somme des angles donnés $m''s'''n'''$, $m'''s'''o'''$ étant plus grande que l'angle obtus $n'''s'''o'''$, on obtiendra quatre points comme dans les deuxième et troisième problèmes ;

7° ▬▬ Les projections des points 1, 2, 3 et 4 étant déterminées sur le plan P rabattu, on ramènera ce plan à sa place, et les deux points m et m^v deviendront m' et m^{vi} ;

8° ▬▬ On rabattra le cercle décrit par le point m'' et les ordonnées mm^{iv}, m^vm^{vii} seront les distances des points cherchés au plan P qui contient les deux droites données ;

9° ▬▬ On fera les distances m'—1 et m'—3 égales à l'ordonnée mm^{iv}, et les distances m^{vi}—2, m^{vi}—4, égales à m^vm^{vii}, ce qui déterminera les projections des points 1, 2, 3 et 4 sur le plan auxiliaire $Y'AZ'$;

10° ▬▬ Les projections horizontales des mêmes points seront déterminées par les perpendiculaires à la droite AZ' abaissées de leurs projections sur le plan $Y'AZ'$, jusqu'à la rencontre des droites menées perpendiculairement à

la trace horizontale du plan P par les projections des
mêmes points sur le plan P rabattu.

Ces dernières lignes seront les projections des arcs de
de cercles décrits par les points demandés lorsqu'on
les ramène à la place qu'ils doivent occuper dans
l'espace.

11° ▬▬ Pour déterminer les projections verticales des quatre
points, on tracera par la projection horizontale de chacun
d'eux, une perpendiculaire à la ligne AZ et la hauteur
de la projection verticale de ce point au-dessus de la
ligne AZ sera égale à la hauteur du point correspondant
sur le plan auxiliaire de projections Y'AZ';

12° ▬▬ Les points 1, 2, 3, 4 étant déterminés, il ne restera
plus qu'à les joindre avec le point de rencontre des deux
lignes données, et l'on obtiendra les quatre droites qui
satisfont aux conditions du problème.

---

70. **sixième problème**. Nous avons supposé, dans les problèmes qui précèdent, que les droites données étaient situées
dans un même plan. Lorsque cette condition n'aura pas lieu,
la solution sera un peu plus composée.

Dans ce cas, on décomposera la question de la manière
suivante :

1° ▬▬ On déterminera d'abord quelle doit être la direction
de la ligne demandée ;

2° ▬▬ On cherchera quelle doit être la position de cette
droite dans l'espace.

71. **Première opération**. *Déterminer la direction de la
droite demandée.*

1° ▬▬ Étant données (*fig*. 3, *pl*. 12) les deux droites A et B,
situées comme l'on voudra dans l'espace. On choisira un

point quelconque S sur l'une des deux lignes données sur la droite A, par exemple;

2° —— On fera passer par le point S une droite C parallèle à la droite B;

3° —— Les droites A et C étant situées toutes les deux dans le plan P, il sera facile, en opérant comme dans les exemples qui précèdent, de construire une droite SM faisant avec A un angle donné a et avec la droite C un angle donné c.

Or, la droite C étant parallèle à B. il s'ensuit que toute parallèle à SM, qui couperait la droite B, ferait avec cette dernière ligne un angle égale à l'angle donné c.

Il est donc évident que la droite SM est parallèle à la ligne demandée et que par conséquent la direction de cette dernière ligne est déterminée.

72. Deuxième opération. *Déterminer la position que la droite demandée doit occuper dans l'espace.*

Cette seconde partie du problème peut être résolue de plusieurs manières.

73. Première solution (*fig.* 3).

1° —— Par les droites A et SM, on fera passer un plan P_1

2° —— On déterminera le point Z suivant lequel le plan P_1 coupe la droite B;

3° —— La droite ZR, parallèle à SM sera la ligne demandée.

En effet, cette ligne rencontrera évidemment les deux droites données A et B, et puisqu'elle est parallèle à SM, elle sera inclinée par rapport aux droites A et B comme la droite SM par rapport aux droites A et C. On agira de la même manière pour chacune des droites qui satisferaient aux conditions du problème.

74. **Deuxième solution**. *Pour obtenir la position que la droite cherchée doit occuper dans l'espace*. On peut encore opérer de la manière suivante :

1° ▬▬ La droite SM (*fig.* 6) étant déterminée par les opérations indiquées précédemment, on fera passer par la droite B un plan P₁ parallèle à P ;

2° ▬▬ On déterminera le point U suivant lequel ce plan coupe la droite SM.

3° ▬▬ On tracera par le point U une droite UZ parallèle à la ligne donnée A. Cette opération déterminera le point Z ;

4° ▬▬ On fera passer par le point Z la droite ZR parallèle à SM et la question sera résolue ;

5° ▬▬ Il est bien entendu qu'il faudra recommencer cette opération pour chacune des droites qui satisferont aux conditions du problème.

75. **Épure**. Les principes précédents ont été appliqués sur les *fig.* 2, 4, 5 et 6.

Voici quelles sont les opérations successives que l'on doit faire pour obtenir les lignes demandées :

1° ▬▬ Les droites données A et B étant déterminées par leurs projections *aa'* et *bb'* (*fig.* 2 et 5), on prendra (71) sur A un point quelconque *ss'* ;

2° ▬▬ On fera passer par ce point une droite C, parallèle à la droite donnée B.

Les projections *c* et *c'* de la droite C seront parallèles aux projections *b* et *b'* de la droite B.

3° ▬▬ Par les droites A et C qui se coupent au point S, on construira le plan P ;

4° ▬▬ On construira (*fig.* 4) le plan auxiliaire de projection YAZ' perpendiculaire sur la trace horizontale du plan P, puis opérant comme dans le cinquième problème, on fera

7

toutes les opérations nécessaires pour déterminer les droites S—1 et S—2 qui satisfont à la question.

La somme des angles donnés $m''s'''$O, $m'''s'''$N (*fig.* 6) étant plus petite que l'angle obtus Ts'''N, et plus grande que l'angle aigu Ns'''O que les deux lignes données s'''O et s'''N font entre elles, on ne trouve que deux droites satisfaisant aux conditions du problème (60);

5° ▬▬ On déterminera les projections de ces droites, d'abord sur le plan auxiliaire $Y'AZ'$ rabattu (*fig.* 4), puis ensuite sur le plan horizontal (*fig.* 5) et sur le plan vertical de projection (*fig.* 2);

6° ▬▬ Le point e (*fig.* 5) étant la trace horizontale de la droite B on projettera ce point, d'abord en e'' sur la ligne AZ', puis de là en e''' sur le plan P rabattu;

7° ▬▬ La droite b''' menée par e''' parallèlement à s'''N sera la projection de la droite B sur le plan P rabattu;

8° ▬▬ Par le point e'' projection du point e sur le plan auxiliaire $Y'AZ'$ (*fig.* 4); On tracera la droite b'' parallèle à la troisième trace du plan P.

9° ▬▬ La droite b'' sera la troisième projection de la ligne B, et la trace du plan P_1 mené par la droite B parallèlement au plan P (*fig.* 6);

10° ▬▬ On déterminera sur la projection auxiliaire $Y'AZ'$ (*fig.* 4), les points u'' et x'' suivant lesquels le plan P, est percé par les deux droites s''—1, s''—2 (74);

11° ▬▬ On déterminera les projections des mêmes points sur le plan horizontal et sur le plan vertical de projection;

12° ▬▬ On s'assurera que les hauteurs des projections verticales de ces points au-dessus de la ligne AZ, sont bien exactement égales aux hauteurs des points correspondants sur la projection auxiliaire $Y'AZ'$;

13° ▬▬ Par les projections u et u' du point U, on tracera la droite uz parallèle à a, et la droite $u'z'$ parallèle à a'. Cette opération déterminera les deux projections z et z' d'un point qui appartient à l'une des droites demandées (74);

14° ▬▬ Les deux projections zr, $z'r'$ de cette droite seront parallèles aux projections de la droite S—1, et si l'on a bien opéré, les deux points r et r' seront situés sur une perpendiculaire à la ligne AZ;

15° ▬▬ On agira de même pour obtenir les deux projections de la deuxième droite; ainsi,

16° ▬▬ Le point x'' étant déterminé sur la projection auxiliaire Y'AZ', on construira :

17° ▬▬ Les projections x et x' de ce même point (*fig.* 5 et 2);

18° ▬▬ Les droites xv et $x'v'$ parallèles aux projections a et a' de la droite A;

19° ▬▬ Cette opération déterminera le point vv' par les projections duquel on tracera les projections vn, $v'n'$ de la droite parallèle à S—2;

20° ▬▬ **vérifications.** L'épure que nous venons d'expliquer contient beaucoup de lignes qui ne seraient pas indispensables si l'on voulait se borner à la solution du problème.

Mais il ne faut pas oublier que l'on s'est proposé principalement dans l'ouvrage actuel, d'offrir aux élèves des sujets d'exercices et de multiplier les occasions d'appliquer les principes.

Or, les exercices les plus utiles que l'on puisse faire sont principalement ceux qui ont pour but de chercher des vérifications.

En effet, l'opération faite pour vérifier la position d'un point ou d'une ligne, peut également servir pour déterminer cette ligne ou ce point.

Par conséquent, en faisant un grand nombre de vérifications, on s'habitue à reconnaître les différentes manières d'obtenir le point ou la ligne demandée, et quand la question se présente dans l'application, on n'hésite plus pour choisir le moyen le plus simple.

Ainsi, quand les projections des droites demandées seront déterminées sur les *fig.* 2 et 5, on pourra, comme exercice ou comme vérification, projeter les deux droites obtenues $zr, z'r'$ et $vn, v'n'$ sur la projection auxiliaire (*fig.* 4) et sur le plan P rabattu (*fig.* 6).

———

76. Remarque. Dans les applications de la géométrie descriptive, les données de la question dépendant de la disposition plus ou moins régulière des différentes parties d'un monument d'une machine, d'un projet quelconque de construction, sont presque toujours disposées d'une manière favorable pour la solution du problème.

Il n'en est pas de même dans l'étude des principes généraux.

Pour ne pas multiplier excessivement le nombre des épures on cherche ordinairement à réunir dans un seul exemple toutes les difficultés qui peuvent résulter de l'irrégularité des quantités données ou de leur position dans l'espace.

Mais, par suite de ces difficultés introduites volontairement dans la question, on est souvent conduit à employer des constructions auxiliaires, qui ont un grand avantage lorsqu'il s'agit d'exercices devant un tableau ; mais qui, dans les épures destinées à l'étude d'un principe, ont l'inconvénient d'arrêter l'élève à chaque instant et de détourner son intention de la question principale.

Il arrive souvent, d'ailleurs, en prenant ainsi les données au hasard, que les quantités cherchées sont situées en dehors

de la feuille sur laquelle on dessine, et dans ce cas, il est
évident qu'aucune opération auxiliaire ne peut faire trouver
le résultat.

Ainsi, par exemple, lorsqu'un professeur propose à un
élève de faire passer la surface d'une sphère par quatre points
donnés, si l'un de ces quatre points, pris au hazard, est très-
près du plan qui contient les trois autres, la surface de la
sphère sera presque plane, et son centre sera très-loin de
l'épure.

Or, il est évident que dans ce cas, il faudrait changer les
données ou opérer sur une surface plus étendue.

Pour éviter les inconvénients dont je viens de parler, je
tâcherai, dans cet ouvrage, comme je l'ai toujours fait dans
tous ceux que j'ai publiés précédemment, d'étudier avec le
plus grand soin les données de la question, de manière que
chaque épure forme en quelque sorte un programme dont le
professeur pourra proposer la solution à ses élèves. Cela n'em-
pêchera pas, lorsque l'un d'eux sera placé devant le tableau,
de lui faire changer les données pour l'exercer aux constructions particulières dans chaque cas, mais, je le répète, ces
exercices ne doivent se faire que lorsque la question générale
est complétement étudiée avec des données assez favorables
pour qu'on ne soit pas distrait à chaque instant du principe général par la nécessité de recourir à des constructions
auxiliaires.

J'engagerai donc le lecteur, avant d'entreprendre la solution d'une question générale, de prendre bien exactement les
données telles qu'elles sont établies sur l'épure.

Sans cette précaution il s'exposerait souvent à faire un travail inutile.

77. Ainsi, par exemple, si dans la question qui précède
(*fig.* 6, *pl.* 12) la somme des deux angles $m''s'''$O et $m'''s'''$N,

différait très-peu de l'angle aigu Ns'''O que les deux droites données font entre elles, il est évident que l'ordonnée mm^{iv} (*fig*. 6) et par conséquent les droites m'—1 et m'—2 de la *fig*. 4 seraient très-petites.

Les droites s''—1 et s''—2 feraient des angles très-aigus avec le plan P et par conséquent elles rencontreraient très-loin le plan P_1 d'où il résulte que les points u'' et x'' ne seraient pas sur l'épure et ne pourraient par conséquent être obtenus par aucune construction.

Je répète que ce genre de difficulté n'existe pas dans les applications de la géométrie descriptive, parce qu'alors les données ont presque toujours une certaine régularité de forme ou de position que l'on doit au contraire éviter dans l'étude des principes généraux, mais il n'en résulte pas moins que si dans une question très-composée, on prend les données au hasard, on s'expose à l'inconvénient de ne pas avoir la place nécessaire pour terminer l'épure.

78. Non-seulement il y a des cas où les quantités demandées sont situées très-loin de la place occupée par les données du problème, mais il peut encore arriver que les points ou les lignes demandées soient situées à l'infini. Ainsi, par exemple :

———

79. septième problème. *Si la somme des deux angles donnés* $m''s'''$O, $m'''s'''$N (fig. 6), *était égale à l'angle aigu* Ns'''O *formé par les droits données.* Les cônes engendrés par les droites $s'''m''$ et $s'''m'''$ se toucheraient suivant une génératrice commune située dans le plan P (62); cette droite satisferait aux conditions données à l'égard des droites s'''O et s'''N, mais il est évident qu'étant située dans le plan P (*fig*. 4), elle ne pourrait pas rencontrer la droite B qui est située dans le plan P_1 d'où l'on pourrait conclure qu'aucune ligne ne peut satisfaire à la question.

Quoiqu'il n'existe pas de moyen de satisfaire aux conditions du problème, on peut cependant en approcher plus ou moins.

En effet, supposons que le plan P ait été transporté (*fig.* 1) et que l'on ait obtenu la ligne SM faisant l'angle a avec la droite A et l'angle c avec la droite C. La somme des angles $a + c$, étant égal à l'angle CSA, la droite SM sera située dans le plan P (62).

La droite demandée devant être parallèle à SM et couper la droite A, ne peut pas quitter le plan P, elle ne peut donc pas couper la droite B qui, étant parallèle au plan P, n'a aucun point de commun avec ce plan.

Mais, concevons par la droite SM un plan P_1 perpendiculaire au plan P et supposons que l'on fasse mouvoir ce plan parallèlement à lui-même. Il coupera les droites A et B suivant des points désigné sur l'épure par les chiffres **1, 2, 3** qui correspondent aux diverses positions du plan mobile P_1

Si l'on joint les points correspondants par les droites **1—1, 2—2, 3—3**, etc. On pourra considérer toutes ces lignes comme les génératrices d'un paraboloïde hyperbolique qui aura le plan P_1 pour plan directeur et dont les directrices seraient les deux droites données A et B. Les droites **1—1, 2—2, 3—3**, etc., étant inclinées par rapport au plan P, les angles que ces droites font avec les deux lignes données ne sont pas égaux aux angles donnés a et c, situés dans le plan P. Mais les angles que la droite mobile fait avec les deux lignes données A et B se projettent sur le plan P par a' et c' qui sont égaux aux deux angles donnés a et c.

Or, à mesure que la droite mobile s'éloignera du plan P_1 son inclinaison sur le plan P diminuera, et lorsque cette droite mobile sera parvenue jusqu'à l'infini, les angles suivant les-

quels elle coupera les deux lignes données ne différeront plus
de leurs projections a' et c'. Ainsi ;

*Lorsque la somme des deux angles donnés a et c sera égale
à l'angle aigu que les deux droites données font entre elles,
la ligne demandée ne pourra être située qu'à l'infini.*

80. Il en sera de même pour la droite suivant laquelle se
touchent les deux cônes, lorsque la somme des angles donnés
$a+c$ est égale à l'angle obtus que les droites données font
entre elles (61).

----

81. **Huitième problème.** Pour ne rien laisser à désirer
sur la question qui nous occupe, j'ai donné (*pl.* 13), toutes
les opérations nécessaires dans le cas où la somme des deux
angles que la droite cherchée fait avec les deux droites données, est plus grande que l'angle obtus que ces deux lignes font
entre elles (60).

Les opérations à effectuer sur l'épure étant les mêmes que
pour le cas où l'on n'obtient que deux lignes droites, il est
inutile d'en recommencer les détails.

Il suffira donc de faire quatre fois sur la planche 13, chacune des opérations que l'on avait faite deux fois sur la
planche 12. Les notations suffiront pour faire retrouver, sur
l'épure, tous les points ou les lignes dont nous allons indiquer
la position dans l'espace (*voir page* 19).

Ainsi, les droites données étant désignées par A et par B,
on construira successivement :

1° ▬▬▬ Le point S pris à volonté sur la droite A ;

2° ▬▬▬ La droite C parallèle à B ;

3° ▬▬▬ Le plan P qui contient les droites A et C ;

4° ▬▬▬ Le plan auxiliaire de projection $Y'AZ'$;

5° ▬▬▬ Le plan P rabattu (*fig.* 7) :

6° ▰▰▰ Les projections sur le plan P rabattu des droites S—1, S—2, S—3, S—4;

7° ▬▬ Les projections des mêmes droites sur le plan auxiliaire Y'AZ';

8° ▬▬ Les projections horizontales des mêmes lignes (*fig. 5*);

9° ▬▬ Leurs projections verticales (*fig. 2*);

10° ▬▬ Les quatre points u'', u'', u'', u'' suivant lesquels les quatre droites obtenues (*fig. 4*) percent le plan P¹ mené par la droite B parallèle à P (74);

11° ▬▬ Les projections horizontales u, u, u, u des quatre points précédents;

12° ▬▬ Les droites uz menées par ces points, parallèlement à la droite A détermineront sur la projection horizontale de la ligne B quatre points z, z, z, z;

13° ▬▬ Les droites zr menées par chaque point z, parallèlement à la droite qui joint le point s avec le point u correspondant, seront les projections horizontales des lignes demandées;

14° ▬▬ Les points r, r, r, r suivant lesquels ces lignes coupent la projection horizontale de la droite A, détermineront les projections horizontales des parties des lignes demandées qui sont comprises entre les deux droites données;

15° ▬▬ Les droites obtenues ZR sont évidemment les lignes S—1, S—2, S—3, S—4 que l'on a fait glisser sur la droite A et parallèlement à elles-mêmes, jusqu'à ce qu'elles coupent la ligne B suivant les points Z;

Pour que l'on puisse plus facilement retrouver les droites ZR, j'ai reporté sur le prolongement de chacune de ces lignes le numéro qui la désignait lorsqu'elle passait par le point S.

16° ▬▬ Les quatre droites ZR étant projetées sur le plan ho-

rizontal par zr, on déterminera leurs projections verticales par des perpendiculaires à la ligne AZ, et l'on
s'assurera que chacune des projections verticales $z'r'$ est
parallèle à la projection verticale de la ligne correspondante du point s' ;

17° ▰▰▰ **Vérifications.** Les perpendiculaires à la droite AZ',
menées par les projections horizontales des points z et r
détermineront sur la *fig.* 4, les projections $z''r''$ qui devront
être parallèles chacune à la projection de la ligne correspondante du point s'' ;

On devra encore s'assurer que les hauteurs des points
z'' et r'' au-dessus de la droite AZ' doivent être égales aux
hauteurs des points z' et r' au-dessus de AZ ;

18° ▰▰▰ Le point o suivant lequel la droite B perce le plan
horizontal de la projection, se projette en o'' sur la ligne
AZ' ;

La perpendiculaire abaissée du point o'' sur le plan P
détermine un point v'' qui se rabat sur AZ' en v''' ;

Enfin, la droite $v'''o'''$ parallèle à la trace horizontale du
plan P, détermine la projection o''' du point o sur le plan
P rabattu ; de sorte que la droite b''' parallèle à c''' sera la
projection de la droite B sur le plan P rabattu ;

Au lieu du point o on aurait pu projeter sur le plan P
tout autre point de la droite B.

19° ▰▰▰ Les perpendiculaires menées par les points z et r
perpendiculairement à la trace horizontale du plan P, détermineront sur b''' les projections des points z''' et r''', et
par suite les projections $z'''r'''$ des quatre droites demandées, parallèles chacune à la droite correspondante
du point s''' ;

Les quatre points z'' de la *fig.* 4 étant projetés sur le plan P,
les arcs de cercle décrits du point e comme centre, détermineront huit points sur AZ', et les droites menées par ces huit

points parallèlement à la trace horizontale du plan P devront
passer par les points z''' et r''' de la *fig.* 7.

---

82. Remarque sur le problème précédent. L'épure
composée des *fig.* 2, 4, 5 et 7 contient la solution complète
du problème général énoncé au numéro 57, mais le grand
nombre de lignes nécessaires pour résoudre ou vérifier le problème, rend la solution presqu'impossible lorsqu'on n'a pas
la règle et le compas à la main. Il faut donc considérer
cette étude, comme exercice, ou comme question de concours graphique.

Mais, si l'examinateur n'exige pas que l'épure toute entière
soit exécutée sur le tableau, il pourra demander les constructions nécessaires pour déterminer l'une des quatre droites qui
satisfont aux conditions du problème; ou bien, si l'épure fait
partie de la collection manuscrite, l'élève devra en donner
l'explication au tableau, et dans tous les cas, il doit s'exercer
à énoncer clairement la série des opérations nécessaires pour
résoudre le problème dans toute sa généralité.

Ainsi, en supprimant les opérations de détails, il devra se
rappeler que la solution générale consiste à construire :

1° ━━ Un point quelconque sur l'une des lignes données, sur
  A par exemple;

2° ━━ Par ce point une droite C parallèle à B;

3° ━━ Le plan P qui contient les deux droites A et C;

4° ━━ Rabattre le plan P, et construire le développement
  de l'angle trièdre;

5° ━━ Reformer l'angle trièdre, ce qui détermine les droites
  demandées;

6° ━━ Ramener ces lignes à la place qu'elles doivent occuper dans l'espace;

7° ━━ Faire toutes les vérifications possibles.

83　Neuvième problème. Pour offrir aux élèves quelques occasions d'exercices, j'ai ajouté plusieurs cas particuliers, assez simples pour qu'il soit possible d'en faire les épures sur le tableau. Ainsi, par exemple :

Sur la *fig.* 6, les projections verticales a' et b' des deux droites données étant parallèles, le plan P sera perpendiculaire au plan vertical de projection.

On rabattra ce plan autour de sa trace horizontale et l'on exécutera les constructions nécessaires pour déterminer sur le plan P rabattu, la projection $s''m$ de la droite demandée.

La somme des angles donnés $m'''s''$N, $m''s''$O étant plus petite que l'angle obtus que les droites données font entre elles, on obtiendra deux droites projetées en une seule $s''m$, sur le plan P rabattu.

Mais pour ne pas surcharger cette épure que je considère ici comme un exercice à exécuter sur le tableau, je n'ai conservé que les opérations qui se rapportent à l'une des deux droites qui se projettent sur le plan P par $s''m$.

Ainsi, ramenant le point m en m' et faisant $m'v'$ égale à mv''', on obtiendra $s'v'$ pour la projection verticale de la droite cherchée, on déterminera ensuite comme dans toutes les épures précédentes :

1°　━━　La projection horizontale sv de la même droite ;

2°　━━　Le point $u'u$ suivant lequel cette droite perce le plan P, mené par la droite B parallèlement au plan P ;

3°　━━　On fera glisser la droite $su,s'u'$ parallèlement à elle-même en l'appuyant sur la ligne aa' ;

　　　Dans ce mouvement, le point uu' décrit la droite $uz,u'z'$ parallèle à aa' ;

4°　━━　Enfin, lorsque le point uu' sera parvenu en zz' sur la droite bb', on tracera $zr,z'r'$ parallèle à la droite $su,s'u'$, ce qui déterminera les deux projections de la droite cherchée ;

5° ▬ On pourra vérifier les opérations en construisant les projections b'' et $z''r''$ sur le plan P rabattu ;

Il ne faut pas oublier dans ce cas que l'on doit avoir b'' parallèle à c'' et $z''r''$ parallèle à $s''m$.

———

84. Dixième problème. Sur la *fig.* 8 les projections horizontales a et b des deux droites données sont parallèles, d'où il résulte que le plan P sera vertical.

Dans ce cas, les opérations seront absolument les mêmes que pour l'exemple qui précède.

Il suffira d'exécuter sur le plan vertical toutes les constructions qui, sur la *fig.* 6, étaient exécutées dans le plan horizontal et réciproquement.

———

85. Onzième problème. Sur la *fig.* 3, les deux droites données a et b sont parallèles au plan vertical de projection, qui coïncide alors avec le plan P, ce qui évite le rabattement de ce plan.

Dans ce dernier exemple, la somme des deux angles donnés étant plus grande que l'angle obtus, que les droites données font entre elles, la solution complète du problème donnerait *quatre* droites (60), mais pour ne pas surcharger l'épure, je n'ai conservé que les opérations qui se rapportent à l'une d'elles.

———

86. Douzième problème. Je terminerai l'étude de la question qui nous occupe par le cas où les angles donnés $m's'''N$, $m''s'''O$ (*fig.* 1) seraient droits tous les deux. Dans cet exemple, les droites données étant inclinées d'une manière quelconque dans l'espace, on adoptera la disposition d'épure des septième et huitième problèmes, et lorsque le plan P sera rabattu sur le plan horizontal de projection, ce qui donnera les trois faces a, b, c de l'angle trièdre développé; il est évident que le cône engendré par l'arête extérieure $s'''m'$ de la face a sera remplacé par le plan P_2 perpendiculaire sur la droite $s'''N$.

Le cône engendré par le côté extérieur $s'''m''$ de l'angle c sera également remplacé par le plan P_3 perpendiculaire sur la droite $s'''O$. L'intersection de ces deux plans sera perpendiculaire sur le plan P et se projettera sur ce plan par le point s'''; la ligne demandée parallèle à l'intersection des deux plan P_2 et P_3 sera par conséquent la perpendiculaire commune aux deux droites données.

La direction de cette ligne étant connue, sa position dans l'espace sera déterminée en opérant comme dans tous les exemples qui précèdent; ainsi, on construira :

1° La projection $s''u''$ de la droite suivant laquelle se coupent les deux plans P_2 et P_3;

2° La projection horizontale su et la projection verticale $s'u'$ de la même droite;

3° Les projections u'', u et u' du point suivant lequel cette droite perce le plan P_1 mené par la droite B parallèlement au plan P;

4° Les projections uz, $u'z'$ de la droite parcourue par le point uu', lorsque l'on fait glisser la droite su, $s'u'$ sur la ligne aa' jusqu'à ce qu'elle rencontre la droite bb';

5° Les deux projections zr, $z'r'$ de la ligne demandée;

6° On pourra, comme vérifications, ajouter les projections $z''r''$ et $z'''r'''$ de la même droite sur le plan $Y'AZ'$ et sur le plan P rabattu.

7° La projection $z''r''$ sera la distance des deux lignes données, puisque la perpendiculaire qui exprime cette distance est parallèle au plan auxiliaire de projection $Y'AZ'$;

8° ▬▬ Enfin, on remarquera que l'on pourrait sans inconvénient supprimer tout ce que l'on a projeté sur le plan P
rabattu. Cette partie de l'épure ne servant dans le cas
actuel, qu'à rattacher la question particulière que nous
venons de résoudre au problème général énoncé au numéro 57.

———————

87. **Problème**. *Déterminer le centre et le rayon d'une
sphère dont la surface passerait par quatre points.*

solution. Ce problème revient évidemment à déterminer
la sphère circonscrite à un tétraèdre.

Or on sait, en géométrie, que si l'on joint par une corde
deux points pris à volonté sur la surface d'une sphère, le plan
mené par le milieu, et perpendiculairement à la direction de
cette corde, contiendra le centre de la sphère.

Par conséquent, si l'on exprime les points donnés M, N, V
et U par mm', nn', vv' et uu', on pourra opérer de la manière
suivante : On construira :

1° ▬▬ Le plan P_1 perpendiculaire au milieu de la
corde MN ;

2° ▬▬ Le plan P_2 perpendiculaire au milieu de MV ;

3° ▬▬ Le plan P_3 perpendiculaire au milieu de MU ;

4° ▬▬ La droite AA', intersection du plan P_1 et P_2

5° ▬▬ La droite BB', intersection du plan P_1 et P_3

6° ▬▬ Le point C suivant lequel se rencontrent les droites
AA' et BB' sera le centre de la sphère demandée ;

7° ▬▬ On joindra le point C avec l'un des quatre points
donnés, ce qui déterminera les deux projections cm, $c'm'$
de l'un des rayons de la sphère ;

8° ▬▬ On cherchera la grandeur cm^v de ce rayon ;

9° ▬▬ Des points c et c' comme centres avec une ouverture de compas égale au rayon obtenu cm^r, on décrira deux circonférences qui formeront les limites des projections de la sphère demandée.

---

88. vérifications. Le problème que nous venons de résoudre peut être vérifié d'un grand nombre de manières (*vérifications*, page 99).

En effet, si l'on construit toutes les droites qui joignent entre eux les points donnés, on obtient les six cordes MN, MV, MU, NV, NU et VU.

Ces droites sont les six arêtes du tétraèdre qui aurait pour sommet les quatre points donnés.

Elles représentent autant de cordes de la sphère demandée, et si par le milieu de chacune d'elles on construit un plan qui lui soit perpendiculaire, on obtiendra les plans :

$$P_1 \; . \; . \; \text{perpendiculaire au milieu de.} \; . \; . \; . \; \text{MN}$$
$$P_2 \; . \; . \; . \; . \; . \; . \; . \; . \; . \; \text{au milieu de.} \; . \; . \; . \; \text{MV}$$
$$P_3 \; . \; . \; . \; . \; . \; . \; . \; . \; \text{au milieu de.} \; . \; . \; . \; \text{MU}$$
$$P_4 \; . \; . \; . \; . \; . \; . \; . \; . \; \text{au milieu de.} \; . \; . \; . \; \text{VN}$$
$$P_5 \; . \; . \; . \; . \; . \; . \; . \; . \; \text{au milieu de.} \; . \; . \; . \; \text{NU}$$
$$P_6 \; . \; . \; . \; . \; . \; . \; . \; . \; \text{au milieu de.} \; . \; . \; . \; \text{VU}$$

---

89. La construction des plans perpendiculaires au milieu de chacune des cordes n'offre aucune difficulté (GD).

Pour ne pas trop charger l'épure, on n'a conservé que les opérations qui se rapportent à la construction des plans P_1 et P_2.

Ainsi, les deux points aa' étant les projections du milieu de la droite $nv, n'v'$, on construit :

1° ▬▬ La droite ax perpendiculaire sur nv, et parallèle, par conséquent, à la trace horizontale du plan cherché P_4

2° ▬▬ La droite $a'x'$, parallèle à la ligne AZ ;

3° ▬▬ La perpendiculaire xx', ce qui donne le point x' de la trace verticale du plan P_4, et comme on sait que cette trace est perpendiculaire sur $n'v'$, il devient facile de la construire.

Si le point H n'était pas sur l'épure, on construirait :

1° ▬▬ La droite $a'b'$ perpendiculaire sur $n'v'$;

2° ▬▬ La droite ab parallèle à la ligne AZ ;

3° ▬▬ La ligne $b'b$ perpendiculaire sur AZ ;

4° ▬▬ Enfin, la trace horizontale du plan P_4 perpendiculaire sur nv.

Les traces des plans P_1 P_3 P_5 et P_6 s'obtiendront de la même manière.

90. Pour obtenir les traces du plan P_2 il faudra opérer autrement. En effet, si par le point ee', milieu de la corde mv, $m'v'$, on construit la droite eh, $e'h'$, la projection horizontale eh perpendiculaire sur mv ne rencontrera pas sur l'épure le plan vertical de projection, et ne pourra pas servir, par conséquent, à déterminer un point de la trace horizontale du plan P_2

La même remarque s'applique à la droite $e'k'$, ek, dont la projection verticale, perpendiculaire sur $m'v'$, ne rencontre la ligne AZ qu'en dehors de l'épure.

Pour résoudre la difficulté qui se présente, on pourra opérer de la manière suivante :

1° ▬▬ En faisant tourner le plan vertical projetant de la corde mv, $m'v'$ autour de la verticale qui contient le point e, milieu de cette droite, elle viendra se projeter sur le plan horizontal en $m''v''$, et sur le plan vertical en $m'''v'''$;

8

2ᵉ ▬▬ La droite $e'o'''$, perpendiculaire sur $m'''v'''$, sera l'intersection du plan cherché P_2 par le plan vertical projetant de la corde mv, $m'v'$, et le point o''' projeté sur le plan horizontal en o'', et ramené de là en o, sur le prolongement de mv, sera un point de la trace horizontale du plan P_2. Il ne restera plus qu'à construire cette trace perpendiculaire sur mv.

Le point o étant projeté sur le plan vertical en o', on joindra ce dernier point avec e' par la droite $o'e's'$, projection verticale de la droite os.

La perpendiculaire ss' déterminera le point s, par lequel on construira la trace verticale du plan P_2 perpendiculaire sur $m'v'$.

Pour vérifier le point s' qui résulte de l'intersection très-oblique des droites $o's'$, ss', on ramènera le point s' en s'' par l'arc de cercle horizontal ss'' décrit du point e comme centre.

La droite $s''s'''$ perpendiculaire sur la ligne AZ déterminera le point s''' sur le prolongement de $o'''e'$;

Et l'horizontale $s'''s'$ projection verticale de l'arc de cercle $s''s$ déterminera le point s' sur le prolongement de la droite $o'e'$.

91. Chacun des plans perpendiculaires au milieu des six cordes contient le centre de la sphère; d'où il suit que les intersections de ces plans deux à deux doivent toutes passer par le point C.

92. La figure 3 contient les opérations nécessaires pour obtenir l'intersection des plans dont les traces ne se rencontrent pas sur l'épure.

Supposons, par exemple, les deux plans P_7 et P_8 on les coupera par un plan auxiliaire P_9 que l'on prendra horizontal pour plus de simplicité.

Ce plan P_9 coupera les deux plans donnés P_7 et P_8 suivant les droites l et d parallèles à leurs traces horizontales, et le point rr' sera situé sur l'intersection demandée rz, $r'z'$, que l'on obtiendra en joignant les deux points rr' et zz'.

Si l'on cherche toutes les intersections des six plans obtenus, on trouvera :

Pour les plans	Intersections
P_1 et P_2.	A.
P_1 et P_3.	B.
P_1 et P_4.	A.
P_1 et P_5.	B.
P_1 et P_6.	K.
P_2 et P_3.	D.
P_2 et P_4.	A.
P_2 et P_5.	E.
P_2 et P_6.	D.
P_3 et P_4.	F.
P_3 et P_5.	B.
P_3 et P_6.	D.
P_4 et P_5.	G.
P_4 et P_6.	G.
P_5 et P_6.	G.

Les six plans P_1 P_2 P_3 P_4 P_5 P_6 se combinant deux à deux de quinze manières, il semble que l'on devrait trouver pour leurs intersections quinze droites différentes, mais on remarquera que les plans P_1 P_2 et P_4 menés perpendiculairement par les milieux des trois cordes MN, MV, VN (*fig. 1*), doivent contenir le centre du cercle circonscrit au triangle MNV ; et ces trois plans devant contenir le centre de la sphère demandée, il s'ensuit que, lorsque l'on cherche les intersections des plans P_1P_2, P_1P_4, P_2P_4, on doit toujours trouver la même droite A.

Par la même raison, lorsqu'on cherchera les intersections des plans P_1P_3, P_1P_5, P_3P_5, on trouvera toujours la droite B, qui contient le centre C de la sphère et le centre du cercle circonscrit au triangle MNU.

La droite D, qui contient le point cc', et le centre du cercle circonscrit au triangle MVU, sera l'intersection commune des trois plans P_2 P_3 et P_6

Enfin la droite G, qui contient le point cc', et le centre du cercle circonscrit au triangle NVU, sera l'intersection commune aux trois plans P_4 P_5 et P_6

La droite E ne peut appartenir qu'aux plans P_2 et P_5 perpendiculaires aux milieux des arêtes opposées MV et NV.

La droite F est l'intersection des plans P_3 et P_4 perpendiculaires au milieu des arêtes opposées MU et NV.

Enfin la droite K provient de l'intersection des plans P_1 et P_6 perpendiculaires au milieu des arêtes MN et VU.

Ainsi, en cherchant les intersections des six plans combinés deux à deux, on n'obtiendra que *sept droites* passant par le centre de la sphère, savoir :

La droite A intersection des trois plans P_1 P_2 P_4
B . . . . P_1 P_3 P_5
D . . . . P_2 P_3 P_6
G . . . . P_4 P_5 P_6
E intersection des deux plans P_2 P_5
F . . . . P_3 P_4
K . . . . P_1 P_6

93. Indépendamment des vérifications que nous venons de signaler, on remarquera encore huit points désignés sur l'épure par les chiffres correspondants.

Ainsi les traces verticales des trois plans P_1 P_2 et P_4 doivent passer par le point 1, qui est la trace verticale de la droite AA'.

Les traces verticales des trois plans P_1 P_3 et P_5 se rencontrent au point 2, qui est la trace verticale de la droite BB'.

La trace verticale des trois plans P_2, P_3 et P_6 contient le point 3 suivant lequel la droite DD' perce le plan vertical de projection.

La droite G' et les traces verticales des trois plans P_4 P_5 et P_6 sont dirigées vers le point 4, qui n'a pas pu être placé sur l'épure.

La droite A et les traces horizontales des plans P_1 P_2 et P_4 se rencontrent au point 5.

La droite D et les traces horizontales des plans P_2 P_3 et P_6 passent par le point 6.

La droite G et les traces horizontales des plans P_4 P_5 et P_6 contiennent le point 7.

Enfin les traces horizontales des plans P_1 P_3 et P_5 et la droite B, sont dirigées vers le point 8, situé en dehors de l'épure.

---

94. La planche 15 contient, comme exercices, quelques cas particuliers du problème précédent. Ainsi, dans l'exemple choisi pour sujet de la figure 1re, trois des points donnés sont situés dans le plan horizontal, et le quatrième mm' est situé dans l'espace, de telle manière que la droite mn, $m'n'$ est parallèle au plan vertical de projection.

Or il résulte évidemment de là :

1° ▬▬ Que les plans P_1 et P_2 perpendiculaires au milieu des droites horizontales nu et nv seront tous les deux perpendiculaires au plan horizontal ;

2° ▬▬ La droite aa', suivant laquelle ces deux plans se coupent, sera verticale et se projettera sur le plan horizontal par le point a, qui est le centre du cercle qui contiendrait les trois points n, v, u ;

3° ━━ Enfin, le centre cc' de la sphère demandée sera déterminé sur la droite aa' par l'intersection de cette droite avec le plan P_3 perpendiculaire au milieu de la droite mn, $m'n'$, et par conséquent perpendiculaire au plan vertical de projection ;

4° ━━ Le rayon cm''' de la sphère demandée est la distance du centre cc' au point donné mm'.

---

95. Sur la figure 2, le tétraèdre est régulier, ce qui a permis de simplifier les projections en plaçant l'une des arêtes vu perpendiculaire au plan vertical.

Il résulte de cette disposition d'épure :

1° ━━ Que les deux arêtes mv et mu ont une projection verticale commune, et que l'arête mn, $m'n'$ est parallèle au plan vertical de projection ;

2° ━━ Les plans P_1 et P_2 perpendiculaires au milieu des droites horizontales nu et nv se coupent suivant la verticale aa', qui contient le sommet mm' du tétraèdre, et le centre cc' de la sphère demandée sera déterminé par l'intersection de la droite aa' avec le plan P_3 perpendiculaire au milieu de la droite mn, $m'n'$;

3° ━━ La droite $c'n'$ parallèle au plan vertical de projection sera le rayon de la sphère.

---

96. Dans l'exemple indiqué sur la figure 3, les deux points donnés nn' et vv' sont situés dans le plan horizontal, tandis que les deux autres points mm' et uu' appartiennent au plan vertical de projection :

1° ━━ Le plan P_1 perpendiculaire au milieu de $m'u'$ sera par conséquent perpendiculaire au plan vertical, et le plan P_2 perpendiculaire au milieu de nv est en même temps perpendiculaire au plan horizontal. Les deux plans P_1 et P_2 sont donc les plans projetants de la droite aa', suivant laquelle ils se coupent, et qui contient le centre de la sphère demandée ;

2° ━━━ Pour obtenir ce dernier point, on construira le plan P_3 perpendiculaire au milieu de mn, $m'n'$ ou d'une quelconque des autres arêtes du tétraèdre.

Et l'intersection du plan P_3 avec P_1 donnera une droite b, dont la rencontre avec a déterminera le point c et sa projection verticale c' ;

3° ━━━ La distance du point cc' au point mm' donnera le rayon $c'm'''$.

———

97. Sur la figure 4, on a supposé que l'un des points nn étant situé dans le plan vertical de projection, un second point uu' est situé dans le plan horizontal, et les deux autres points mm' et vv' appartiennent à un plan P perpendiculaire à la ligne AZ. D'après cela, on construira :

1° ━━━ Le plan P_1 perpendiculaire au milieu de mu et au plan horizontal ;

2° ━━━ Le plan P_2 perpendiculaire au milieu de $n'v'$ et au plan vertical de projection.

La droite ao, $a'o'$, intersection des plans P_1 et P_2 contiendra le centre de la sphère demandée ;

3° ━━━ On projettera la droite mv, $m'v'$ sur le plan auxiliaire YX, qui est parallèle à cette droite et par conséquent perpendiculaire à la ligne AZ ;

4° ━━━ La construction précédente déterminera la droite $m''v''$ par le milieu de laquelle on fera passer le plan perpendiculaire P_3

5° ━━━ On projettera la droite ao, $a'o'$ sur le plan auxiliaire de projection YX, ce qui donnera $a''o''$;

6° ▬▬ L'intersection de cette dernière ligne avec le plan P_2 déterminera le point c'', d'où il sera facile de déduire les projections c et c' du centre de la sphère demandée;

7° ▬▬ Le rayon $c'v'''$ est la distance du point cc' au point vv'.

———

98. Sur la figure 5, le point mm' est situé dans le plan vertical de projection; le point uu' appartient au plan horizontal, et les deux points nn', vv' sont situés sur la ligne AZ.

Pour résoudre la question, on construira :

1° ▬▬ Le plan P_1 perpendiculaire au milieu de la corde nu et au plan horizontal;

2° ▬▬ Le plan P_2 perpendiculaire au milieu de la corde $m'v'$ et au plan vertical de projection.

Les plans P_1 et P_2 sont les deux plans projetants de la droite aa' suivant laquelle ils se coupent;

3° ▬▬ La droite aa' devant contenir le centre cc' de la sphère demandée, on obtiendra ce point en construisant le plan P_3 perpendiculaire sur la droite nv, $n'v'$, qui coïncide avec la ligne AZ.

4° ▬▬ Le rayon cm''' de la sphère est la distance du centre cc' au point donné mm'.

———

99. Sur la figure 6, les deux points donnés nn' et vv' sont situés sur la ligne AZ, et les deux autres points mm' et uu' appartiennent au plan YX perpendiculaire à la ligne AZ. Cela étant admis, on construira :

1° ▬▬ Le plan P_1 perpendiculaire à la ligne AZ et au milieu de la droite nv, $n'v'$.

2° ▬▬ Le plan P_2 perpendiculaire au milieu de la corde nu, $n'u'$.

3° ▬▬ Les deux plans P_1 et P_2 devant contenir le centre de
la sphère demandée, ce point sera situé sur leur intersection, qui, projetée sur le plan YX, deviendra $a''o''$.

4° ▬▬ On rabattra également la droite mu, $m'u'$, ce qui
donnera $m''u''$.

5° ▬▬ Enfin, le plan P_3 perpendiculaire au milieu de $m''n''$
déterminera le point c'', qui, ramené dans le plan P_1 donnera le centre demandé cc'.

6° ▬▬ La distance des points cc' et nn' déterminera le
rayon $c'n'''$.

━━━━━

100. Sur la figure 7, l'une des arêtes nv, $n'v'$ du tétraèdre
est parallèle aux deux plans de projection, et les trois sommets
mm', uu', vv' sont situés dans le plan YX perpendiculaire à la
ligne AZ.

Dans ce cas :

1° ▬▬ On rabattra le plan YX, ce qui donnera le triangle
$m''u''v''$;

2° ▬▬ On construira le plan P_2 perpendiculaire au milieu
de $m''u''$, et le plan P_3 perpendiculaire au milieu de $u''v''$.

3° ▬▬ La droite b,b',b'', suivant laquelle se coupent les
deux plans P_2 et P_3 contiendra le centre de la sphère, et
l'on obtiendra ce dernier point en coupant la droite bb'
par le plan P_1 perpendiculaire au milieu de l'arête nv, $n'v'$.

━━━━━

101. Sur la figure 8, les trois points donnés mm', uu'
et vv' sont encore situés dans le plan YX perpendiculaire à
la ligne AZ; mais il n'y a plus, comme dans l'exemple qui
précède, d'arête parallèle aux plans de projection.

Dans ce cas :

1° ▬▬ On rabattra comme précédemment le plan YX, ce qui donnera le triangle $m''n''v''$;

2° ▬▬ On construira le plan P_1 perpendiculaire au milieu de l'arête $m''u''$, et le plan P_2 perpendiculaire au milieu de $v''u''$;

3° ▬▬ La droite a, a', a'', suivant laquelle se coupent les deux plans P_1 et P_2, contiendra le centre cc', que l'on obtiendra en coupant la droite aa' par le plan P_3 perpendiculaire au milieu de la corde nv, $n'v$.

4° ▬▬ Le rayon $c'm^{iv}$ sera déterminé en opérant comme précédemment.

———

102. Problème d'ombres (*pl.* 16). *Deux tronçons de colonnes sont appuyés sur des blocs de pierres provenant des ruines d'un monument. Il s'agit de construire leurs projections et de tracer toutes les ombres, la direction de la lumière étant donnée.*

Ce problème, proposé en 1850 pour le concours d'admission à l'École des beaux-arts, revient à construire les projections de deux cylindres circulaires dont on connaît les rayons et les axes, puis à déterminer toutes les lignes de séparation et d'ombres portées sur ces cylindres et sur les prismes rectangulaires qui leur servent d'appui.

La forme du cadre adoptée pour mes épures m'a permis d'éloigner les projections auxiliaires et d'éviter par là une confusion de lignes qui pourrait, en fatiguant l'attention du lecteur, nuire à la clarté des explications.

Il est d'ailleurs évident que ces dispositions particulières ne changent rien à la solution du problème, et qu'en employant des encres de couleur pour distinguer les diverses opérations, il sera facile d'exécuter l'épure dans les limites d'un cadre beaucoup moins étendu.

Les données du problème sont :

1° Les projections horizontales *bs* et *dm* des axes des deux cylindres circulaires de rayons égaux B et D ;

2° Les points *b* et *d*, suivant lesquels les droites *bs* et *dm* percent le plan horizontal de projection qui représente ici la surface du sol ;

3° Les points *s* et *m* sont les centres des sections droites formant les bases les plus élevées des deux cylindres donnés ;

4° L'angle V exprime l'inclinaison du cylindre B sur le plan horizontal de projection, et la direction du second cylindre doit être perpendiculaire à celle du premier ;

5° La base inférieure du cylindre B est appuyée sur la terre, et la base inférieure du cylindre D repose sur la face supérieure d'un parallélipipède rectangle T dont on connaît la hauteur ;

6° Les deux cylindres sont en outre appuyés sur les deux prismes K et R, dont les projections horizontales seules sont données par la question.

103. Notation. Le grand nombre de projections auxiliaires et de rabattements employés dans cette épure exige quelques explications.

En effet, en ne désignant que les points les plus essentiels, et chaque point étant exprimé par une seule lettre, quel que soit le nombre de ses projections, il a cependant fallu employer deux alphabets complets et 50 nombres, ce qui fait plus d'une centaine de points différents.

On comprendra, par cet exemple, combien il serait difficile d'appliquer ici des notations qui exigeraient plusieurs lettres pour désigner chacune des projections d'un même point ; car, indépendamment des cinq projections verticales employées dans cette épure, il y a encore quatre projections sur des plans auxiliaires perpendiculaires aux plans verticaux.

Or comment, dans ce cas, distinguera-t-on les différentes

projections, verticales ou inclinées de toutes les manières dans l'espace?

Je pense donc, comme je l'ai dit au n° 2 de cet ouvrage, qu'il sera beaucoup plus simple de désigner les divers plans de projection successivement introduits par A'Z', A"Z", A'"Z'", et ainsi de suite, de sorte que les différents accents indiqueront l'ordre suivant lequel chaque nouvelle projection sera venue concourir à la solution du problème.

Je ferai même remarquer ici que, pour obtenir encore plus de symétrie dans les notations, je ne me suis pas servi de l'expression AZ, que j'emploie habituellement pour désigner l'intersection du plan horizontal avec le plan vertical de projection.

J'ai pensé que dans l'épure actuelle il vaudrait mieux désigner par A'Z' la trace du plan de projection sur lequel tous les points seront désignés par l'accent '; par A"Z" la trace du plan de projection sur lequel tous les points seront désignés par l'accent "; par A'"Z'" la trace du plan sur lequel toutes les projections seront désignées par '", etc.

Ensuite, les diverses projections étant suffisamment écartées les unes des autres, on ne craindra pas de confondre les points correspondants; c'est pourquoi je n'ai pas cru devoir mettre des accents aux points qui sont désignés par des chiffres, les projections auxquelles se rapportent ces chiffres étant suffisamment distinguées par les accents qui désignent les lignes sur lesquelles ils sont situés.

Peut-être pensera-t-on que j'aurais pu me dispenser d'indiquer un aussi grand nombre de détails, et qu'il suffisait de rappeler au lecteur les principes généraux desquels dépend la solution du problème.

S'il en était ainsi, l'épure que nous allons étudier deviendrait parfaitement inutile, et l'on pourrait se contenter de ce que j'ai dit dans les quatre premières pages du *Traité des Ombres*: car, il ne faut pas l'oublier, c'est en variant les méthodes que l'on devient habile. L'art du praticien ne consiste pas à employer toujours les moyens uniformes qui résultent d'un principe général, mais à changer, au contraire, les opérations dans chaque cas, en profitant de toutes les circonstances particulières qui peuvent simplifier le travail.

C'est pour familiariser le lecteur avec les moyens d'abréger ou de vérifier chaque point que j'ai cherché à réunir dans un même exemple les différentes manières d'obtenir le résultat.

Les considérations précédentes étant admises, voici l'ordre dans lequel on devra exécuter toutes les opérations.

104. Projections des cylindres.

1re *opération.* ▬ On projettera l'axe du cylindre B sur un plan vertical $A''Z''$ parallèle à sa direction, et rabattu à droite dans la partie inférieure de l'épure.

Le point b étant situé dans le plan horizontal de projection se projettera sur $A''Z''$ par le point b''. L'angle $d''b''s''$ ou V étant donné par la question, déterminera la projection $b''s''$ de l'axe du cylindre B, et le point s'' sera déduit de sa projection horizontale s par une perpendiculaire à la droite $A''Z''$.

Le point d, suivant lequel le plan horizontal de projection est percé par l'axe du cylindre D, sera projeté sur $A''Z''$ par le point d'', et la droite bs, $b''s''$ étant parallèle au plan $A''Z''$, la perpendicularité des deux cylindres sera exprimée sur cette projection en faisant $d''m''$ perpendiculaire sur $b''s''$.

Le point m'' sera déduit de sa projection horizontale m par une perpendiculaire à la ligne $A''Z''$.

2e *opération.* ▬ Le plan $A'''Z'''$ perpendiculaire sur l'axe $b''s''$ contiendra la base supérieure ou section droite du cylindre B.

Si l'on fait tourner le plan $A'''Z'''$ autour d'une droite quelconque $X''X$ perpendiculaire au plan de projection $A''Z''$, le point ss'' viendra se rabattre en s''' sur le plan horizontal $a'''z'''$, l'axe dm, $d''m''$ du cylindre D sera projeté par $d'''m'''$, et la droite $s'''h'''$ perpendiculaire sur $d'''m'''$ sera la plus courte distance des axes des deux cylindres.

La droite $s'''o'''$, moitié de $s'''h'''$, sera égale au rayon de chacun des deux cylindres qui, d'après la question, doivent être égaux, et le point o''' sera la projection sur le plan $A'''Z'''$ du point suivant lequel se touchent les deux cylindres.

3e *opération.* ━━━━ Le rayon $s'''o'''$ étant porté à droite et à gauche de s'' sur la droite $A'''Z'''$, le rectangle B'' sera la projection du cylindre B sur le plan vertical $A''Z''$.

La rencontre de la droite $v''u''$ avec $A''Z''$ déterminera le point u suivant lequel le cylindre B touche la terre ; la droite $u''r''$, perpendiculaire sur $b''s''$, sera la section droite ou base inférieure du cylindre B, et le centre $y''y$ de cette base sera par conséquent déterminé.

4e *opération.* ━━━━ La projection B'' du cylindre B sur le plan vertical $A''Z''$ permettra de construire sur le plan horizontal la trace E et les projections des deux bases du même cylindre.

5e *opération.* ━━━━ On projettera le cylindre D sur un plan vertical $A^{IV}Z^{IV}$ parallèle à sa direction, et cette projection auxiliaire D^{IV} déterminera la trace F et la projection horizontale de la base supérieure de ce même cylindre.

Quant à la base inférieure, elle dépend de la hauteur du prisme T sur lequel elle repose.

En effet, les axes des deux cylindres étant complétement déterminés :

1° Par leurs projections horizontales ;

2° Par leurs traces horizontales ;

3° Par l'inclinaison de l'un d'eux sur le plan horizontal ;

4° Par la condition que le second cylindre est perpendiculaire sur le premier, auquel il doit être tangent ;

Les bases inférieures ne peuvent plus être prises à volonté, puisque l'une d'elles doit toucher le plan horizontal de projection, tandis que le cylindre D doit être appuyé sur la face supérieure du prisme T. Nous avons vu précédemment comment on peut déterminer la base inférieure du cylindre B; on agira d'une manière analogue pour déterminer celle du cylindre D.

Ainsi, la hauteur du prisme T étant donnée par la question, on la portera de c en x sur une perpendiculaire à la droite $A^{IV}Z^{IV}$, puis par le point x on construira le plan horizontal P; ce plan contiendra la face supérieure du prisme T; le point suivant lequel cette face sera percée par la génératrice du point 8^{IV} fera partie de la base inférieure du cylindre D^{IV}, et cette base devant être perpendiculaire sur l'axe $d^{IV}m^{IV}$, elle se projettera par une ligne droite sur le plan $A^{IV}Z^{IV}$: la projection horizontale de cette base ne présentera plus alors de difficultés.

On n'a pas conservé sur l'épure cette partie de l'opération, parce qu'elle se serait confondue avec les projections qui ont lieu sur le plan vertical $A'Z'$.

6ᵉ *opération.* ▬ Les projections des cylindres sur le plan vertical $A'Z'$ pourront facilement être déduites de leurs projections horizontales et des projections sur les deux plans verticaux $A''Z''$ et $A^{IV}Z^{IV}$; mais le but que je me propose en publiant cette épure étant de fournir aux élèves une occasion de s'exercer sur les rabattements des projections auxiliaires, je les engage à recommencer, pour déterminer les projections sur le plan $A'Z'$, toutes les opérations que nous venons de faire sur le plan horizontal.

Il en résultera que les projections horizontale et verticale de chaque point étant obtenues par des opérations entièrement indépendantes, on aura une vérification infaillible toutes les fois que ces deux projections seront situées sur une perpendiculaire à la ligne $A'Z'$.

Ainsi, les hauteurs des points s' et m' étant déduites des projections s'' et m'' sur le plan vertical $A''Z''$, on construira les projections verticales $b's'$ et $d'm'$ des axes des deux cylindres demandés.

Cela étant fait, on concevra un nouveau plan auxiliaire de projection $A^{vi}Z^{vi}$ parallèle au cylindre B et perpendiculaire au plan vertical de projection.

Les distances des points s^{vi}, y^{vi}, m^{vi}, p^{vi} à la droite $A^{vi}Z^{vi}$ seront égales aux distances des projections horizontales s, y, m, p à la ligne $A'Z'$.

L'axe du cylindre B étant parallèle au nouveau plan de projection $A^{vi}Z^{vi}$, les projections $s^{vi}\text{-}y^{vi}$, $m^{vi}\text{-}p^{vi}$ des deux axes sur ce plan devront être perpendiculaires l'une à l'autre.

La projection B^{vi} du cylindre B permettra de construire facilement la trace G et les projections verticales des deux bases de ce cylindre.

La hauteur du prisme K pourra être déterminée en projetant ce prisme K'' sur le plan auxiliaire $A''Z''$, ou bien en construisant sur le plan $A'Z'$ la projection de la génératrice vu, qui contient le point suivant lequel le cylindre B touche l'arête horizontale du prisme.

7ᵉ *opération*. ▬▬ Le rectangle D^{viii} sera la projection du cylindre D sur un plan $A^{viii}Z^{viii}$ parallèle à la direction de ce cylindre, et perpendiculaire au plan vertical de projection.

Cette nouvelle projection auxiliaire étant prolongée jusqu'à la droite $A^{viii}Z^{viii}$, il sera facile de construire la trace H et les projections verticales des deux bases du cylindre D.

La hauteur du prisme R pourra être déterminée en projetant ce prisme sur le plan vertical $A''Z^{iv}$, ou bien en élevant une perpendiculaire par le point 14 de la projection horizontale, jusqu'à ce que cette perpendiculaire rencontre la projection sur $A'Z'$ de la génératrice qui contient le point 14 de la trace horizontale F.

La projection verticale de la base inférieure du cylindre D se déduira de la projection D^{vIII}, sur laquelle on déterminera d'abord le point p^{vIII} et la droite 45-46 perpendiculaire sur $p^{vIII}m^{vIII}$.

105. Lignes de séparation.

1re *opération.* ━━━ La direction de la lumière étant parallèle à une droite donnée par ses projections SL, S'L', on tracera le rayon lumineux passant par un point quelconque ss', pris à volonté sur l'axe du cylindre B

Le point l étant la trace horizontale du rayon sl, $s'l'$, on projettera ce point sur $A''Z''$, ce qui donnera l''.

La perpendiculaire abaissée du point l'' sur le plan $A'''Z'''$, déterminera un point qui, ramené sur $a'''z'''$, se projettera en l''' et déterminera la droite $s'''l'''$ pour la projection du rayon sl, $s'l'$ sur le plan $A'''Z'''$ rabattu.

On tracera le diamètre 1-2 perpendiculaire sur la droite $s'''l'''$, et les points 1 et 2 détermineront les génératrices 1-1 et 2-2, suivant lesquelles le cylindre B est touché par deux plans parallèles aux rayons lumineux.

Ces deux génératrices formeront, par conséquent, les lignes de séparation sur le cylindre B; et comme il résulte évidemment de la projection $s''l''$ du rayon lumineux sur le plan vertical $A''Z''$ que la face supérieure du cylindre B est obscure, on en conclura que la ligne de séparation sur la surface de ce cylindre sera composée des génératrices 1-1, 2-2, de la demi-circonférence 1-5-2 de la base supérieure s, et de la demi-circonférence 2-u-1 de la base inférieure y.

2e *opération.* ━━━ Le rayon lumineux pg, $p'g'$ perce le plan horizontal de projection au point g, qui, projeté sur $A^{IV}Z^{IV}$, donne g^{IV}.

Ce dernier point projeté sur le plan $A^{V}Z^{V}$ et rabattu en $a^{v}z^{v}$ détermine la droite $g^{v}m^{v}$ pour projection du rayon pg, $p'g'$ sur le plan $A^{V}Z^{V}$, qui contient la base supérieure du cylindre D.

9

On tracera le diamètre 3-4 perpendiculaire sur la droite $g'm'$, et les points 3 et 4 détermineront les génératrices 3-3 et 4-4, suivant lesquelles le cylindre D est touché par les deux plans parallèles aux rayons lumineux ; et comme il est évident que la face supérieure du cylindre D est éclairée, il s'ensuit que sur la surface de ce cylindre, la ligne de séparation sera composée des deux génératrices 3-3, 4-4. de la demi-circonférence 3-8-4 de la base supérieure, et de la demi-circonférence 3-15-4 de la base inférieure.

3e opération. ▬▬▬ Les lignes de séparation sur les prismes ne présenteront aucunes difficultés.

4e opération. ▬▬▬ Les génératrices qui forment les lignes de séparation sur les surfaces des deux cylindres rencontrent les traces ou les circonférences des bases de ces mêmes cylindres, suivant des points dont il serait facile d'obtenir les projections verticales par des perpendiculaires à la ligne $A'Z'$; les hauteurs de ces points pourront d'ailleurs être vérifiées par leurs projections sur les plans verticaux $A''Z''$ et $A''Z''$.

Mais je rappellerai que, pour s'habituer aux dispositions diverses des projections auxiliaires, j'ai conseillé au lecteur d'exécuter sur la projection verticale toutes les opérations analogues à celles qui viennent d'être faites sur le plan horizontal, en réservant les perpendiculaires à la ligne $A'Z'$ comme moyen de vérification.

Ainsi, prenons sur le rayon sl, $s't'$ un point quelconque tt'. La projection t'' de ce point sur le plan $A''Z''$ sera déterminée en faisant et'' égal à la distance du point t à la ligne $A'Z'$, et la droite $t''s''$ sera la projection du rayon sl, $s't'$ sur le plan $A''Z''$, parallèle au cylindre B et perpendiculaire au plan vertical de projection.

La perpendiculaire abaissée du point t'' sur le plan $A''Z''$ percera ce plan en un point qui, rabattu sur $a''z''$, donnera t'' pour la projection du point tt' sur le plan $A''Z''$, qui contient la base supérieure ou section droite B^{vii} du cylindre B.

La droite $t^{vii}s^{vii}$ sera donc l'intersection du plan $A^{vii}Z^{vii}$ par le plan qui contient l'axe du cylindre B et qui serait parallèle aux rayons lumineux.

On tracera sur B^{vii} le diamètre 1-2, perpendiculaire sur $s^{vii}t^{vii}$, et les points 1 et 2 détermineront les deux génératrices suivant lesquelles le cylindre B est touché par les plans des rayons lumineux ; ces deux génératrices, qui forment les lignes de séparation, coupent la trace verticale G du cylindre B et les ellipses des bases, suivant des points qui doivent être situés sur les perpendiculaires élevées par leurs projections horizontales correspondantes.

5e *opération.* ▬▬ Si, pour déterminer la ligne de sépation sur le cylindre D, nous choisissons le rayon lumineux mn, $m'n'$, la projection n^{viii} du point nn' sur le plan $A^{viii}Z^{viii}$ s'obtiendra en faisant in^{viii} égal à la distance du point n à la ligne $A'Z'$.

La perpendiculaire abaissée de n^{viii} sur le plan $A^{ix}Z^{ix}$ percera ce plan en un point qui, rabattu sur $a^{ix}z^{ix}$, donnera n^{ix} pour la projection du point nn' sur le plan $A^{ix}Z^{ix}$ de la section droite ou base supérieure D^{ix} du cylindre D.

La droite $m^{ix}n^{ix}$ sera donc l'intersection du plan $A^{ix}Z^{ix}$ par le plan qui contient l'axe du cylindre D et qui est parallèle à la direction de la lumière.

On tracera sur D^{ix} le diamètre 3-4, perpendiculaire sur $n^{ix}m^{ix}$, et les points 3 et 4 détermineront les deux génératrices suivant lesquelles le cylindre D est touché par les plans des rayons lumineux.

Les points suivant lesquels ces génératrices rencontrent la trace H et les bases du cylindre D seront vérifiés par les perpendiculaires élevées de leurs projections horizontales.

106. Ombres portées. Toutes les lignes de séparation

étant déterminées sur les cylindres et sur les prismes, il ne
reste plus qu'à construire les *ombres portées*.

Mais, pour soulager l'attention, je commencerai par faire
reconnaître toutes les lignes qui nous restent à construire, et
nous verrons ensuite quels sont les moyens les plus conve-
nables pour obtenir chacune d'elles.

Le cylindre D étant placé au-dessus de tous les autres corps,
il n'y a pas d'autres lignes à déterminer sur la surface de ce
cylindre que celles qui forment les lignes de séparation dont
nous avons parlé plus haut. Il n'en est pas de même du
cylindre B. En effet :

107. **Ombres portées sur le cylindre B.** Si l'on jette
un coup d'œil sur la projection horizontale, on trouvera pour
limite des ombres :

1° ━━━━ La droite 16-17, projection horizontale de l'arc d'el-
      lipse suivant laquelle le cylindre B est coupé par le plan
      vertical formé par les rayons lumineux qui s'appuient sur
      l'arête 17 du prisme R;

2° ━━━━ La courbe 17-18, qui appartient à l'ellipse suivant
      laquelle le même cylindre est coupé par le plan des rayons
      lumineux qui s'appuient sur l'arête horizontale 17-47 du
      prisme R;

3° ━━━ L'arc d'ellipse 18-19, provenant de la section du cy-
      lindre B par le plan des rayons lumineux qui touchent le
      cylindre D suivant la génératrice 4-4;

4° ━━━ La droite 19-1, qui forme une partie de la ligne
      de séparation 1-1 sur la surface du cylindre B;

5° ━━━ La droite 1-13, qui appartient à la même ligne de
      séparation 1-1 ;

6° ━━━ L'arc d'ellipe 13-3, provenant de la section du cy-
      lindre B par le plan des rayons lumineux qui touchent le
      cylindre D suivant la génératrice 3-3.

7° ━━━━ La courbe 3-12-20, dont on appréciera mieux la

forme et la position si l'on jette un coup d'œil sur la projection verticale.

Cette ligne fait partie de la courbe à double courbure suivant laquelle le cylindre BB′ est pénétré par la surface cylindrique formée par les rayons lumineux qui s'appuient sur la section droite ou base supérieure du cylindre DD′ ;

8° ━━ L'arc d'ellipse 20-21, provenant de la section du cylindre BB′ par le plan des rayons lumineux qui s'appuient sur l'arête 47-31 du prisme R ;

9° ━━ Enfin, la droite 21-2, formant une partie de la ligne de séparation 2-2 sur la surface du cylindre BB′.

108. Ombres portées sur le plan horizontal de projection. La limite de ces ombres, en partant de la ligne AZ, sera :

1° ━━ La trace horizontale 22-23 du plan des rayons lumineux qui s'appuient sur l'arête 23-24 du prisme T ;

2° ━━ L'arc d'ellipse 23-3, qui appartient à la trace horizontale de la surface cylindrique formée par les rayons lumineux qui s'appuient sur la circonférence de la base inférieure du cylindre D ;

3° ━━ La droite 3-25, trace horizontale du plan des rayons lumineux qui touchent le cylindre D suivant la génératrice 3-3 ;

4° ━━ La droite 25-26 fait partie de la trace horizontale du plan des rayons lumineux qui s'appuient sur l'arête horizontale 25-26 du prisme K ;

5° ━━ La droite 26-27 est la trace du plan des rayons lumineux qui s'appuient sur l'arête 26-27 du prisme K ;

6° ━━ La droite 27-1 est la trace horizontale du plan des rayons lumineux qui touchent le cylindre B suivant la génératrice 1-1 ;

7° ━━ L'arc d'ellipse 1-28-2 appartient à la trace du cylindre formée par les rayons lumineux qui s'appuient sur la circonférence de la base supérieure du cylindre B;

8° ▬▬ La droite 2-29 est la trace horizontale du plan des rayons lumineux qui touchent le cylindre B suivant la génératrice 2-2;

9° ▬▬ La droite 29 30, prolongement de 26 27, est l'ombre portée par l'arête horizontale 26-30 du prisme K;

10° ▬▬ Les droites 30-30, 31-31 et 17-16 sont les traces des plans verticaux formés par les rayons qui s'appuient sur les arêtes verticales 30, 31 et 17 des prismes K et R;

11° ▬▬ La droite 32-33, prolongement de 1-27, est la trace du plan lumineux qui touche le cylindre B suivant la génératrice 1-1;

12° ▬▬ Enfin, la droite 32-34 est la trace du plan qui touche le cylindre D suivant la génératrice 4-4;

13° ▬▬ On peut construire encore, comme moyen de vérification et quoiqu'elles soient cachées, les deux ellipses 38-39 et 40-41, suivant lesquelles le plan horizontal de projection est rencontré par les cylindres des rayons lumineux qui s'appuient sur la base supérieure du cylindre D et sur la base inférieure du cylindre B.

Enfin, aux ombres portées sur le cylindre B et sur le plan horizontal de projection, il faut ajouter :

1° ▬▬ Les droites 27-13 et 25-13, suivant lesquelles la face supérieure du prisme K est coupée par les plans des rayons lumineux qui touchent les deux cylindres suivant les génératrices 1-1 et 3-3;

2° ▬▬ L'arc d'ellipse 35-23, provenant de l'intersection de la face supérieure du prisme T et du cylindre formé par les rayons qui s'appuient sur la circonférence de la base inférieure du prisme D;

3° ▬▬ L'arc d'ellipse 36-37, suivant lequel la face supérieure du prisme R coupe la surface cylindrique formée par

les rayons qui s'appuient sur la circonférence de la base
supérieure du cylindre D.

109. Construction des lignes d'ombres portées.

1re *opération.* ▬▬▬ On fera bien de commencer par construire le contour des ombres portées sur le plan horizontal
de projection, parce que ces lignes, faciles à obtenir, peuvent
être utiles pour déterminer ou pour vérifier quelques points
des autres courbes.

Ainsi, les rayons lumineux qui s'appuient sur les bases du
cylindre B étant projetés sur l'un des plans verticaux A'Z' ou
A''Z'', il sera facile d'obtenir leurs traces horizontales, ce qui
donnera les deux ellipses 1-2 et 40-41.

Pour construire les ellipses 3-23 et 38-39 suivant lesquelles
le plan horizontal est percé par les rayons qui s'appuient sur
les bases du cylindre D, on projettera ces rayons sur l'un des
plans verticaux A'Z' ou A'^vZ'^v.

Les traces horizontales 3-25, 34-32, 1-33 et 2-29 des plans
tangents aux deux cylindres pourront être déterminées de la
même manière, et vérifiées par cette condition qu'elles doivent être tangentes aux ellipses dont nous venons de parler et
aux traces des deux cylindres donnés.

Les intersections des mêmes rayons lumineux avec les faces
supérieures des prismes T, R et K détermineront les arcs d'ellipse 35-23, 36-37, et les droites 25-43 et 13-27 parallèles
aux traces horizontales des plans des rayons lumineux tangents
aux cylindres donnés.

Les droites 22-23, 25-26 et 26-30 sont parallèles aux arêtes
correspondantes des prismes T et K, et les droites 30-30,
31-31 et 17-16 doivent être parallèles à la projection horizontale SL du rayon de lumière.

Les points 25 sont situés sur le rayon lumineux suivant
lequel le plan des rayons qui s'appuient sur la génératrice 3-3
du cylindre D coupe le plan des rayons qui s'appuient sur

l'arête horizontale 25-26 du prisme K, tandis que le point 27 appartient au rayon suivant lequel le plan lumineux qui s'appuie sur l'arête horizontale 27-30 du prisme K est coupé par le plan des rayons qui touchent le cylindre B suivant la génératrice 1-1.

Le point 13 appartient au rayon lumineux que l'on peut considérer comme l'intersection des plans qui touchent les deux cylindres donnés suivant les génératrices 3-3 et 1-1. Ce rayon, après avoir touché le cylindre D au point 13 de la droite 3-3, puis le cylindre B en un second point 13 de la droite 1-1, vient percer au troisième point 13 la face supérieure du prisme K; et si ce rayon pouvait traverser le prisme, il percerait le plan horizontal de projection en un quatrième point 13.

2ᵉ *opération.* ━━ Toutes les ombres portées étant obtenues sur le plan horizontal de projection et sur les faces supérieures des trois prismes, il ne reste plus qu'à déterminer celles qui ont lieu sur le cylindre B.

Nous commencerons par la courbe à double courbure suivant laquelle ce cylindre est pénétré par l'ensemble des rayons lumineux qui s'appuient sur le contour de la base supérieure du cylindre D.

Pour simplifier l'explication, nous désignerons cette base par la lettre M. Ainsi, la circonférence M sera celle dont le centre est désigné sur les projections successives par les lettres m, m', m'', m''', etc.; et lorsque nous dirons circonférence m''' ou m^{iv}, cela signifiera la projection de la circonférence M sur le plan $A'''Z'''$ ou $A^{iv}Z^{iv}$.

Nous avons déjà remarqué que la demi-circonférence 3-8-4 est la seule partie de cette courbe qui appartient à la ligne de séparation; mais, dans ces sortes de recherches, on a presque toujours aussitôt fait de construire la courbe tout entière et, dans ce cas, on comprend bien mieux la forme et la position du résultat obtenu.

Or la ligne cherchée étant l'intersection de deux cylindres, il est évident qu'elle pourra être obtenue par le principe général exposé en géométrie descriptive.

Ainsi un plan P_1 qui contiendra le rayon lumineux sl et l'axe sb du cylindre B sera évidemment parallèle aux deux cylindres dont il faut trouver l'intersection, de sorte qu'en coupant ces deux cylindres par une suite de plans parallèles au plan P_1 on obtiendra autant de points que l'on voudra de la courbe cherchée. On fera bien de commencer par les points les plus essentiels.

Si, par exemple, on veut déterminer le point 3 suivant lequel la courbe à double courbure touche l'ellipse 13-6-3, on tracera le rayon lumineux qui contient le point 3, suivant lequel la circonférence m est rencontrée par la génératrice 3-3; le plan P_2 qui contient le rayon lumineux du point 3, coupera le cylindre B suivant une génératrice dont le pied 5 sera sur la trace horizontale E de ce même cylindre, et l'intersection de cette génératrice par le rayon 3 déterminera le point demandé.

On pourra déterminer de la même manière le point 4, suivant lequel la courbe à double courbure touche l'ellipse 19-4.

Enfin, il est évident que l'on pourra obtenir ainsi autant de points que l'on voudra de l'ombre portée sur le cylindre B par la base supérieure du cylindre D.

On peut opérer de la même manière pour construire l'ellipse 13-6-3 suivant laquelle le cylindre B est coupé par le plan des rayons lumineux qui s'appuient sur la génératrice 3-3 du cylindre D.

Ainsi, par exemple, pour déterminer exactement le point 6 qui est situé sur la génératrice 7 du cylindre B, on tracera le plan P_3 qui contient le point 7 de l'ellipse E. Ce plan coupera la trace du plan tangent 3-25 en un point 6 par lequel on construira un rayon lumineux, et l'intersection de ce rayon avec la génératrice 7 du cylindre B donnera le point 6 de l'ombre portée sur ce cylindre par le point 6 de la droite 3-3.

3° *opération.* ▄▄▄ Ce qui précède résulte évidemment des principes qui ont été démontrés dans le *Traité de géométrie descriptive.*

Mais on doit se rappeler aussi (55) que, lorsqu'il s'agit d'obtenir l'intersection de deux surfaces, les opérations peuvent souvent être simplifiées lorsque l'une des deux surfaces est perpendiculaire à l'un des plans de projection.

Or on peut obtenir cette disposition d'épure en projetant le cylindre D sur le plan $A'''Z'''$ perpendiculaire au cylindre B.

La base supérieure du cylindre D''' est projetée ici par la droite 10-11, ce qui provient de ce que, dans le cas actuel, les deux cylindres sont perpendiculaires l'un à l'autre; mais on conçoit que, s'il en était autrement, cela ne saurait offrir plus de difficultés.

Seulement, alors, la base supérieure du cylindre D''' serait projetée par une ellipse que l'on obtiendrait en opérant pour chacun de ces points comme on l'a fait pour déterminer le point m''' (104).

Ainsi, pour obtenir sur la projection D''' les deux génératrices suivant lesquelles le cylindre D est touché par les plans des rayons lumineux, on ramènera d'abord les points 3 et 4 de la projection D^v sur la projection D^{iv}, ce qui déterminera la hauteur de chacun d'eux au-dessus de la ligne $A''Z^{iv}$ et, par conséquent, au-dessus du plan horizontal de projection.

Ces hauteurs, portées au-dessus de la ligne $A''Z''$ sur les perpendiculaires abaissées des points 3 et 4 de la projection horizontale m, détermineront les projections 3 et 4 des mêmes points sur le plan vertical $A''Z''$.

Les perpendiculaires abaissées des points 3 et 4 de la circonférence m'' sur le plan $A'''Z'''$ perceront ce plan en deux

)oints qui , rabattus en $a'''z'''$, détermineront les **deux généra-**
rices de séparation sur la projection D'''.

L'épure étant disposée comme nous venons de le dire, si
'on veut obtenir l'ombre du point 3, on tracera sur la pro-
ection $B'''D'''$ le rayon lumineux 3-3, et l'intersection de ce
ayon avec la circonférence s''' déterminera le point cherché
lont la projection horizontale sera située sur la projection
iorizontale 3-3 du même rayon.

Si l'on a bien opéré, le résultat doit coïncider avec celui
jue l'on avait obtenu précédemment.

On pourra déterminer ou vérifier de la même manière au-
ant de points que l'on voudra.

Ainsi, pour obtenir l'ombre du point 8 de la circonférence m, on le projettera successivement sur les circonférences m^v, m^{iv}, m'' et m'''; puis le rayon 8-8 de cette dernière
projection percera le cylindre B''' en un point que l'on ramènera sur le rayon 8 de la projection horizontale.

La projection $B'''D'''$ est utile surtout lorsque l'on veut
obtenir un point situé sur une génératrice déterminée du cylindre B.

Supposons, par exemple, que l'on veut obtenir les points
suivant lesquels la courbe à double courbure touche la génératrice 12, qui forme l'une des limites de la projection horizontale du cylindre B.

On remarque que cette ligne se projette par le point 12
sur la circonférence B'''.

Or le rayon lumineux passant par ce point déterminera sur
la circonférence m''' un point 12 qui sera la projection commune à deux points que l'on ramènera successivement sur les
courbes m'' et m, et l'on pourra vérifier ces dernières projections en déterminant les mêmes points sur les circonférences m^v et m^{iv}.

Les deux points 12 de la circonférence m étant déterminés et vérifiés, on tracera les **rayons correspondants, et**

les intersections de ces rayons avec la génératrice 12 du cylindre B feront connaître les deux points suivant lesquels cette droite est touchée par la projection horizontale de la courbe à double courbure demandée.

Si, comme j'ai engagé à le faire, on veut construire tout entière la courbe de pénétration des deux cylindres, on fera bien de déterminer les points suivant lesquels cette courbe coupe la génératrice 7 du cylindre BB'.

Pour cela, on tracera le rayon 9-9 sur la projection B'''D'''. Le point 9 de la circonférence m''' sera la projection commune à deux points dont on vérifiera les projections horizontales en les amenant successivement sur les projections m'', m, m^v et m^{iv}.

Les projections horizontales des rayons lumineux passant par ces deux points rencontreront la génératrice 7 du cylindre B suivant les deux points 9 demandés.

Le rayon du point 10 de la projection m''' percera le cylindre B''' suivant un point 10, et la projection horizontale de la génératrice passant par ce point sera tangente à la projection de la courbe cherchée.

Si l'on veut déterminer le point de tangence, on projettera le point 10 successivement sur m'', m, m^v et m^{iv}, puis la projection horizontale du rayon 10-10 déterminera le point demandé sur la perpendiculaire abaissée par le point 10 de la circonférence B'''.

En opérant de la même manière, on déterminerait le point suivant lequel la courbe est touchée par la génératrice 11 du cylindre B''' : cette ligne, trop près de la génératrice 12, ne peut pas être tracée en projection horizontale.

4° *opération*. ▬ La projection auxiliaire B'''D''' sera encore très-commode pour construire les ellipses suivant lesquelles le cylindre B est coupé par les plans des rayons lumineux tangents au cylindre D.

En effet, en opérant comme nous l'avons fait pour les points de la courbe à double courbure, il est évident que l'on pourra obtenir autant de points que l'on voudra des ellipses demandées.

Ainsi, pour déterminer ou vérifier le point 13 sur la projection horizontale du cylindre B, on tracera sur la projection B'''D''' le rayon tangent au cylindre B'''. Ce rayon rencontrera la ligne de séparation 3-3 au point 13, dont la projection horizontale, située sur la ligne de séparation 3-3, déterminera le rayon 13-13, et, par suite, le point 13 sur la ligne de séparation 1-1 du cylindre B.

Pour obtenir le point 6 de l'ellipse 13-6-3, on construira le rayon 6-6 sur la projection B'''D'''; on obtiendra sur la ligne 3-3 le point 6, dont la projection horizontale détermine le rayon 6-6 et, par suite, le point 6 sur la génératrice 7 du cylindre D.

On agira de la même manière pour tous les autres points de la même ellipse ou de l'ellipse 19-18-4.

Pour construire ces courbes tout entières, on supposera les rayons prolongés jusqu'à leur rencontre avec la partie opposée du cylindre B'''.

Les mêmes moyens seront encore employés pour construire les ellipses 17-18, 20-21 provenant de la section du cylindre B par les plans des rayons lumineux qui s'appuient sur les deux arêtes horizontales 17-47 et 47-31 du prisme R.

Pour cela, il faudra commencer par projeter ces deux arêtes sur le plan vertical A''Z'', et de là sur le plan A'''Z''' rabattu en a'''z'''.

Cela étant fait, si l'on veut obtenir l'ombre du point 17, on tracera le rayon correspondant sur la projection B'''D''', et l'intersection de ce rayon avec le cylindre B''' déterminera le point cherché sur le plan horizontal de projection.

On déterminera de la même manière l'ombre portée par le sommet 47 du prisme R, et l'on remarquera que ce point doit être situé à la rencontre des deux arcs d'ellipse qui forment les ombres portées sur le cylindre BB' par les arêtes horizontales 17-47 et 47-31 du prisme R.

L'ellipse 17-42, étant située dans un plan vertical, doit être projetée par une droite sur le plan horizontal de projection.

Cette droite contient évidemment le point 17.

Pour vérifier le point 18, suivant lequel se rencontrent les deux arcs d'ellipse 17-18 et 18-19, on pourra opérer de la manière suivante :

1° ▬▬ On déterminera sur la projection A'Z' le point 49, suivant lequel la face supérieure et horizontale du prisme R est percée par la ligne de séparation 4-4 du cylindre D';

2° ▬▬ On projettera le point 49 sur le plan horizontal de projection, et l'on tracera la droite 49-18 parallèle à la trace horizontale 34-32 du plan qui touche le cylindre D suivant la génératrice 4-4;

3° ▬▬ Le rayon de lumière 18-18 sera l'intersection du plan tangent, dont nous venons de parler, par le plan des rayons lumineux qui s'appuient sur l'arête 17-47 du prisme R, et les ellipses 17-18 et 18-19, suivant lesquelles ces plans coupent le cylindre D, doivent se rencontrer suivant deux points situés sur le rayon 18-18.

110. Projection verticale des ombres. Nous n'avons encore rien dit de la projection des ombres sur le plan vertical A'Z', parce que les projections auxiliaires précédentes ont suffi pour déterminer toutes les projections horizontales.

Or il est évident que, pour obtenir les projections verticales, il ne reste plus que l'embarras du choix.

En effet, on pourra déterminer chaque point en élevant par sa projection horizontale une perpendiculaire à la ligne A'Z', jusqu'à la rencontre de la génératrice ou du rayon de lumière qui contient le point demandé; ou bien on peut déterminer ce point par l'intersection de la génératrice avec le rayon de lumière, et réserver la perpendiculaire à la ligne A'Z' comme vérification.

Enfin, si l'on veut s'exercer sur les rabattements, on fera usage des projections auxiliaires A'''Z''' et A'ᵛZ'ᵛ, qui, on doit se le rappeler, sont perpendiculaires au plan vertical de projection.

Ainsi, par exemple, pour déterminer la projection verticale du point 3 suivant lequel la courbe à double courbure touche l'ellipse 13-6 3, on se rappellera que ce point est l'intersection du cylindre BB' par le rayon lumineux qui s'appuie sur le point 3 de la circonférence m.

Or le point 3 de la circonférence mᵛ étant ramené sur les projections m et m'ᵛ, sa hauteur au-dessus du plan horizontal de projection sera connue.

Cette hauteur portée au-dessus de la ligne A'Z' détermine le point 3 de la circonférence m'; et l'on sait d'ailleurs que ce même point peut être déterminé ou vérifié en construisant sa projection sur les plans auxiliaires m'ˣ et m'''.

Cela étant fait, on établira le point 3 sur la circonférence mᵛ', en faisant la distance 43-3 de la projection Aᵛ'Zᵛ' égale à la distance 48-3 de la projection horizontale.

Le point 3 de la projection mᵛ' étant amené sur la circonférence mᵛ'', on tracera le rayon lumineux correspondant, et l'intersection de ce rayon avec le cylindre Bᵛ'' déterminera le point demandé que l'on ramènera sur le rayon 3-3 de la projection A'Z' par une perpendiculaire à la charnière de rabattement V'Vᵛ''.

Le rayon lumineux passant par le point 50 déterminera sur Bᵛ'' le pied de la génératrice de B', qui est tangente à la projection verticale de la courbe à double courbure.

111. Point suivant lequel se touchent les deux cylindres. Ce que nous venons de dire suffit pour faire comprendre comment on pourra déterminer ou vérifier les projections verticales de tous les points obtenus précédemment sur le plan horizontal de projection ; mais, pour résumer en quelque sorte toute l'épure, j'énoncerai successivement chacune des opérations nécessaires pour obtenir et vérifier les deux projections principales o et o' du point suivant lequel les deux cylindres se touchent.

1ʳᵉ *opération.* ▬▬ La première détermination du point dont il s'agit aura lieu sur la projection $B'''D'''$, et sera située au milieu de la droite $s'''h'''$ qui exprime la plus courte distance des axes des deux cylindres.

2ᵉ *opération.* ▬▬ On remarquera que le point o''' est situé en même temps sur la génératrice 44 du cylindre BB' et sur la génératrice 11 du cylindre DD' ; d'où il résulte qu'il se projettera partout sur les projections de ces génératrices. Or, par suite de la perpendicularité des deux cylindres, la génératrice 11 du cylindre DD' se confond sur la projection verticale $B''D''$ avec la projection verticale $d''m''$ de l'axe du cylindre D'' ; de sorte que le point o''' de la projection $B'''D'''$ étant projeté sur $a'''z'''$, on pourra le ramener en $A'''Z'''$, d'où l'on déduira facilement sa projection o'' sur $d''m''$.

3ᵉ *opération.* ▬▬ La perpendiculaire abaissée sur XX'' par le point o''' de la projection $B'''D'''$ rencontrera la perpendiculaire abaissée sur $A''Z''$ par le point o'' de la projection $B''D''$ en un point o qui sera la projection horizontale du point demandé.

4ᵉ *opération.* ▬▬ On peut obtenir directement la projection verticale du même point en élevant par sa projection horizontale une perpendiculaire à la ligne $A'Z'$ jusqu'à ce qu'elle rencontre l'une des génératrices 11 ou 44 au point o, suivant lequel ces deux génératrices se rencontrent. On peut aussi prendre la hauteur du point o'' sur la projection $A''Z''$.

Mais on fera bien, comme étude, de vérifier la position de ce même point en la déduisant de la projection $B'''D'''$.

Pour y parvenir, on projettera le point o''' sur $a'''z'''$, que l'on ramènera en $A'''Z'''$, ce qui donnera le point o'' sur la projection D'' du cylindre D.

Puis les perpendiculaires abaissées sur $V'V'''$ et sur $A'''Z'''$ par les projections correspondantes du point demandé devront aboutir à la projection verticale o' de ce point.

Enfin, toutes les opérations précédentes seront vérifiées si les deux projections principales o et o' sont situées sur une même droite perpendiculaire à la ligne $A'Z'$.

112. Résumé. Je ne prolongerai pas plus loin l'explication des détails nécessaires pour compléter cette épure; je pense que ce qui précède suffit pour faire comprendre ce qui reste à faire.

Ainsi, en résumant, le lecteur pourra reconnaître *dix plans de projection*, que je désignerai par leurs traces successives, savoir :

1° ▬ Le plan horizontal de projection ;

2° ▬ Le plan vertical $A'Z'$;

3° ▬ Le plan vertical $A''Z''$ parallèle au cylindre B ;

4° ▬ Le plan $A'''Z'''$ perpendiculaire au cylindre B'' est rabattu dans la position $a'''z'''$ parallèle au plan horizontal ;

5° ▬ Le plan vertical $A^{iv}Z^{iv}$ parallèle au cylindre D.

6° ▬ Le plan $A^{v}Z^{v}$ perpendiculaire au cylindre D'' est rabattu en $a^{v}z^{v}$ et parallèle alors au plan horizontal ;

7° ▬ Le plan $A^{vi}Z^{vi}$ est parallèle au cylindre B' et perpendiculaire au plan vertical de projection $A'Z'$;

8° ▬ Le plan $A^{vii}Z^{vii}$ perpendiculaire au cylindre B'' est rabattu en $a^{vii}z^{vii}$ autour de la droite $V'V^{vii}$ perpendiculaire au plan $A^{vii}Z^{vii}$ et parallèle, par conséquent, au plan vertical de projection $A'Z'$;

10

9° ▬▬ Le plan A^{viii}Z^{viii} est parallèle au cylindre D' et perpendiculaire au plan de projection A'Z';

10° ▬▬ Enfin, le plan A^{ix}Z^{ix} perpendiculaire au cylindre D^{viii}
est rabattu en $a^{\text{ix}}z^{\text{ix}}$ autour de la droite U'U^{ix} et, par suite
de ce rabattement, devient parallèle au plan vertical A'Z'.

J'aurais certainement pu éviter quelques-uns de ces plans
de projection, mais alors j'aurais diminué les occasions d'exercices ou de vérifications, ce qui aurait été contraire au but que
je me suis proposé en donnant cette épure, que l'on doit principalement considérer comme une étude sur les rabattements.

———————

**113. Problèmes d'ombres sur quelques surfaces de
révolution.** Quoique le plan adopté pour ce recueil d'exercices me permette de passer sans préparation d'un sujet à
un autre entièrement différent, je tâcherai cependant, lorsque rien ne s'y opposera, de rattacher autant que possible les
questions qui ont entre elles quelque analogie et qui, par cette
raison, peuvent se prêter un secours réciproque. C'est pourquoi
je vais publier successivement quelques planches sur un certain nombre de questions relatives à la théorie des ombres
portées sur les surfaces de révolution.

On sait qu'une surface de révolution est engendrée par le
mouvement d'une ligne courbe ou droite, tournant autour
d'une droite immobile que l'on nomme son *axe*. La nature
de la surface dépend de la courbe que l'on a choisie pour génératrice et qui est presque toujours une section méridienne;
et lorsque cette ligne est un cercle, la surface engendrée se
nomme *surface annulaire ou tore*.

114. Beaucoup de moulures, dans les bases et chapitaux
de colonnes, dans les pieds de vases, dans les cintres de
portes et de fenêtres; un grand nombre des pièces principales dans les machines, et enfin presque tous les objets

exécutés sur le tour, sont des solides de révolution ; et toute surface de révolution pouvant être considérée comme composée elle-même d'une suite de zones ou fractions de surfaces annulaires, il est utile d'étudier avec le plus grand soin tout ce qui se rapporte à cette espèce de surface, c'est pourquoi, pour l'intelligence des épures qui doivent suivre, je reprendrai la question déjà publiée dans mon *Traité des Ombres* et qui a pour but de déterminer les lignes de séparations et d'ombre portée sur la surface annulaire ou tore.

La figure 77, *pl.* **17**, est la projection verticale de la surface donnée ; la section génératrice se compose de deux cercles *aceg*, qui ont pour centres les points *oo'*.

L'axe de la surface étant vertical se projette sur le plan horizontal (*fig.* 78) par le point *l'*, et les circonférences décrites de ce point avec les rayons *l'*-5, *l'*-6, représentent la plus grande et la plus petite section horizontale du tore. Cette dernière section se nomme le *cercle de gorge*.

Si le cercle générateur touchait l'axe de la surface, le cercle de gorge serait un point, et la section méridienne se composerait de deux cercles tangents.

Si le centre du cercle générateur se rapprochait de l'axe, la forme de la surface se rapprocherait de celle de la sphère, et ne différerait pas de cette dernière surface si le centre de cercle générateur se trouvait situé sur l'axe de la surface de révolution, ce qui permet de considérer la sphère comme un cas particulier des surfaces annulaires.

Ligne de séparation.

115. La teinte de points qui existe sur la projection verticale (*fig.* 77) indique la partie ombrée qui est derrière la surface du tore et qui par conséquent est cachée.

On n'a pas mis de teinte sur la partie creuse engendrée par la demi-circonférence *aeg*.

Sur la projection horizontale (*fig* 78) on n'a ombré que les parties vues.

La ligne de séparation se compose de deux courbes entièrement indépendantes l'une de l'autre.

La première est située sur la portion de surface engendrée par la demi-circonférence *acg*.

La deuxième appartient à la portion de surface engendrée par la demi-circonférence *aeg*.

Tous les points de ces deux courbes ont été obtenus par la méthode des plans tangents aux cylindres projetants (*Géométrie descriptive*).

Voici l'ordre des opérations :

La perpendiculaire s'-s'' abaissée (*fig.* 78) sur la trace du méridien D percera ce plan en un point, dont la projection horizontale s'', ramenée en s''' sur la trace du méridien B, déterminera s^{iv} (*fig.* 77), de sorte que s^{iv}-l sera la projection du rayon de lumière sur le plan du méridien D.

Cela étant fait, les deux diamètres 1-2, 4-3 perpendiculaires à s^{iv}-l détermineront les points 1, 2, 3, 4 suivant lesquels la surface du tore serait touchée par quatre plans parallèles aux rayons de lumière s^{iv}-l et perpendiculaires au plan du méridien D.

Les points 1, 2, 3, 4 projetés (*fig.* 78) en 1′, 2′, 4′ et 3′ sur la trace du méridien B seront ramenés de là en 1″, 2″, 4″ et 3″, sur la trace du méridien D, d'où on déduira leurs projections verticales 1‴, 2‴, 4‴, 3‴ (*fig.* 77).

En opérant de la même manière, on obtiendra quatre points dans chaque méridien.

On fera bien de multiplier les opérations dans le voisinage des points 5, 6, 7, 8, parce que c'est dans cette partie des lignes de contact que les variations de courbure sont les plus sensibles.

Les projections verticales des deux courbes se coupent

(*fig.* 77) dans le plan du méridien C en deux points 23 et 24 que l'on devra déterminer avec exactitude.

Quelques points pourront être obtenus plus facilement par suite de la position particulière des méridiens qui les contiennent. Ainsi, par exemple :

Les deux diamètres 9-10, 11-12 perpendiculaires à la projection verticale *s-l* du rayon lumineux, déterminent sur la section méridienne principale les quatre points suivant lesquels la surface serait touchée par quatre plans perpendiculaires au plan vertical de projection et parallèles à la direction de la lumière.

Ces quatre points auront leurs projections horizontales sur la trace du méridien B.

La trace du méridien FF (*fig.* 78), perpendiculaire à la projection horizontale *s'-l'* du rayon lumineux, déterminera les quatre points 5, 6, 7, 8, suivant lesquels la surface serait touchée par quatre plans verticaux et parallèles aux rayons de lumière.

Ces quatre points appartenant au plus grand parallèle et au cercle de gorge, leurs projections verticales 5', 6', 8', 7' seront situées sur la ligne horizontale *c-c*.

· Si nous faisons tourner le méridien A jusqu'à ce qu'il soit venu coïncider avec le méridien B, le point *s'* viendra se placer en *s^v*, d'où on déduira *s^{vi}*, de sorte que *s^{vi}-l* sera le rayon de lumière lui-même ramené dans le plan du méridien principal.

Les deux diamètres 13-14, 15-16, perpendiculaires à *s^{vi}-l*, détermineront alors les quatre points suivant lesquels la surface serait touchée par quatre plans parallèles aux rayons lumineux et perpendiculaires au plan du méridien A.

Ces quatre points projetés horizontalement sur la trace du méridien B et ramenés de là à leur place dans le plan du méridien A, donneront 13', 14', 15', 16', d'où l'on déduira leurs projections verticales 13'', 14'', 15'', 16'' (*fig.* 77).

Ce sont les points les plus élevés et les plus bas des deux courbes de contact.

On peut aussi abréger beaucoup le travail en ayant égard à la symétrie.

Ainsi, les points obtenus dans le méridien D pourront être reportés à la même distance du centre, sur la trace du méridien D' et de là projetés à la même hauteur sur la figure 77.

Les points situés dans le méridien E' se déduiront de la même manière de ceux qui appartiennent au méridien E.

Enfin les points des méridiens B, C donneront ceux des méridiens B', C'.

Ainsi l'une des deux lignes de contact aura pour projection horizontale la courbe 5-1″-15′-11′-7-3″-13′-9′-5 et pour projection verticale 5′-1‴-15″-11-7′-3‴-13″-9-5′

La seconde ligne a pour projection horizontale la courbe 6-2″-16′-12′-8-4″-14′-10′-6 et pour projection verticale 6′-2‴-16″-12-8-4‴-14″-10-6′.

La première de ces deux courbes touche la section méridienne principale aux points 9 et 11, et la seconde la touche aux points 10 et 12.

Ombres portées.

116. La courbe extérieure servira de directrice au cylindre oblique formé par les rayons lumineux qui s'appuient sur la surface.

L'intersection de ce cylindre avec les plans de projection ne présentera pas de difficultés.

L'ombre portée par la courbe intérieure exigera plus d'attention.

Pour bien concevoir la nature de cette ligne, supposons qu'un rayon lumineux glisse parallèlement à lui-même en s'appuyant sur la courbe 8-14′-6-16′-8 (*fig.* 78), la surface cylindrique engendrée par le mouvement de ce rayon se composera de quatre parties bien distinctes, savoir :

1° Une première partie ayant pour directrice la portion de courbe v'-14'-u' et pour trace horizontale v''-14''-u'' ;

2° La seconde partie aura pour directrice la courbe u'-6-m', et pour trace u''-6''-m'' ;

3° La troisième partie a pour directrice la courbe m'-16'-n' et pour trace m''-16''-n'' ;

4° Enfin la quatrième partie a pour directrice n'-8-v' et pour trace n''-8''-v''.

Ces quatre parties sont séparées les unes des autres par les rayons lumineux u'-u'', m'-m'', n'-n'', v'-v''. Ces rayons forment sur la surface quatre arêtes de rebroussement et déterminent par leur intersection avec le plan horizontal les quatre points u'', m'', n'', v'', qui sont eux-mêmes des points de rebroussement pour la courbe u''-v''-n''-m''.

On remarquera que la courbure change de sens toutes les fois que le rayon lumineux devient tangent à la courbe de contact 14'-6-16'-8.

Ce qui a lieu aux quatre points u', m', n', v'.

A tous les autres points, le rayon de lumière fait avec cette courbe des angles plus ou moins grands.

Les deux parties qui ont pour traces les courbes u''-14''-v'', m''-16''-n'' se coupent suivant les deux rayons lumineux x'-x''', z'-z''' placés symétriquement par rapport au méridien A.

Ces deux rayons, après avoir touché la surface du corps en dessus, aux points x', z', touchent une seconde fois cette même surface en dessous aux points x'', z'', et vont ensuite percer le plan horizontal aux deux points x''', z'''.

117. Les rayons lumineux qui s'appuient sur la portion de courbe x'-u' ne peuvent pas arriver jusqu'au plan horizontal. Ils sont arrêtés dans leur cours par la masse du corps et produisent, par leur intersection avec la surface, une courbe u'-10'''-x'' qui est par conséquent l'ombre portée dans la gorge de l'anneau par la partie x'-u' de la courbe de contact.

Pour obtenir un point quelconque de la courbe $u'x''$, on peut employer le principe des plans coupants (8). Ainsi, par exemple, si l'on veut avoir l'ombre portée par le point 10, 10', on opérera de la manière suivante :

1° On concevra le plan vertical P-p contenant le rayon de lumière du point 10.

2° En élevant des perpendiculaires par les points où ce plan coupe les cercles horizontaux de la surface, on aura la courbe q-10''-y (*fig.* 77).

3° L'intersection de cette courbe par le rayon lumineux du point 10 détermine 10'', et par suite 10''' pour les deux projections de l'ombre du point 10, 10'.

Le point 20 où la courbe u'-10'''-x'' (*fig.* 78) touche le cercle de gorge se déduira du point où la projection verticale u-20-10''-x^{iv} (*fig.* 77) rencontre l'horizontale e-e qui est la projection verticale du cercle de gorge.

On opérera de la même manière pour construire la courbe v'-z'' qui est l'ombre portée par la courbe z'-v'.

118. Les différents points des courbes u'-10'''-x'' et v'-z'' (*fig.* 78), peuvent encore être obtenus d'une autre manière.

Supposons par exemple, que l'on veuille déterminer ou vérifier le point 17 suivant lequel la courbe $v'z''$ touche le cercle de gorge.

On concevra tous les rayons lumineux qui s'appuient sur ce cercle horizontal ee, $e'e'$, et sur la portion de courbe zv, $z'v'$ dont on cherche l'ombre.

L'ensemble de tous ces rayons formera évidemment deux surfaces cylindriques parallèles à la direction de la lumière, et par conséquent parallèles entre elles.

L'intersection de ces deux surfaces cylindriques sera le rayon qui s'appuie sur les deux courbes directrices et qui détermine par conséquent l'ombre portée sur l'une de ces courbes par un point de la seconde.

Ainsi, pour obtenir sur le cercle de gorge le point qui appartient à l'ombre portée par la courbe $z'v'$ (*fig.* 78), on tracera le rayon de lumière qui contient le centre 18 du cercle *ee* (*fig.* 77).

Ce rayon percera le plan horizontal de projection suivant un point $18''$ qui sera le centre de la circonférence $e''e''$ égale à la projection horizontale $e'e'$ du cercle de gorge.

La circonférence $e''e''$ sera la trace horizontale du cylindre formé par les rayons lumineux qui s'appuient sur le cercle de gorge *ee*, $e'e'$.

Or la courbe u''-$14''$-v'' (*fig.* 78) est la trace du cylindre formé par les rayons lumineux qui s'appuient sur la ligne de séparation u'-$14'$-v'. Il s'ensuit que le point $17''$ suivant lequel ces deux traces se rencontrent, appartient au rayon 17, commun aux deux surfaces cylindriques, et les projections du rayon de lumière 17, détermineront les deux projections 17 et $17'$ du point suivant lequel la projection horizontale du cercle de gorge est touchée par la courbe v'-17-z'' (*fig.* 78).

On opérera de la même manière pour déterminer le point 19 sur le parallèle dont la projection verticale est rt.

119. Il est évident que l'opération précédente est un cas particulier du problème général qui aurait pour but de déterminer le point d'ombre porté sur une courbe quelconque aa' (*fig.* 4, *pl.* 18) par un point d'une autre courbe quelconque bb'.

Or, en raisonnant comme nous venons de le faire, on sera conduit aux opérations suivantes :

1° Les rayons lumineux qui s'appuyent sur la courbe aa' forment dans l'espace, une surface cylindrique dont on construira la trace horizontale a''.

2° Les rayons lumineux qui s'appuyent sur la courbe bb', formeront une seconde surface cylindrique dont on construira la trace horizontale b''.

3ᵘ Le point *n* suivant lequel les deux traces horizontales *a″* et *b″* se coupent, déterminera le rayon *mn*, *m′n′* commun aux deux cylindres, et le point *uu′* suivant lequel ce rayon rencontre la courbe *aa′* sera l'ombre portée sur cette courbe, par le point *mm′* de la courbe *bb′*.

120. Si les deux lignes données *aa′* et *bb′* étaient droites (*fig.* 1) les cylindres formés par les rayons lumineux qui s'appuient sur ces lignes, seraient remplacés par deux plans, la droite *mn*, *m′n′* intersection de ces deux plans, serait le rayon lumineux qui s'appuie sur les deux droites données et le point *uu′* suivant lequel ce rayon rencontre la droite *aa′* serait l'ombre portée sur cette ligne par le point *mm′* de la droite *bb′*. Il est évident que l'on pourrait opérer de la même manière s'il s'agissait d'obtenir le point d'ombre porté par une droite sur une courbe, ou par une courbe sur une droite.

121. On conçoit également que la même opération peut donner plusieurs points ; ainsi la construction que nous avons indiquée au numéro 118, déterminera évidemment deux points sur le cercle *ee* (*fig.* 77) et deux points sur le cercle *rt*.

En général, la trace du cylindre formé par les rayons lumineux qui s'appuyent sur la ligne de séparation, rencontrera la trace du cylindre formé par les rayons lumineux qui s'appuient sur la courbe donnée, suivant des points qui détermineront tous les rayons lumineux passant par les points d'ombre cherchés, et tous les points d'ombre portés par une courbe sur l'autre, pourront ainsi être déterminés par une seule opération.

La méthode précédente est surtout très-commode, parce qu'elle permet de choisir à volonté la ligne sur laquelle on veut obtenir les points d'ombres portés par la ligne de séparation.

Considérations générales.

122. Le tracé des ombres sur les dessins des ingénieurs n'exige pas une exactitude aussi absolue que celle qui est nécessaire dans quelques autres applications de la géométrie descriptive.

On sait que ce n'est pas sur des dessins ombrés que s'exécutent la plupart des travaux qui demandent une grande exactitude. Les charpentiers, les tailleurs de pierres, les constructeurs de machines, n'ombrent pas les épures qui servent à déterminer les dimensions de l'objet qu'ils exécutent, et s'ils tracent les ombres sur quelques-uns de leurs dessins, c'est plutôt pour mieux faire comprendre la forme des objets représentés que pour en faciliter l'exécution.

Il n'est donc pas toujours nécessaire que les ombres soient tracées avec une précision mathématique, et pourvu que l'on fasse comprendre parfaitement la forme de l'objet, on aura rempli le but que l'on s'était proposé.

Ainsi un dessinateur habile ne prendra pas le compas à chaque instant pour tracer les ombres sur une machine ou sur un monument ; l'analogie plus ou moins grande qui existe entre la surface du corps qu'il veut ombrer et quelques-uns des exemples qu'il a étudiés *géométriquement*, lui permettra toujours de construire les courbes de séparation et d'ombres portées, avec une exactitude suffisante pour donner à son dessin l'air de vérité qu'il doit avoir.

Le peintre qui aura fait quelques études géométriques des ombres, reconnaîtra évidemment dans les courbes de séparation qui ont lieu sur les draperies, sur les membres du corps humain et sur les muscles principaux, quelques-uns des effets produits par la lumière sur les cylindres, les cônes ou la sphère. Les contours de la tête, du nez, du menton, reproduiront plus ou moins les courbes que l'on rencontre sur les principaux corps géométriques. Les ombres portées dans la cavité occupée par l'œil, lui rappelleront l'ombre portée dans une niche sphérique ou elliptique par l'arc qui en forme le contour.

Ce n'est donc pas, comme paraissent le croire quelques artistes, pour tracer les ombres avec le compas que les études actuelles sont nécessaires ; l'essentiel, avant tout, est de comprendre pour quelle raison une ligne d'ombre est plus ou moins courbe, pourquoi elle est courbe dans un sens plutôt que dans l'autre ; enfin, de s'habituer à reconnaître et à *prévoir* par le raisonnement comment ces courbes peuvent être modifiées par les changements divers qui peuvent avoir lieu dans la direction de la lumière ou dans son intensité.

Enfin, pour les artistes, les études géométriques n'ont pas pour but de leur apprendre à dessiner, mais de leur apprendre à regarder.

En effet beaucoup d'entre eux, se laissant égarer par leur imagination, ne dessinent pas les objets comme ils les voient, mais comme ils croient les voir.

Ils ignorent qu'un objet, quoique parfaitement dessiné, paraîtra trop petit si les ombres sont trop grandes, et trop grand s'il est trop exposé à la lumière.

Un homme, dans les proportions les plus exactes, paraîtra trop grand ou trop petit s'il est placé à côté d'une colonne trop petite ou trop grande, trop obscure ou trop éclairée ; beaucoup d'entre eux ne confondraient pas le trop court avec le raccourci s'ils avaient étudié la perspective, ou au moins les projections obliques des corps. Ce qui leur permettrait de comprendre l'admirable ouvrage de Jean Cousin, qui avait si bien deviné la géométrie descriptive.

Les artistes habiles sentent parfaitement toutes ces choses, mais un grand nombre, ignorant les causes des nombreuses illusions d'optique produites par la combinaison des ombres de

la lumière et de la perspective, font des efforts inutiles pour
s'en affranchir et ne parviennent souvent à faire disparaître un
défaut apparent qu'en produisant à côté un défaut réel.

123. Les réflexions qui précèdent expliquent pourquoi je
me suis particulièrement attaché, dans cet ouvrage, à l'étude
des objets que l'on rencontre le plus souvent dans la pratique.

Or, après les polyèdres et les trois corps ronds élémentaires,
savoir : le cylindre, le cône et la sphère, les objets que l'on a
le plus souvent occasion de dessiner ont plus ou moins d'a-
nalogie avec ce que l'on appelle en géométrie, solides de ré -
volution.

La forme presque toujours gracieuse de ces sortes de corps
et le bon marché qui résulte de la facilité de leur exécution sur
le tour en a fait multiplier à l'infini toutes les variétés.

Mais si l'on considère avec attention la section méridienne
d'une surface de révolution quelconque, on pourra toujours
considérer cette ligne comme composée d'un certain nombre
d'arcs de cercles qui se raccorderaient.

Ainsi, par exemple, la méridienne *acvu* (*fig.* 7) étant une
courbe à *trois centres* composée des arcs *ac*, *cv* et *vu*, la zone
acac sera une portion de la surface annulaire engendrée par le
cercle qui a son centre au point 1.   .

La zone *cvcv* appartient à une seconde surface annulaire
engendrée par le cercle décrit du point 2 comme centre.

Enfin, la zone *vuvu* fait partie d'une troisième surface annulaire qui a pour centre le point 3.

La première zone se raccorde avec la deuxième, parce
qu'elles sont touchées toutes les deux par une même surface
cylindrique, suivant la circonférence du cercle horizontal *cc*.

La seconde zone se raccorde avec la troisième, parce qu'elles
sont touchées toutes les deux suivant le cercle *vv* par un cône
circulaire qui a son sommet au point *s*.

La section méridienne de la surface de révolution représentée sur la figure 9 est également une courbe à trois centres composée de trois arcs de cercles *mn*, *no*, *ox* qui se raccordent aux points *n* et *o* ; de sorte que la surface toute entière peut être considérée comme composée de trois zones ou parties de surfaces annulaires qui se raccordent suivant les cercles *nn* et *oo*.

124. Toute surface de révolution peut donc être considérée comme composée d'une suite de zones qui se raccordent et dont chacune provient d'une surface annulaire ou tore. C'est pourquoi on ne saurait étudier avec trop de soin tout ce qui se rapporte à cette espèce de surface.

Or, si l'on ne veut pas être obligé de prendre à chaque instant le compas pour tracer les ombres sur un dessin, il ne suffit pas d'exécuter une épure d'ombre pour une direction déterminée des rayons lumineux. Cela serait tout au plus suffisant pour les dessins de l'ingénieur, mais si l'on veut acquérir le sentiment exact des effets de la lumière, il faut se familiariser avec toutes les transformations que subissent les courbes de séparations et d'ombres portées, lorsque l'on déplace la lumière ou l'objet éclairé.

125. D'après cela, concevons (*fig.* 8) la surface annulaire ou tore engendrée par le cercle A, et supposons, pour plus de simplicité, que la lumière·soit parallèle au plan vertical de projection.

Si l'on fait prendre au rayon lumineux les inclinaisons successives indiquées sur la projection verticale, par les droites, *s*-1, *s*-2, *s*·3, etc., et si l'on construit les projections verticales et horizontales de toutes les lignes de séparation correspondantes, on obtiendra successivement les courbes tracées sur les deux projections de la figure, depuis le cas où le rayon de lumière *s*-1 est vertical jusqu'au moment où il devient horizontal comme cela est indiqué par sa projection verticale *s*-6.

Toutes ces courbes ont été obtenues par la méthode indiquée au numéro 115, et chacune d'elles est déterminée par douze points situés dans les plans méridiens P P$_1$ P$_2$ P$_3$ P$_4$ P$_5$.

La partie vue de chaque courbe est tracée en ligne pleine, tandis que la partie cachée est tracée en points.

Lorsque le rayon lumineux est vertical, il est évident que les deux lignes de séparation se confondent avec le plus grand et le plus petit parallèle ; mais, à mesure que le rayon de lumière s'incline davantage, les deux courbes se transforment en s'approchant toujours des circonférences décrites par le point le plus bas et par le point le plus élevé du cercle générateur A et l'on voit les courbes de séparation coïncider avec ces deux cercles, lorsque le rayon de lumière devient tout à fait horizontal.

126. Il ne faut pourtant pas croire dans ce dernier cas, que chacune des lignes de séparation se compose tout entière de l'un des cercles dont nous venons de parler.

Les choses ne se passent pas ainsi ; et si l'on veut comprendre ce qui a lieu dans cette circonstance, il faut comparer la figure 11 avec la courbe que l'on obtient figure 10 lorsque le rayon de lumière est presque horizontal.

Pour éviter la confusion, j'ai désigné par les mêmes chiffres les points qui ont une projection verticale commune : ainsi, sur les deux figures, la ligne de séparation intérieure passe par les points 1-2-3-4-5, tandis que la ligne de séparation extérieure contiendra les points 6-7-8-9-10, et l'on voit par conséquent que, sur la figure 11, la première de ces deux courbes comprendra :

1° Le demi-cercle horizontal 2-1-2 au-dessus de la surface ;

2° Le demi-cercle vertical 2-3-4 dont la convexité est tournée vers l'axe de la surface ;

3° Le demi-cercle horizontal 4-5-4 au-dessous de la surface ;

4° Le demi-cercle vertical 4-3-2.

Tandis que la ligne de séparation extérieure se composera ainsi :

1° Le demi-cercle horizontal 7-6-7 au-dessous de la surface ;

2° Le demi-cercle vertical 7-8-9 ;

3° Le demi-cercle horizontal 9-10-9 au-dessus de la surface ;

4° Le demi-cercle vertical 9-8-7.

De sorte que le rayon lumineux partant du point 7 engendrera une suite de surfaces alternativement planes et cylindriques, dont la directrice passera par les points 7-6-7-8-9-10-9-8 et 7, tandis que la courbe intérieure serait 2-1-2-3-4-5-4-3 et 2.

Pour mieux distinguer les effets qui résultent de cette direction de la lumière, j'ai indiqué par une teinte de lignes pleines la partie du corps qui est limitée par la ligne de séparation, tandis que les teintes ponctuées indiquent l'ombre portée dans la partie de la surface qui est tournée du côté de l'axe, par la partie du corps qui lui est opposée et qui arrête par conséquent les rayons lumineux.

Sur la figure 8 on n'a indiqué par des teintes que les parties ombrées que l'on obtient lorsque le rayon de lumière est parallèle à la droite s-2; et pour que l'on puisse mieux comprendre les transformations diverses de la courbe de séparation, on n'a pas indiqué sur cette projection les ombres qui seraient portées dans chaque cas sur la partie creuse du tore.

127. Les figures 2, 3, 5, 6, 12 et 13 sont les traces horizontales des cylindres formés par les rayons lumineux qui s'appuieraient sur les courbes de séparation intérieures de la fig. 8.

On conçoit parfaitement que si le rayon lumineux était vertical, la ligne de séparation serait le cercle de gorge, dont la projection horizontale se confondrait évidemment avec la trace du cylindre formé par les rayons lumineux qui s'appuieraient sur ce même cercle.

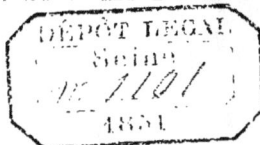

Mais à mesure que le rayon lumineux s'inclinera davantage, les traces des différentes surfaces cylindriques formées par les rayons qui s'appuient sur la partie intérieure de la surface, deviendront successivement semblables aux figures 2, 3, 5, 6, etc.

Chacune de ces courbes contiendra toujours les quatre points de rebroussement dont nous avons parlé au n° 116.

La partie éclairée produite par l'ouverture du cercle de gorge diminuera graduellement, jusqu'au moment où le rayon lumineux touchera en même temps les deux cercles A qui forment la section méridienne de la figure 8.

C'est alors que le cylindre formé par les rayons lumineux aura pour trace horizontale l'ensemble des courbes dessinées sur la figure 5, en prolongeant par la pensée chaque rayon jusqu'au plan horizontal de projection ; car il est évident que lorsque le rayon lumineux sera plus incliné que la tangente commune aux deux cercles A de la figure 8, aucun des rayons lumineux qui s'appuient sur la partie intérieure de la surface ne pourra plus passer, et chacun d'eux étant arrêté par la masse du corps, l'ombre de la ligne de séparation aura lieu tout entière sur le corps lui-même.

Malgré cela, j'engage le lecteur à construire les traces correspondantes aux inclinaisons diverses des rayons lumineux.

On pourra également chercher comme exercices les points suivant lesquels les rayons qui sont arrêtés par la surface du corps, perceraient la paroi opposée de cette surface si ce corps était transparent ; il suffira, dans ce cas, d'opérer comme nous l'avons dit aux n°s 117 et 118.

128. La discussion qui précède est fort utile en ce qu'elle familiarise avec les diverses transformations qui ont lieu dans la forme des ombres par suite des changements opérés dans la direction des rayons lumineux.

C'est par des études de ce genre appliquées à un grand nombre d'objets différents qu'un artiste peut acquérir la science du

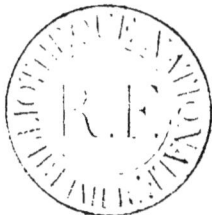

11

coloris , qui ne consiste pas à mettre au hasard du blanc à côté
du noir pour produire des éclats de lumière souvent impos-
sibles , mais à distribuer exactement le jour et les ombres sur
toutes les parties du tableau.

---

129. Deuxième étude sur la surface annulaire. Les
fig. 14 et 15, de la pl. 19, sont les deux projections de la
moitié d'une surface annulaire coupée par le plan du méridien parallèle au plan vertical de projection.

Les lignes de séparation extérieure et intérieure, ont été
déterminées en opérant comme nous l'avons dit au n° 115.

L'inclinaison de la lumière est telle, qu'aucun rayon lumineux ne peut passer dans le vide qui a lieu vers le centre de
la surface , ce qui produit la courbe d'ombre portée 1-10-9-
2'-9-10 et 3.

Cette ligne , intersection de la surface annulaire par les
rayons lumineux qui s'appuyent sur la partie 1-2-3 de la
courbe de séparation intérieure, peut être construite par la
méthode indiquée aux n°ˢ 118 et 119.

Ainsi, pour obtenir les points situés sur le cercle horizontal
$aa, a'a'$, fig. 14 et 15, on concevra les deux surfaces cylindriques formées par les rayons lumineux qui s'appuient sur le
cercle a, a' et sur la ligne de séparation intérieure 1-2-3-
5-6-7.

On coupera ces deux cylindres par un plan horizontal P,
fig. 14 ; on obtiendra par ce moyen, sur la fig. 15, la courbe
M et la circonférence a'' égale et parallèle au cercle horizontal
aa' des fig. 14 et 15.

Les points 10', suivant lesquels la courbe M est coupée
par la circonférence a'', détermineront les rayons lumineux
communs aux deux cylindres.

On projettera les deux points 10' sur la trace verticale du

plan P, fig. 14, et les projections verticales des rayons lumineux correspondants détermineront les points 10 sur la projection verticale a' du cercle aa'; les perpendiculaires abaissées par ces deux points, détermineront leurs projections horizontales sur les projections des rayons correspondants, et sur la projection horizontale a du cercle aa'.

L'opération précédente étant recommencée, on obtiendra autant de points que l'on voudra de la courbe d'ombre portée.

On fera bien de construire les points 9,9 de cette courbe, qui sont situés sur le cercle de gorge.

Si l'on veut déterminer le point 11 suivant lequel la courbe d'ombre portée touche le cercle méridien C' de la fig. 14, on concevra le cylindre formé par les rayons lumineux qui s'appuierait sur la circonférence de ce cercle.

On coupera ce cylindre, et celui qui a pour directrice la ligne de séparation 2-6 par le plan P_1 parallèle au plan vertical de projection, fig. 15.

On obtiendra ainsi, fig. 14, la courbe N et la circonférence C'' égale et parallèle au cercle méridien C'.

Le point 11', suivant lequel ces deux courbes se rencontrent, déterminera le rayon qui s'appuie en même temps sur la ligne de séparation intérieure 2-6 et sur le cercle méridien C'; et le point 11 de ce cercle sera par conséquent l'ombre portée sur cette circonférence, par le point correspondant de la ligne de séparation.

Le point 2' le plus bas de la courbe d'ombre portée, sera déterminé par le plan coupant, vertical P_2.

Ce plan qui contient le rayon SL, coupe la surface annulaire suivant un cercle méridien, dont on évitera facilement la projection elliptique par un rabattement autour de l'axe.

La courbe 1-2-3 étant la seule partie de la ligne de séparation qui soit touchée par les rayons lumineux, il est évident que l'on peut se dispenser de construire toute la partie 8-7-6-5-4 et 3 qui est plongée dans l'ombre, mais l'épure actuelle

étant une étude de principe, j'ai dû conserver entièrement la
courbe suivant laquelle la surface serait touchée par le cylindre parallèle au rayon lumineux, en supposant que le rayon
lumineux générateur de ce cylindre peut traverser librement
toutes les autres parties de la surface du corps.

----

130. Tangentes et points de tangence. Nous aurons
principalement pour but dans l'étude actuelle :

1° ▬▬ *De construire une tangente en un point quelconque de la ligne de séparation ;*

2° ▬▬ *De déterminer les points suivant lesquels la ligne
de séparation intérieure est touchée par le rayon lumineux.*

Nous avons dit au n° 116, que ces points sont au nombre
de quatre.

En effet, il est évident qu'au point 2 de la fig. 15, la tangente à la courbe 1-2-3 est horizontale, tandis que le rayon
lumineux coupe la courbe et sa tangente suivant un angle
droit.

Mais, si l'on fait glisser le point 2 sur la courbe 2-6, en
supposant que ce point entraîne avec lui la tangente et le
rayon lumineux correspondant ; l'angle formé par ces lignes
cessera d'être droit, puisque la tangente change de direction à
chaque instant, tandis que le rayon lumineux reste toujours
parallèle à lui-même : et lorsque l'angle que ces deux lignes
font entre elles, sera réduit à zéro, ce rayon lumineux, se confondant avec la tangente, sera évidemment tangent à la courbe ;
ce qui aura lieu aux quatre points 1, 3, 5 et 7.

Pour ne pas distraire le lecteur, je n'ai pas cru devoir indiquer sur la pl. 17, les opérations nécessaires pour déterminer
rigoureusement les quatre points de tangences u,v, m et n.

D'ailleurs, il n'est pas absolument utile, dans la pratique,
que ces points soient déterminés avec une précision absolue.

Le dessinateur qui aura étudié sur la fig. 8, de la pl. 18, les diverses variations de courbure produites dans la ligne de séparation par les inclinaisons plus ou moins grandes du rayon lumineux, saura toujours placer ces points avec une exactitude suffisante.

Ensuite, si la courbe est construite avec beaucoup de soin, on pourra tracer sur les deux projections, des tangentes parallèles aux rayons lumineux ; puis, après avoir déterminé les points de tangence, par l'un des moyens que j'ai donnés dans le premier chapitre du deuxième livre de ma géométrie descriptive. On pourra considérer le résultat obtenu comme suffisamment exact, si les deux projections de chaque point de tangence sont situées sur une même droite perpendiculaire à la ligne AZ (*fig.* 77 et 78, *pl.* 17).

Les dessinateurs pourront donc, dans la pratique, se contenter de la solution qui précède.

Cependant, pour ne rien laisser à désirer, au point de vue de la théorie, je vais indiquer les moyens d'obtenir rigoureusement les tangentes et les points de tangence à la ligne de séparation.

Mais avant de résoudre ce problème, il faut nécessairement rappeler quelques principes dont la démonstration ne peut trouver place que dans les traités d'analyse.

———

131. Courbure des lignes, cercle osculateur, centres et rayons de courbure. Si par un point A d'une courbe BAD (*fig.* 1, *pl.* 19) on conçoit une tangente AT, la droite AN perpendiculaire sur AT sera une *normale*.

Tout point C pris à volonté sur la normale, pourra servir de centre à un cercle de rayon CA qui touchera la courbe BAD au point A.

132. Il résulte de là, que par un point A d'une courbe

donnée, on peut faire passer une infinité de cercles tangents.

Les uns sont situés entièrement du côté de la partie concave de la courbe ; mais d'autres passent entre la courbe BAD et sa tangente.

Or, il est évident que parmi tous les cercles que l'on peut ainsi concevoir, il doit toujours en exister un qui est plus près de la courbe que tous les autres; c'est ce qu'on appelle *le cercle osculateur* de la courbe au point A.

Sur la fig. **1**, le cercle osculateur est tracé en ligne pleine, et sa surface est teintée en points, tandis que les circonférences des cercles simplement tangents, sont indiquées en lignes ponctuées.

Je dis simplement tangents, car il est évident que le cercle osculateur est plus que tangent.

En effet, concevons, fig. **4**, que la courbe BAD soit rencontrée par un cercle de rayon AO. Ces deux courbes se couperont suivant deux points A et A', que l'on nomme points de *section*.

Si l'on fait tourner le cercle AO autour du point A, de manière à faire arriver le centre O jusqu'au point O', le second point de section se rapprochera du premier, et lorsque ces deux points seront réunis en un seul, le cercle sera tangent à la courbe, et le point qui résultera du rapprochement des deux points de sections, sera un point *de tangence* ou point de contact du premier ordre.

Il est évident que cela ne suffira pas pour produire *l'osculation* entre la courbe et le cercle, qui coïncident l'un avec l'autre au point de tangence, mais qui s'éloignent aussitôt d'une manière sensible en deçà et au delà de ce point.

Or, si nous supposons (*fig.* 3) qu'une circonférence de cercle passe par trois points A', A, A″ pris très-près les uns des autres sur une courbe donnée BAD, la courbure de la courbe différera très-peu de celle du cercle, et si l'on suppose que les deux points A' et A″ se rapprochent du point A, cela ne chan-

gera presque pas la courbure du cercle, qui ne différera plus
de celle de la courbe lorsque les trois points seront réunis en
un seul.

Dans ce cas, le cercle sera *osculateur* et le point qui résulte
du rapprochement des trois points A', A, A'' sera un point
d'osculation ou point de contact du deuxième ordre.

133. Ainsi, le point de section A (*fig.* 2) ne contient qu'un
seul point de la courbe CAB.

Le point de tangence A (*fig.* 4) provient du rapprochement
des deux points de section A et A'.

Et le point d'osculation A (*fig.* 1) contient trois points de la
courbe BAD, puisqu'il résulte de la réunion du point de tangence A avec les deux points de section A' et A''.

Le point de section A (*fig.* 2) ne détermine pas la direction
de la sécante qui peut devenir successivement As, As', As''.

Tandis que le point de tangence A (*fig.* 4) détermine la direction de la tangente AT parce que, par deux points, on ne
peut faire passer qu'une ligne droite, même lorsque ces deux
points sont infiniment rapprochés.

Quant au point d'osculation de deux courbes, il détermine,
non-seulement leur tangente commune, mais encore le plan
qui contient les deux courbes si elles sont planes toutes les
deux; ou, si elles sont à double courbure, l'arc de cercle *infiniment* petit déterminé par les trois points *infiniment* rapprochés qui forment le point d'osculation.

Le plan de cet arc de cercle se nomme *le plan d'osculation.*

134. Deux courbes (*fig.* 12, 13, 19) seront évidemment
osculatrices en un point donné A, lorsque en ce point, elles
auront le même cercle osculateur; de même que deux courbes
sont tangentes en un point, lorsque en ce point elles ont une
tangente commune.

135. Quoique les trois points qui déterminent l'osculation d'une courbe et d'un cercle soient infiniment rapprochés, ils conservent cependant la propriété de déterminer le centre et le rayon du cercle sur la circonférence duquel ils sont situés, de sorte que le rayon du cercle osculateur est en même temps le *rayon de courbure* de la courbe donnée au point d'osculation.

136. Lorsque les propriétés géométriques de la courbe peuvent être exprimées par l'algèbre, on obtient exactement le centre et le rayon de courbure, pour tel point que l'on voudra de la courbe donnée. Mais, dans beaucoup d'applications, on pourra se contenter de construire avec le compas le centre et le rayon du cercle qui passerait par trois points tels que A', A et A″ (*fig.* 3).

137. On doit remarquer cependant que, si l'on prend les trois points trop près les uns des autres, les perpendiculaires au milieu des cordes AA' et AA″ se couperont trop obliquement, tandis qu'en prenant ces mêmes points trop loin, le cercle que l'on obtiendra différera beaucoup du cercle osculateur. C'est ce qui arrivera surtout lorsque la courbure sera très-variable dans le voisinage du point d'osculation.

Dans ce cas (*fig.* 6), l'un des deux arcs AA' du cercle osculateur sera en dehors, tandis que l'autre arc AA″ sera en dedans de la courbe donnée BAD; et l'on conçoit que cette relation doit encore se conserver lorsque les trois points sont infiniment rapprochés.

138. En général, on peut dire que le cercle osculateur coupe toujours la courbe ; ainsi, par exemple, il est évident que les trois points A', A et A″ de la figure 6 seront toujours trois points de section, même lorsqu'ils seraient infiniment rapprochés, tandis que le point d'osculation du cercle AO et de la courbe BAD (*fig.* 1) provient de la réunion du point de tangence A avec les deux points de section A' et A''; et l'on conçoit que, dans ce dernier cas, les deux parties A'A et AA'' de la courbe seront en dedans du cercle osculateur, même lorsque les trois points A'. A et A'' seront infiniment rapprochés.

Ainsi, lorsque la courbure sera symétrique en deçà et au delà du point d'osculation. on pourra considérer ce dernier point (*fig.* 1) comme provenant de la réunion du point de tangence A avec les deux points de section A' et A''; tandis que, si la courbure en deçà du point d'osculation diffère de la courbure au delà (*fig.* 6), le point d'osculation sera produit par le rapprochement des trois points de section A', A et A''.

· **139.** Toutes les courbes qui, en un point donné A (*fig.* 12, 13, 19), ont le même cercle osculateur, seront osculatrices les unes des autres ; car il est évident qu'au point d'osculation elles auront toutes la même courbure, qui sera exprimée par le rayon du cercle osculateur commun.

Il existera donc une infinité de courbes osculatrices en un point d'une courbe donnée, et l'on pourra toujours choisir dans l'application, celle de ces courbes qui satisfait aux conditions les plus simples. Or, le cercle étant la plus simple de toutes les courbes, c'est ordinairement celle que l'on emploie de préférence.

140. Cependant, le cercle osculateur n'est pas toujours la courbe qui s'approche le plus d'une autre courbe donnée ; en effet, si la courbure de l'arc AA' (*fig.* 12) diffère sensiblement de la courbure de AA''; on conçoit qu'une ellipse dont la courbure varierait suivant la même loi dans le voisinage du point A, serait plus près de la courbe que le cercle osculateur. On concevra encore facilement que dans certains cas (*fig.* 13) ou la courbure diminuerait très-rapidement à partir du point A. un arc de parabole *a* ou d'hyperbole *c* satisferait encore mieux à la condition de coïncidence.

Mais d'abord, la construction de l'une quelconque de ces courbes serait moins simple que celle du cercle ; ensuite, si l'on voulait obtenir le rayon de courbure, il faudrait toujours recourir au cercle osculateur de la courbe par laquelle on aurait remplacé la courbe donnée : et comme le cercle osculateur est le même pour toutes les courbes osculatrices au point **A**, il est évident que l'emploi de ces courbes deviendrait sans objet.

Si pourtant (*fig.* 13) la courbe donnée était symétrique dans le voisinage du point d'osculation, par rapport à la normale qui contient ce point, il pourrait être utile d'employer, comme courbe osculatrice, l'une des nombreuses ellipses paraboles ou hyperboles qui auraient au point **A** le même rayon de courbure (139).

---

141. Courbure des lignes du second degré. — Paramètre. Nous avons dit que le centre, et le rayon de courbure en un point d'une courbe donnée, dépendent des propriétés géométriques de cette courbe, et, lorsque ces propriétés sont connues, on peut obtenir par le calcul le centre et le rayon du cercle osculateur, mais la nature de l'ouvrage actuel et le but auquel il est destiné, ne permettent pas que nous donnions à cette question tous les développements dont elle est susceptible.

Il suffit presque toujours, en effet, dans la plupart des applications graphiques, de considérer comme cercle osculateur (*fig.* 3) celui qui passe par trois points peu éloignés, et si l'on croyait utile d'obtenir une plus grande exactitude, on trouverait dans les traités d'algèbre appliquée, l'expression des rayons de courbure des lignes définies géométriquement.

Mais les courbes du second degré offrent dans les applications un intérêt tellement exceptionnel, que je crois être utile à quelques lecteurs, en énonçant les formules qui permettent

de construire, dans tous les cas, le centre et le rayon de courbure pour un point pris à volonté sur une de ces lignes.

142. Paramètre. Dans toute courbe du second degré, le
paramètre est la corde qui passe par le foyer et qui est perpendiculaire à l'axe principal $2a$.

Ainsi, la droite désignée par GH, sur les fig. 16, 17 et 18,
est le paramètre de l'ellipse, parabole ou hyperbole correspondante.

L'expression algébrique de cette corde est toujours

$$\frac{4b^2}{2a} = \frac{2b^2}{a}.$$

Ainsi, en exprimant le paramètre par p, on aura

$$GH = p = \frac{2b^2}{a}.$$

143. On démontre par l'algèbre, que dans une courbe du
second degré, le rayon de courbure AI au sommet A est toujours égal au *demi-paramètre;* donc en exprimant ce rayon

de courbure par r, on aura toujours $r = GF = \dfrac{p}{2} = \dfrac{b^2}{a}$,

d'où résulte la proportion $a : b :: b : r$.

L'expression qui précède convient évidemment pour l'ellipse et pour l'hyperbole, mais dans la parabole les valeurs de

a et de b étant infinies, l'expression $\dfrac{b^2}{a}$, quoiqu'elle soit

exacte, ne donnerait plus une idée suffisamment nette de la
valeur du rayon de courbure au sommet.

Or, on sait que dans toute parabole (*fig.* 17) le *paramètre* GH
vaut quatre fois la distance AF du sommet au foyer, donc le

double de cette distance sera le demi-paramètre ou le rayon de courbure au sommet A de la parabole.

Ainsi on aura $\qquad r = \text{AI} = 2\text{AF} = \text{GF} = \dfrac{p}{2}$.

144. Normale. La normale, considérée comme exprimant une direction, est une droite infinie, menée par le point de tangence, et perpendiculairement à la tangente : mais, lorsque la *normale* exprime une longueur, elle n'est plus infinie et se compte depuis le point de tangence jusqu'à sa rencontre avec 2a, lorsqu'il s'agit d'une courbe du second degré.

Par conséquent, sur les figures 16, 17 et 18, la normale correspondante au point M sera MK.

145. Rayon de courbure. On démontre en algèbre, que *le rayon de courbure en un point quelconque d'une ligne du second degré est égal au cube de la normale divisé par le carré du demi-paramètre.*

Ainsi, en exprimant la normale par n, le demi-paramètre par $\dfrac{p}{2}$ et le rayon de courbure par R, on aura :

$$R = \frac{n^3}{\left(\frac{1}{2}p\right)^3}$$

Or, nous avons dit plus haut (143) que le *demi-paramètre* est le rayon de courbure au sommet, et puisque nous avons exprimé ce rayon par r, on aura :

$$R = \frac{n^3}{r^2}$$

pour l'expression générale du rayon de courbure, en un point quelconque d'une ligne du second degré.

La valeur de r étant une quantité constante, il s'ensuit que dans une ligne du second degré, le rayon de courbure est toujours proportionnel au cube de la normale, et l'on recon-

naîtra facilement, que dans la parabole et dans l'hyperbole, ce rayon augmentera depuis r jusqu'à l'infini, à mesure que le point d'osculation s'éloignera du sommet A de
la courbe.

146. Mais il n'en sera pas de même dans l'ellipse (*fig*. 16),
où le rayon de courbure atteindra sa valeur maximum, lorsque
le point d'osculation sera parvenu à l'extrémité B du petit
axe $2b$.

Or, dans ce cas, la normale BO sera égale à b, et le rayon
de courbure que nous nommerons r' deviendra :

$$r' = \frac{b^3}{r'^2}.$$

Mais nous avons vu (143) que

$$r = \frac{p}{2} = \frac{b^2}{a}.$$

On aura donc :

$$r^2 = \frac{b^4}{a^2},$$

d'où

$$r' = \frac{n^3}{r^2} = \frac{b^3}{r^2} = \frac{b^3 a^2}{b^4} = \frac{a^2}{b}.$$

147. Ainsi, on aura pour l'ellipse (*fig*. 16) :

$$r = \frac{b^2}{a}; \quad R = \frac{n^3}{r^2}; \quad r' = \frac{a^2}{b},$$

$r = $ IA étant le plus petit rayon de courbure, $R = $ CM le
rayon de courbure en un point quelconque M, et $r' = $ SB étant
le plus grand rayon de courbure.

Ainsi, dans l'ellipse, le rayon de courbure à l'extrémité de
a est égal à $\frac{b^2}{a}$, et le rayon à l'extrémité de b est égal à $\frac{a^2}{b}$.

148. Pour la parabole et pour l'hyperbole on aura :

$$r = \frac{b^2}{a}; \quad R = \frac{n^3}{r^2}; \quad r' = \infty.$$

---

149. Construction du rayon de courbure en un point quelconque d'une courbe du second degré. L'expression algébrique de ce rayon en un point quelconque étant $\dfrac{n^3}{r^2}$,

on aura $\qquad R = \dfrac{n^3}{r^2} = \dfrac{n^2}{r} \times \dfrac{n}{r}.$

Or, si nous exprimons pour un moment $\dfrac{n^2}{r}$ par x, nous aurons :

$$R = x \times \frac{n}{r} = \frac{nx}{r},$$

ce qui revient à la construction des deux formules suivantes :

$$x = \frac{n^2}{r}; \qquad R = \frac{nx}{r}.$$

D'après cela (*Géométrie élémentaire*, 4ᵉ livre), on fera, fig. 16 :

1° ▬▬ MD égal au demi-paramètre GF ;
2° ▬▬ MN égal à la normale MK ;
3° ▬▬ On tracera DN ;
4° ▬▬ On construira NT perpendiculaire sur DN ;
5° ▬▬ La droite TC, perpendiculaire sur NT, coupera la normale NC en un point C qui sera le centre du cercle osculateur au point M.

En effet, les deux triangles DMN, NMT, étant semblables, on aura la proportion :

$$DM : MN :: MN : MT,$$

d'où (143) $$r : n :: n : MT,$$

et par conséquent $$MT = \frac{n^2}{r} = x.$$

Mais, la similitude des triangles DMN, TMC, donnera

$$DM : MN :: MT : MC,$$

d'où $$r : n :: x : MC,$$

et, par suite, $$MC = \frac{nx}{r} = \frac{n}{r} \times \frac{n^2}{r} = \frac{n^3}{r^2} = R. \ (145)$$

Ainsi le centre C et le rayon de courbure CM seront déterminés.

150. La construction qui précède convient, sans aucune modification, à toutes les courbes du second degré; c'est pourquoi les mêmes lettres ont été employées sur les fig. 16, 17 et 18.

151. Si l'on voulait faire cette opération au sommet A de la courbe, il faudrait se rappeler que pour ce point la normale AI est égale au demi-paramètre GH, et, dans ce cas, on aurait DM = MN; le triangle rectangle DMN deviendrait alors isocèle, et la construction serait inutile, puisque l'on sait qu'au sommet, le rayon de courbure r est égal au demi-paramètre (143).

Il suffit donc, pour ce point, de faire AI = GF.

152. L'opération du n° 149 étant appliquée au point B de l'ellipse, fig. 16, déterminerait le plus grand rayon de courbure SB ; mais on peut obtenir cette ligne d'une manière plus simple, en traçant :

1° ▬▬ La droite BF qui joint le point B avec le foyer ;

2° ▬▬ La droite FS perpendiculaire sur BF.

On obtiendra, par ce moyen, le centre S et le rayon $r' = $ SB du cercle osculateur au point B.

En effet, le triangle BFS étant rectangle en F, on aura la proportion :

$$\text{BO : BF :: BF : BS,}$$

ou $$b \ : \ a \ :: \ a \ : \text{BS} ;$$

d'où $$\text{BS} = \frac{a^2}{b} = r' \quad (147).$$

153. Dans les opérations qui précèdent, nous avons pris, pour *demi-paramètre*, la moitié de la corde GH perpendiculaire à l'axe $2a$ et passant par le foyer.

Cela fait dépendre le demi-paramètre de l'exactitude avec laquelle la courbe aurait été tracée, mais on peut obtenir facilement le demi-paramètre sans tracer la courbe ; en effet, si nous construisons la droite OU perpendiculaire sur BF, le triangle BOF étant rectangle en O, on aura la proportion :

$$\text{BF : BO :: BO : BU,}$$

d'où $$a \ : \ b \ :: \ b \ : \text{BU,}$$

et par conséquent $$\text{BU} = \frac{b^2}{a} = \frac{p}{2} = r \quad (143).$$

154. Pour la parabole, on sait que le demi-paramètre est égal à deux fois AF (143).

155. Et dans l'hyperbole, fig. 19, on tracera BI perpendiculaire à l'asymptote OK, ce qui donnera la proportion :

$$OA : AB :: AB : AI,$$

d'où $$a : b :: b : AI,$$

et par conséquent $AI = \dfrac{b^2}{a} = \dfrac{p}{2} = r$ (143).

156. On peut, par une opération extrêmement simple, obtenir en même temps le plus petit et le plus grand rayon de courbure d'une ellipse ; pour cela, fig. 20, on tracera :

1° ▬▬ Les droites AE et BE perpendiculaires aux extrémités des axes principaux ;

2° ▬▬ La corde AB ;

3° ▬▬ La droite ES, perpendiculaire sur AB, coupera les deux axes de l'ellipse aux points I et S qui seront les centres du plus petit et du plus grand cercle osculateur.

En effet, les triangles BEA, EAI seront semblables et donneront la proportion :

$$BE : EA :: EA : AI,$$

d'où $$a : b :: b : AI,$$

et par conséquent $AI = \dfrac{b^2}{a} = \dfrac{p}{2} = r$ (143).

Mais les deux triangles semblables BEA, EBS donneront

$$EA : EB :: EB : BS,$$

d'où $$b : a :: a : BS,$$

et par conséquent $BS = \dfrac{a^2}{b} = r'$ (147).

12

157. Développée de l'ellipse. L'opération du n° 149 étant répétée pour un certain nombre de points pris à volonté sur le quart d'ellipse BMM'A (*fig. 21*), on obtiendra les centres et les rayons de courbures correspondants, ce qui déterminera la courbe IC'CS pour la développée de AM'MB, et si l'on opère de la même manière pour les trois autres quarts de l'ellipse, on obtiendra la courbe SIS'I' qui forme la développée complète de l'ellipse.

Pour mieux faire sentir la forme de cette courbe, j'ai indiqué par une teinte de points tout l'espace dont elle forme le contour.

158. On remarquera que cette courbe contient quatre points de rebroussements, qui sont les centres de courbures principaux de l'ellipse.

Tout point pris à volonté sur l'une des quatre courbes SI, IS', S'I', I'S sera le centre de courbure correspondant à un point de l'ellipse, de sorte qu'en prenant pour centres un certain nombre de ces points, on pourra tracer avec le compas une courbe qui différera aussi peu que l'on voudra de l'ellipse demandée.

159. La courbe SIS'I' peut encore servir pour construire des normales à l'ellipse, par un point pris où l'on voudra dans son plan.

Ainsi, par le point V situé dans l'intérieur de l'espace limité par la courbe SIS'I', on pourra construire quatre normales, savoir :

UN tangente à la courbe S'I'
U'N'   —   —   SI
U"N"   —   —   SI'
U'''N'''   —   —   SI'

Deux de ces normales sont tangentes à l'arc SI', situé comme

le point V dans l'angle droit BOA', formé par les deux diamètres principaux de l'ellipse, tandis qu'aucune des quatre
normales n'est tangente à l'arc IS', situé dans l'angle droit opposé AOB'.

Si le point V coïncidait avec le centre O de l'ellipse, les
quatre normales se confondraient avec les axes AA' et B'B; et
si le point V était situé sur l'un de ces axes, deux seulement
des normales se confondraient avec cet axe, et les deux autres
normales seraient placées symétriquement par rapport aux
premières.

Si le point V appartenait à l'un des arcs de la développée
SIS'I', les deux normales tangentes à cet arc se réduiraient à
une seule, et l'on n'obtiendrait dans ce cas, que trois normales à l'ellipse.

Enfin, par l'un des quatre points de rebroussements, ou
par tout autre point pris où l'on voudra en dehors de la courbe
SIS'I', on ne pourra construire que deux normales.

160. Courbe osculatrice du second degré. Lorsque
l'on connaît le rayon de courbure en un point A d'une courbe
quelconque BAD (*fig.* 13), il est facile de trouver une ellipse,
parabole ou hyperbole osculatrice.

En effet, connaissant le rayon AI du cercle osculateur, on
sait que l'on doit avoir

$$\mathrm{AI} = r = \frac{b^2}{a} = \textit{demi-paramètre}.$$

Or l'équation $\dfrac{b^2}{a} = r$ étant indéterminée, il est évident que
l'on peut choisir à volonté l'une des valeurs a ou b; d'où il
résulte qu'il y a une infinité d'ellipses ou d'hyperboles osculatrices au point A de la courbe BAD.

Si l'on se donne la valeur de b, on aura $ar = b^2$; d'où $a = \dfrac{b^2}{r}$, ce qui revient à construire le quatrième terme de la proportion $r : b :: b : a$.

Si, au contraire, on prend à volonté la valeur de a, on aura $b^2 = ar$, d'où $b = \sqrt{ar}$, et, dans ce cas, b sera une moyenne proportionnelle entre le rayon de courbure r qui est connu et la valeur que l'on a choisie pour a.

161. Ellipse osculatrice. Supposons, par exemple, qu'au point A de la figure 13 on veut construire l'ellipse osculatrice dont le centre serait situé en O sur la normale du point A : on fera $\text{AI}' = \text{AI} = r$; on décrira la demi-circonférence IB'O, et la droite AB', moyenne proportionnelle entre $\text{AI}' = r$ et $\text{AO} = a$, sera la valeur de b, que l'on portera sur OB.

Il ne restera donc plus qu'à décrire l'ellipse demandée.

162. Hyperbole osculatrice. Supposons actuellement qu'au point A de la courbe BAD (*fig.* 19) on veut construire une hyperbole osculatrice.

Le rayon de courbure AI étant supposé connu, on pourra choisir à volonté le centre O de l'hyperbole ; puis on décrira sur OI, comme diamètre, une demi-circonférence OBI, et la droite AB, moyenne proportionnelle entre $\text{IA} = r$ et $\text{AO} = a$, sera l'axe imaginaire de l'hyperbole demandée qui aura par conséquent pour asymptotes les deux droites OK et OH. Et puisque l'on connaît le sommet A de cette courbe, il sera facile de la construire.

163. Parabole osculatrice. Si dans la formule $\dfrac{b^2}{a} = r$, on suppose que l'une des deux quantités a ou b soit infinie, la seconde le sera également, et la courbe osculatrice sera une parabole, ce qui ne doit pas changer le rapport $\dfrac{b^2}{a} = r = \dfrac{p}{2}$.

Sans quoi la parabole ne serait pas osculatrice du cercle de rayon AI, ni par conséquent de la courbe donnée (148).

Mais, dans ce cas, on n'a pas besoin de connaître les valeurs de b et de a, puisque dans toute parabole (*fig.* 17), la distance AF vaut le quart du *paramètre*, et par conséquent la moitié de AI.

La distance AF du sommet au foyer étant connu, il sera facile de tracer la directrice et de construire la parabole osculatrice, qui, par conséquent, sera déterminée lorsque l'on connaîtra le rayon de courbure AI au point A de la courbe donnée.

164. Ainsi toutes les ellipses paraboles ou hyperboles dont le paramètre sera $2AI = 2r$, seront osculatrices les unes des autres au point A de la courbe donnée.

On peut considérer toutes ces courbes comme les transformations successives du cercle osculateur, qui devient d'abord une ellipse dont le grand axe s'allonge à mesure que le centre s'éloigne du point A (*fig.* 13).

Lorsque le centre arrive à l'infini, la courbe devient une parabole a, puis le centre passant brusquement à l'infini négatif, la courbe devient une hyperbole c, dont les asymptotes s'écartent l'une de l'autre à mesure que le centre se rapproche du point A. Pendant ces transformations diverses, le paramètre $2AI$, égal au diamètre du cercle osculateur, passe toujours par le foyer qui se meut sur la droite AI en s'approchant du point A.

La courbe osculatrice devient une parabole au moment où le foyer F arrive au milieu de la droite AI.

Cette parabole, qui est la plus allongée de toutes les ellipses, dont le paramètre est égal à $2AI$, se transforme immédiatement en l'hyperbole dont le centre est à l'infini négatif et dont les asymptotes font entre elles un angle égal à zéro.

Ces asymptotes, d'abord parallèles entre elles et infiniment éloignées l'une de l'autre, ne touchent la parabole qu'à l'infini ; mais aussitôt que le centre O et le foyer F (*fig.* 19) se rapprochent du point A, l'angle des asymptotes devient plus ouvert, et cet angle serait égal à 180° si la distance OA était réduite à zéro.

Dans ce cas, l'hyperbole osculatrice et les asymptotes se confondraient avec la droite AT, qui touche au point A la courbe BAD.

165. Si au lieu de la formule $\dfrac{b^2}{a} = r$ on prenait $\dfrac{a^2}{b} = r'$ (147),

et que l'on choisît à volonté la valeur de a ou celle de b, on aurait une suite d'ellipses dont l'axe $2b$ coïnciderait avec la normale du point A (*fig.* 13). Ces ellipses, osculatrices du cercle de rayon AI, et par conséquent osculatrices au point A de la courbe donnée, diminueraient de grandeur à mesure que l'on prendrait pour a ou b des valeurs plus petites, et deviendraient infiniment petites si les valeurs de a et de b étaient réduites à zéro, ce qui n'empêcherait pas l'osculation d'exister, puisque cette condition dépend du rapport des quantités a et b et non de leurs grandeurs.

Ainsi, en un point quelconque d'une courbe donnée on peut construire une infinité d'ellipses et d'hyperboles osculatrices ; mais on ne peut construire qu'une seule parabole, cette dernière courbe étant toujours déterminée lorsque l'on connaît son paramètre.

On doit encore remarquer que, pour résoudre le problème précédent, il faut connaître le rayon AI du cercle osculateur au point A de la courbe donnée ; mais il arrive très-souvent que ce rayon est connu.

---

166. **courbure des surfaces.** Si par un point M d'une

surface courbe S (*fig.* 5), on conçoit un plan tangent, on sait que la droite MN perpendiculaire à ce plan tangent sera *une normale.*

Tous les plans, tels que P P, ou P$_2$, qui contiendront la normale seront des *plans normaux*, et les diverses sections de la surface par ces plans seront des *sections normales;* ces courbes sont les *lignes de courbure* de la surface.

Or, à l'exception de quelques surfaces particulières, et pour quelques points singuliers de ces surfaces, les lignes de courbure passant par un point donné ne sont pas égales entre elles.

La courbure de chacune de ces lignes dépend de la direction du plan normal qui la contient, et si l'on considère les plans P P, et P$_2$ comme les différentes positions d'un plan mobile que l'on ferait tourner autour de la normale MN, les rayons de courbure des sections diverses que l'on obtiendra changeront de grandeur, sans toutefois sortir de certaines limites que l'on peut déterminer par le calcul lorsque l'on connaît les propriétés géométriques de la surface donnée.

167. Les rayons de courbures des sections de la surface S par les plans normaux, n'étant pas égaux entre eux, on conçoit qu'il doit y avoir un de ces rayons *plus grand* et un *plus petit* que tous les autres.

Le premier est le rayon *maximum*, et correspond à la plus petite courbure; tandis que le rayon *minimum* appartient à la section qui a la plus grande courbure.

168. On démontre en algèbre, que, *dans toute espèce de surfaces, le plan normal qui contient la section de plus petite courbure est toujours perpendiculaire au plan de la section de plus grande courbure.*

169. Tous les rayons de courbure coïncident avec la normale ou avec son prolongement.

Or, si les rayons de courbure sont tous situés d'un même côté par rapport au plan tangent, comme cela aurait lieu pour l'exemple représenté figure 5, on dit que la surface est convexe; mais, il y a des surfaces pour lesquelles les rayons de courbure n'ont pas tous la même direction.

Ainsi, par exemple, si l'on coupe la surface projetée figure 8 par un certain nombre de plans contenant la normale KN, on obtiendra des sections dont le centre de courbure seront sur la partie BN de la normale, tandis que pour d'autres directions du plan coupant, les centres de courbure seront situés sur BK.

Il en serait de même pour les lignes de courbures que l'on obtiendrait en coupant, par des plans normaux, la partie de surface annulaire engendrée par le demi-cercle CC' (*fig*. 23).

Dans ce cas, les rayons de courbure de la surface n'ont plus pour limites un rayon maximum et un rayon minimum; mais, tous ces rayons forment deux séries, comprises la première entre un *minimum positif* et *l'infini positif*, et la seconde entre *l'infini négatif* et un *minimum négatif*.

170. Pour mieux faire comprendre ce que nous venons de dire, étudions d'abord ce qui a lieu dans les lignes courbes, et prenons pour exemple l'ellipse qui est représentée sur la figure 21.

Il est évident que tous les rayons de courbure tangents à la développée IS' seront compris entre le *rayon minimum* IA et le *rayon maximum* S'B, et lorsqu'après avoir dépassé le point B de l'arc AB la courbure devient plus sensible, la développée correspondante devient S'I'; le point de rebroussement S' est le centre de courbure correspondant au point B, et les rayons de courbures diminuent de nouveau jusqu'au point I' au delà duquel ils recommenceront à augmenter, et ainsi de suite.

171. Ainsi, toutes les fois que le rayon de courbure deviendra un *minimum* IA, I'A', ou un *maximum* S'B, SB', la développée aura un point de rebroussement.

Sur les figures 21 et 22, les centres de courbure sont toujours situés du même côté de la courbe, c'est-à-dire que si l'on parcourait cette ligne en suivant la direction indiquée par la flèche, la concavité de la courbe, et par conséquent les centres de courbures seraient toujours situés à gauche du chemin parcouru.

On dit alors que la courbe dont il s'agit est *convexe*.

172. Lorsque la courbe n'est pas convexe, ou en d'autres termes lorsqu'elle a un point d'inflexion, comme on le voit par l'exemple représenté (*fig.* 25), les choses se passent d'une manière entièrement différente.

En effet, si nous parcourons la courbe en suivant la direction indiquée par la flèche, et si nous considérons comme positifs, les rayons de courbure correspondants aux différents points de l'arc NCA, il est évident qu'à partir du *minimum possible* CI, les rayons de courbure augmentent toujours jusqu'à l'infini positif, que nous compterons dans la direction de AX ; puis le rayon de courbure se renverse brusquement et passe sans intermédiaire de l'infini positif, à l'infini négatif AX', pour diminuer ensuite jusqu'au *minimum négatif* C'I'.

173. Ainsi dans une courbe convexe (*fig.* 22), le rayon de courbure peut passer par tous les états de grandeur, en augmentant même jusqu'à l'infini, auquel il peut atteindre autant de fois que la courbure cessera d'exister, sans cesser d'être positif, ou ce qui est la même chose sans passer d'un côté à l'autre de la courbe, tandis que dans une courbe non convexe (*fig.* 25), le rayon de courbure passe sans transi-

tion de l'infini positif à l'infini négatif, toutes les fois que le
point correspondant de la courbe est un point d'inflexion **A**.

174. Ce que nous venons de dire pour les différents points
d'une courbe doit s'entendre également pour un point qui
appartiendrait à plusieurs courbes différentes.

Ainsi, lorsqu'on coupe une surface par une suite de plans
P P₁ P₂ contenant une normale commune, tous les rayons de
courbure coïncident avec cette normale (*fig.* 5).

Mais il est évident que, si toutes les lignes de section ont
leur concavité tournée du même côté de la normale, tous
les rayons seront de même signe et la surface sera convexe.
Et si toutes les sections n'ont pas leur concavité tournée du
même côté de la normale : il y aura des rayons de courbure
positifs, tandis que d'autres seront négatifs, et la surface ne
sera pas convexe; c'est ce qui arrive pour un grand nombre de
surfaces.

Ainsi, par exemple, si l'on coupe la surface représentée
sur la figure 8, par le plan méridien qui contient le point B,
la ligne de section IBF aura sa concavité tournée en dehors
de la surface principale, et le rayon de courbure correspondant sera BN; tandis que si la même surface était coupée au
même point B par un plan P perpendiculaire au méridien
AIF, on obtiendrait évidemment une section dont la concavité serait tournée du côté de l'axe, et l'on sait dans ce cas
que le rayon du cercle osculateur serait égal à la partie BK de
la normale.

Or, il est évident que si l'on fait tourner le plan P autour
de la normale NK, la courbe de section dont la concavité est
actuellement tournée du côté de l'axe, perdra peu à peu de
sa courbure dans le voisinage du point B; puis, il viendra
un moment où la courbure dans le voisinage de ce point se
manifestera en sens contraire, c'est-à-dire que la concavité
se tournera vers l'extérieur de la surface, et la courbure dimi-

nuant graduellement, finira par se confondre avec celle du cercle QH, qui est osculateur de la courbe méridienne au point B.

175. Pour mieux faire comprendre ces variations de courbure, j'ai projeté (*fig.* 23) les différentes courbes qui résulteraient de la section de la surface annulaire, par les diverses positions d'un plan que l'on ferait tourner autour de la normale ON, perpendiculaire au plan vertical de projection. Si nous supposons que le plan coupant prend les positions indiquées successivement de 1 à 9, la première section sera projetée sur le plan horizontal, par la droite NN, tandis que la neuvième se composera du plus grand et du plus petit parallèle de la surface.

Les parties vues des différentes courbes de sections sont tracées en lignes pleines, et les parties cachées de ces mêmes courbes sont désignées par des points ronds.

Pour éviter la confusion, j'ai placé une teinte de points sur chacune des sections par les plans 3 et 6.

176. La première de ces deux sections est très-remarquable, parce que pour cette ligne, le rayon de courbure au point U est infini, de sorte que pour ce point, le cercle osculateur est remplacé par la tangente TT, avec laquelle la courbe se confond dans le voisinage du point U.

Nous verrons plus tard (202) comment on peut déterminer la position du plan N'-3.

177. Pour les sections par les plans compris entre N'-1 et N'-3, la concavité de la courbe au point U est tournée vers le point N, tandis que pour les sections par les plans compris entre N'-3 et N'-9, la courbure au point U tourne sa concavité du côté de l'axe, ainsi qu'on peut le voir par la figure 24, qui représente la section par le plan N'-4.

178. On pourra remarquer encore que la section par le plan N'-5 se compose de deux circonférences, qui ont pour diamètre la somme UU + UN des diamètres du cercle de gorge et du cercle C, méridien de la surface.

Cette section est projetée sur la figure par deux ellipses qui se coupent dans le plan AA du méridien principal.

---

179. Surfaces osculatrices. Nous avons dit, aux n^{os} **139** et **140**, qu'il existait toujours une infinité de courbes osculatrices en un point quelconque d'une courbe donnée, et nous avons reconnu que le cercle avait sur toutes ces courbes l'avantage d'exprimer la courbure dans le voisinage du point d'osculation.

Or, il semblerait assez naturel de rechercher si la sphère ne pourrait pas remplir, à l'égard des surfaces courbes, la même fonction que le cercle à l'égard des lignes : mais, on reconnaîtra de suite que la sphère ne peut pas satisfaire à la condition que nous venons d'énoncer, parce que sa courbure est uniforme autour de chacun de ses points, ce qui n'a pas lieu pour un point pris à volonté sur une surface courbe quelconque.

Il est vrai, que si au point B de la figure 8, on conçoit un plan P$_1$ tangent à la surface, toute sphère D qui aura son centre sur la normale BN ou sur son prolongement BK, et qui toucherait le plan tangent au point B, sera également tangente à la surface ABE. Mais, je le répète, il n'y aura pas là osculation, parce que la courbure de la surface autour du point B n'est pas la même dans toutes les directions.

180. Dans les surfaces de révolutions qui se terminent par une espèce de calotte, comme celle qui a lieu au point A de la même figure, il existe une sphère osculatrice G qui a son centre sur l'axe de la surface, et dont le rayon est égal

à celui du cercle osculateur de l'arc *zr;* mais cela n'est qu'une
exception qui n'a lieu qu'au point A, et qui provient de ce
qu'en ce point, la section méridienne fait un angle droit
avec l'axe de la surface; et l'on conçoit que pour tout autre
point, la sphère ne conviendra plus.

Cherchons donc, après la sphère, quelles sont les surfaces
qui pourraient satisfaire aux conditions demandées.

181. On donne le nom de surfaces du second degré à celles
dont la section par un plan est toujours une courbe du second
degré.

On sait qu'il n'existe que *cinq* espèces de surfaces du second degré, savoir :

1° ━━ *L'ellipsoïde ;*

2° ━━ *L'hyperboloïde à une nappe ;*

3° ━━ *L'hyperboloïde à deux nappes ;*

4° ━━ *Le paraboloïde elliptique ;*

5° ━━ *Le paraboloïde hyperbolique.*

182. Les deux premières de ces cinq surfaces conviennent
parfaitement pour le but que nous nous proposons ici.

En effet, concevons (*fig.* 5) un ellipsoïde dont les trois axes
ou diamètres principaux seraient $2\mathrm{OV} = 2a$; $2\mathrm{OU} = 2b$;
$2\mathrm{OM} = 2c$.

Ce dernier axe aboutissant au point M, par lequel on peut
toujours concevoir deux droites tangentes, l'une à l'ellipse MV
et l'autre à l'ellipse MU, situés dans les plans P et P_3 perpendiculaires l'un à l'autre.

183. Il résulte de ce que nous avons dit au numéro 146,
que le rayon de courbure au point M de l'ellipse MV serait $\dfrac{a^2}{c}$,
tandis que le rayon de courbure au même point de l'ellipse MU
serait $\dfrac{b^2}{c}$; or, en exprimant par **r** le rayon de courbure de la

section que l'on obtient en coupant la surface courbe S par le plan P et nommant r' le rayon de courbure de la section par le plan P_3, il faudra, si l'on veut que l'ellipsoïde et la surface S aient les mêmes *rayons de courbure principaux*, que l'on ait les deux équations

$$\frac{a^2}{c} = r \quad \text{et} \quad \frac{b^2}{c} = r'.$$

Mais on sait que *lorsqu'un ellipsoïde et une surface courbe quelconque ont pour un point commun* M *les mêmes rayons de courbure principaux, toutes les lignes de courbure de la première surface sont osculatrices des lignes correspondantes de l'autre.* Il s'ensuit, qu'en un point quelconque M d'une surface courbe, on peut toujours obtenir un ellipsoïde osculateur.

De plus, les deux équations énoncées plus haut contenant trois inconnues a, b, c, la question reste indéterminée : de sorte qu'il existe une infinité d'ellipsoïdes qui satisfont aux conditions du problème.

Or, puisque l'on peut disposer à volonté de l'une des trois inconnues a, b, c, on pourra faire $c = a$, et, dans ce cas, au lieu d'un ellipsoïde à trois axes, on aura (*fig.* 7) un ellipsoïde de révolution dont l'axe a, rayon du plus grand parallèle, sera le rayon de courbure de la section de la surface par le plan P (*fig.* 5), tandis que l'axe $b = \sqrt{ar'}$ sera une moyenne proportionnelle entre le premier rayon $r = a$ et le rayon r' de la section par le plan P_3 perpendiculaire au premier.

Il ne faut pas oublier que les plans P et P_3 sont perpendiculaires entre eux et doivent contenir les sections principales. c'est-à-dire les sections de plus grande et de plus petite courbure au point M (168).

184. Si l'on veut appliquer les principes précédents à une surface de révolution, il faut admettre ce qui est démontré en algèbre, que dans toute surface de cette espèce, les rayons de courbure principaux en un point quelconque, sont :

1° *Le rayon qui exprime la courbure du méridien à l'endroit où est situé le point donné.*

2° *La partie de normale comprise entre ce même point et l'axe de la surface.*

185. Ainsi, pour l'ellipsoïde de révolution osculateur au point mm' de la figure 8, la section par le méridien $Am'B$ sera le cercle osculateur indiqué sur la projection verticale par une teinte de points, et l'axe b de l'ellipsoïde s'obtiendra en construisant ou, moyenne proportionnelle entre le premier rayon de courbure $oe = o'e' = om' = r = a$ et le second rayon de courbure $ox''' = m''x'' = m''x' = m'x = r'$ qui est égal, comme nous l'avons dit plus haut, à la partie xm' de la normale du point m' (184).

186. Si la surface donnée n'était point convexe ou, en d'autres termes, si les rayons de courbure correspondant au point donné étaient de signes différents, on ne pourrait plus obtenir un ellipsoïde pour surface osculatrice. Mais on pourrait employer avec avantage un hyperboloïde réglé à trois axes ou plus simplement encore en faisant $c = a$, comme précédemment, un hyperboloïde de révolution. Dans ce cas, le premier rayon de courbure $r = \dfrac{a^2}{c}$ serait $r = a$ et le deuxième rayon $r' = -\dfrac{b^2}{c}$ deviendrait successivement $-r' = \dfrac{b^2}{a}$ puis $b^2 = -ar'$ et $b = \sqrt{-ar'}$, ce qui donne $\sqrt{ar'}$ pour la valeur absolue du demi-axe imaginaire ou non transverse de l'hyperboloïde demandé.

Ainsi, pour l'hyperboloïde de révolution osculateur, au point nn' de la figure 8, la section par le plan méridien $An''n'$ sera le cercle de gorge ou collier de rayon $c'n'$ indiqué sur la figure par une teinte de points, et l'axe imaginaire ou non transverse cu, s'obtiendra en construisant $n'''v$, moyenne proportionnelle entre le premier rayon de courbure $cn''' = c'n'' = c'n' = r = a$ et le second rayon de courbure $n'''s'' = n''s' = n's$ égal à la partie $n's$ de la normale du point n' (184).

---

187. Théorème. On sait que *la courbe suivant laquelle un cylindre enveloppe une surface du second degré est toujours plane.*

D'après cela, supposons (*fig.* 11) que l'ellipsoïde E soit enveloppé par une surface cylindrique, dont deux génératrices AB, CD, seraient parallèles au diamètre MN de la section par le plan ABCD qui contient les deux points de tangence K et I, le diamètre KI sera le conjugué de MN.

Or, si l'on fait mouvoir le plan ABCD parallèlement à lui-même, on obtiendra une suite de sections elliptiques semblables et parallèles à l'ellipse MKNI ; le diamètre MN parallèle au cylindre enveloppant sera toujours le conjugué du diamètre KI qui s'appuie sur l'ellipse O'KSI, et lorsque le plan mobile ABCD sera devenu tangent au point O', la droite KI sera remplacée par K'I' tangente à la courbe O'KSI, le diamètre MN deviendra M'N', et sera l'une des génératrices du cylindre enveloppant.

188. Ce que nous venons de dire pour un ellipsoïde, est également vrai pour une surface quelconque du deuxième degré. Ainsi, par exemple, si nous concevons l'hyperboloïde à une nappe H de la figure 29 enveloppé par une surface cylindrique dont M'N' serait une génératrice, et si par le point O' de la courbe de contact ZR, on conçoit une tangente K'I', ces deux lignes seront toujours parallèles à deux diamètres conjugués MN et KI de la section hyperbolique que l'on obtiendrait en coupant la surface par un plan KNIM parallèle au plan tangent qui contient les deux droites M'N' et K'I'.

189. En général, *si par un point de la courbe plane suivant laquelle une surface quelconque du deuxième degré, est touchée par une surface cylindrique, on conçoit la génératrice du cylindre enveloppant, et la tangente à la courbe de contact, ces deux lignes détermineront un plan tangent, et seront toujours parallèles à deux diamètres conjugués de la section que l'on obtiendrait, en coupant la surface par un plan parallèle au plan tangent.*

---

190. **Tangentes aux lignes de séparation sur la surface du tore**. Le théorème qui précède va nous fournir le moyen de construire une tangente en un point quelconque de la ligne suivant laquelle une surface de révolution est touchée par une surface cylindrique dont la direction est connue.

Supposons, par exemple, que nous voulons obtenir au point *mm'* des figures 14 et 15 une tangente à la courbe suivant laquelle le tore est touché extérieurement par le cylindre des rayons lumineux, il est évident que le point de tangence étant connu, il ne reste plus qu'à déterminer la direction de la tangente.

Pour y parvenir, on pourra opérer de la manière suivante :

1° ▬▬ On construira l'ellipsoïde de révolution osculateur du tore au point donné *mm'* (185).

2° ▬▬ On fera dans cet ellipsoïde une section parallèle au plan qui touche les deux surfaces en leur point d'osculation *mm'*.

3° ▬▬ On construira celui des diamètres de la section obtenue, qui est parallèle au rayon lumineux, et le conjugué de ce diamètre sera parallèle à la tangente demandée (189).

4° ▬▬ Il sera facile alors de construire la tangente, puisque l'on connaîtra sa direction, et le point de tangence.

13

Il ne reste plus qu'à expliquer les opérations graphiques nécessaires pour obtenir le résultat.

191. Épure. La première chose à faire pour exécuter une épure composée, est toujours de rapporter les données aux plans de projections les plus favorables.

C'est pourquoi dans le cas actuel, nous ramènerons d'abord le point donné de mm' en $m''m'''$ dans le plan du méridien principal.

Les deux projections du point mm' seront alors m'' et m''', et la trace verticale du plan P tangent en $m''m'''$ sera parallèle à la droite $S''L'$, qui est la projection du rayon lumineux SL, $S'L'$ sur le méridien Lm rabattu en Lm'' (115).

Or, le tore étant une surface de révolution, nous savons (184) qu'au point $m''m'''$ et par conséquent au point mm' les deux rayons de courbure principaux sont : 1° le rayon $o'm'''$ de la section méridienne; 2° la partie $m'''x$ de la normale, comprise entre l'axe de la surface et le point donné mm' rabattu en m''', de sorte que l'ellipsoïde osculateur aurait pour projection horizontale une ellipse dont le demi-axe a serait égal au rayon de courbure $r = o'm'''$ et le demi-axe b serait une moyenne proportionnelle entre les deux rayons de courbure $o'm'''$ et $m'''x$.

Pour construire cette moyenne proportionnelle, on a fait tourner la droite $m'''x$ autour de l'horizontale projetante du point oo' jusqu'à ce qu'elle soit venue se placer dans la position verticale $m^{iv}x'$: puis, l'arc de cercle $x'x''$ étant décrit du point m^{iv} comme centre avec le rayon $m^{iv}x'$ égal à $m'''x$ on a obtenu sur la figure 15, $ox''' = m^{iv}x'' = m^{iv}x'$ égal au rayon de courbure $m'''x$. Puis la droite oe étant égale au rayon $o'm'''$ on a décrit la demi-circonférence $x'''Ue$, de sorte que la droite oU moyenne proportionnelle entre les deux segments oe, ox'' du diamètre ex''', est alors le demi-axe b de l'ellipsoïde osculateur au point $m''m'''$, et par conséquent au point mm' (185).

Pour éviter la confusion, on n'a pas construit la projection horizontale de cet ellipsoïde, parce que cette projection n'est pas nécessaire.

Il suffit évidemment de construire la projection horizontale de l'ellipse que l'on obtient en coupant l'ellipsoïde osculateur par le plan P_1 parallèle au plan P, qui touche la surface au point $m''m'''$.

En effet, cette courbe de section étant obtenue, il ne reste plus qu'à construire celui de ses diamètres qui est parallèle au rayon lumineux, et le conjugué de ce diamètre sera parallèle à la tangente demandée (189).

Mais on doit se rappeler que le point d'osculation $m''m'''$ n'est pas à la place qu'il doit occuper dans l'espace, lorsque le problème sera complétement résolu.

Or, quand nous avons fait tourner le point donné mm' pour l'amener en $m''m'''$ dans le plan du méridien principal, le rayon lumineux SL, S'L' est resté en place.

Il faut donc faire tourner l'ellipsoïde osculateur autour de l'axe de la surface donnée jusqu'à ce que le point $m''m'''$ soit venu reprendre sa place primitive mm', ou bien faire tourner le rayon lumineux SL, S'L' jusqu'à ce qu'il soit placé par rapport au méridien qui contient le point $m''m'''$, comme il était placé primitivement par rapport au méridien qui contient le point donné mm'.

Mais le chemin que le point mm' a parcouru pour venir se placer en $m''m'''$ dans le méridien principal, est exprimé par l'arc de cercle mm'' de sorte que si l'on porte cet arc de A en A'' sur la même circonférence, on aura évidemment la droite A''L pour nouvelle projection horizontale du rayon lumineux.

Le diamètre BD étant alors mené par le centre de l'ellipse oU parallèlement à la nouvelle projection A''L du rayon de lumière, on construira la corde EF parallèle au diamètre BD et la corde FG supplémentaire de EF et par conséquent parallèle au conjugué du diamètre BD sera parallèle à la direction que

doit avoir la tangente demandée lorsque le point donné mm'
est situé en $m''m'''$ (189).

Pour obtenir la position véritable de la tangente demandée
on tracera par le point L une droite LK parallèle à la direction
GF obtenue précédemment; puis en faisant l'arc KK'' égal à
l'ac $m''m$, on aura fait revenir le point K d'une quantité égale
à celle que doit parcourir le point osculateur $m''m'''$ pour reprendre la place qu'il doit occuper dans l'espace, de sorte que la
droite LK'' sera parallèle à la projection horizontale de la tangente demandée que l'on obtiendra en traçant par le point m
la droite TT parallèle à K''L.

Pour construire la projection verticale $T'm'T'$ on remarquera
que la droite LK parallèle à la tangente qui passerait par le
point $m''m'''$ et par conséquent parallèle au plan P tangent
en $m''m'''$ (184) aura pour projection verticale L'A''' parallèle à
la trace verticale du plan tangent P qui est actuellement perpendiculaire au plan vertical de projection.

D'après cela, on projettera le point K en K', puis en faisant
revenir ce point en K''K''' on obtiendra L'K''' pour la nouvelle
projection verticale de la droite LK, L'K'.

Or, cette ligne ayant tourné d'une quantité égale au chemin parcouru par le point de tangence mm', elle sera nécessairement parallèle à la position que la tangente doit occuper
dans l'espace lorsque le point $m''m'''$ sera revenu à sa place mm'
et l'on obtiendra la projection verticale de la tangente qui passe
par ce point, en traçant T'T' parallèle à L'K'''.

---

192. Pour obtenir la tangente en un point quelconque nn'
de la ligne de séparation intérieure, on remarquera qu'en
ce point, les deux rayons de courbure principaux $o'n'''$ et
$n'''x$ (184) sont de signes contraires.

C'est pourquoi il faudra employer pour surface osculatrice
un hyperboloïde de révolution à une nappe (186); mais, à cette

différence près, les opérations seront absolument les mêmes.
Ainsi :

1° ▬▬ On construira l'hyperboloïde de révolution osculateur de la surface au point donné nn' (186).

2° ▬▬ On fera dans cet hyperboloïde une section parallèle
au plan qui touche les deux surfaces en leur point d'osculation.

3° ▬▬ On construira celui des diamètres de la section
obtenue, qui sera parallèle au rayon lumineux, et le
conjugué de ce diamètre sera parallèle à la tangente demandée (189).

193. Épure. Le point d'osculation nn' étant amené comme
précédemment en $n''n'''$ dans le plan du méridien principal, on
concevra l'hyperboloïde de révolution dont le cercle de gorge
serait égal au cercle générateur C' de la surface annulaire
donnée.

L'axe imaginaire ou non transverse de cet hyperbole doit
être la moyenne proportionnelle entre les deux parties $o'n'''$ et
$n'''x$ de la normale (184).

Pour construire cette moyenne proportionnelle, on a successivement amené la partie $n'''x$ de la normale dans les positions $n^{iv}x' = n^{iv}x^{iv} = ox^v$ de sorte que la demi-circonférence
$x^v\mathrm{V}e$ décrite sur le diamètre $x^v e$ a déterminé la droite $o\mathrm{V}$
moyenne proportionnelle entre ox^v et oe ou ce qui est la même
chose, entre $n'''x$ et $n'''o'$ qui sont les deux rayons de courbure principaux au point $n''n'''$ et par conséquent au point nn'
de la surface donnée. La droite $o\mathrm{V}$ sera donc l'axe non transverse ou imaginaire de l'hyperboloïde osculateur au point
$n''n'''$ et l'on pourrait facilement construire les asymptotes de
la projection horizontale de cette surface en ramenant la droite
$o\mathrm{V}$ sur les deux droites ee' et gg'.

Mais cette partie de l'opération sera encore inutile, parce
qu'il suffira, comme précédemment, de construire la section

de l'hyperboloïde osculateur par le plan P$_1$ parallèle au plan P$_2$ qui touche la surface en $n''n'''$ (189).

Or, l'axe imaginaire de cette section inclinée étant le même que l'axe correspondant de la section horizontale, on ramènera la quantité oV trouvée précédemment sur les droites Gv', Ev'' et cette construction déterminera les asymptotes ov', ov'' de la section demandée.

On construira le diamètre BD parallèle au rayon lumineux SL devenu A$''$L et la corde HI parallèle au conjugué de BD, déterminera la direction de la tangente demandée (189).

194. On remarquera que pour construire la corde HI on n'a pas besoin de l'hyperbole que je n'ai tracée ici que pour mieux faire comprendre l'explication du principe.

En effet, la corde HI de l'hyperbole sera parallèle au conjugué de BD, si le point D est le milieu de HI.

Or, on sait que dans toute hyperbole, les parties Hh et iI, comprises entre la courbe et ses asymptotes doivent être égales; d'où il résulte qu'il suffira de faire en sorte que le point D soit le milieu hi, ce qui revient à un problème connu de géométrie élémentaire. Ainsi, on tracera DQ parallèle à l'asymptote ov'', on fera Qi égal à oQ, et la droite hi parallèle au conjugué de BD sera déterminée.

La droite LR parallèle à hi sera par conséquent parallèle à la position qu'aurait prise la tangente demandée si cette droite avait été entraînée par le point nn' lorsqu'on a fait tourner ce point autour de l'axe pour l'amener en $n''n'''$ dans le méridien principal Ln''.

Pour avoir la véritable position de la tangente au point nn', on devra opérer comme nous l'avons fait pour la tangente au point mm'. Ainsi : la droite LR étant parallèle à la droite hi, on fera l'arc RR$''$ égal à rr'', ce qui déterminera la quantité angulaire RLR$'' = rLr'' = n''$Ln, dont le méridien Ln'' doit tourner pour revenir à sa position primitive Ln ; la droite LR parallèle à la tangente du point n'' deviendra LR'', ce qui permettra de tracer la droite YY tangente au point n de la courbe de séparation intérieure.

Pour obtenir la projection verticale de cette ligne, on projettera le point R'' en R''' sur l'arc de cercle horizontal décrit par le point R,R', et l'on obtiendra la projection verticale R'''L' de la droite menée par le point LL', parallèlement à la tangente demandée.

De sorte que la droite Y'Y' parallèle à R'''L' sera la projection verticale de la tangente, au point nn' de la courbe de séparation intérieure.

---

195. Rayons de lumière tangents à la ligne de séparation intérieure. Nous avons dit que ces rayons, au nombre de *quatre*, déterminent les quatre points de rebroussement de l'ombre portée sur le plan horizontal de projection (*fig.* 78, *pl.* 17).

Ce sont encore les mêmes rayons qui déterminent les points de rebroussement des courbes N et M (*fig.* 14 et 15 de la planche actuelle).

Pour faire comprendre en quoi le problème qui va nous occuper diffère de celui que nous venons de résoudre, nous rappellerons qu'alors, on connaissait le point de tangence, et qu'il s'agissait de trouver la direction de la tangente ; tandis que maintenant on connaît la direction de la tangente, qui doit être parallèle au rayon lumineux (116), de sorte qu'il ne reste plus qu'à déterminer le point de tangence.

Pour y parvenir, on remarquera que la condition à laquelle il faut satisfaire, consistant surtout dans la coïncidence qui doit exister entre la tangente et le rayon lumineux, on peut chercher *quelle est la tangente qui coïncide avec le rayon lumineux*, ou bien :

Quel est le rayon lumineux qui coïncide avec la tangente.

C'est dans ces derniers termes que nous poserons la question.

196. Si en un point quelconque d'une surface courbe, on conçoit une seconde surface osculatrice de la première, il est évident que ces deux surfaces, ayant la même courbure dans le voisinage du point d'osculation, les deux lignes de séparation seront, en ce point, osculatrices l'une de l'autre, et la question étant résolue pour l'une de ces deux surfaces, sera également résolue pour l'autre.

Or, si la surface osculatrice est un ellipsoïde (*fig.* 11) ou un hyperboloïde (*fig.* 29), nous savons que le rayon lumineux M'N' et la tangente K'I' en un point quelconque de la ligne de séparation, sont toujours parallèles aux deux diamètres conjugués MN et KI de la section faite dans la surface osculatrice par un plan parallèle à celui qui touche les deux surfaces en leur point d'osculation. Il s'ensuit, que l'angle formé par ces deux diamètres MN et KI sera égal à l'angle que le rayon lumineux M'N' fait avec la tangente K'I' à la ligne de séparation.

Mais, pour que ces deux lignes se confondent, il faut nécessairement que l'angle qu'elles font entre elles soit réduit à zéro.

197. Or, on remarquera que cela ne peut jamais avoir lieu pour un point de la ligne de séparation extérieur, parce que la surface osculatrice en un quelconque de ces points, devant être un ellipsoïde, les diamètres conjugués MN, KI de la section de cette surface par un plan parallèle au plan tangent, ne peuvent jamais faire entre eux un angle nul (*fig.* 11 et 26), tandis que pour les points de la ligne de séparation intérieure, la surface osculatrice étant un hyperboloïde, et la section parallèle au plan tangent étant une hyperbole (*fig.* 27 et 29), on sait que les deux diamètres conjugués MN, KI se confondront entre eux lorsqu'ils coïncideront avec l'une des deux asymptotes.

En effet, l'angle des deux diamètres MN et KI (*fig.* 27) est toujours égal à l'angle VNS que le diamètre MN fait avec la tangente au point N; or, on sait que l'angle VNS diminue lors-

que le point N s'éloigne du sommet de la courbe; il est donc
évident, qu'au moment où le point N sera éloigné jusqu'à l'infini, le diamètre MN et la tangente VU devront coïncider avec
l'asymptote OH, de sorte que l'angle VNS étant réduit à zéro,
le second diamètre KI parallèle à la tangente VU se confondra
avec MN et, par conséquent, avec l'asymptote OH de la courbe.

Ainsi, pour que le rayon lumineux soit tangent à la ligne de
séparation ou, ce qui revient au même, pour que le rayon
M'N' (*fig.* 29) coïncide avec la tangente K'I', il faut que les
angles K'O'N' et KON soient nuls ; et par conséquent, il faut
que les deux diamètres conjugués MN et KI coïncident avec
l'une des asymptotes de la section hyperboloïque que l'on
obtient en coupant l'hyperboloïde osculateur par un plan
parallèle à celui qui touche la surface donnée au point O'.

198. Il est évident que cette condition ne suffit pas pour
résoudre le problème, car le point de tangence O' n'étant pas
connu on ne peut pas construire immédiatement l'hyperboloïde osculateur.

Dans ce cas, on pourra procéder en sens inverse et par voie
d'élimination; ainsi, on construira les hyperboloïdes osculateurs
pour un certain nombre de points de la courbe de séparation
ZR (*fig.* 29); puis on choisira parmi ces points celui pour lequel le rayon lumineux M'N' et la tangente K'I' se confondront,
ou ce qui est la même chose seront parallèles à l'une des
asymptotes de la section hyperbolique parallèle au plan tangent mené par le point osculateur.

La question proposée pourra donc se décomposer de la manière suivante (*fig.* 14 et 15) :

1° ▬▬ On supposera que tous les points de la ligne de
séparation intérieure, tournant autour de l'axe, sont
venus successivement se placer sur la circonférence du
cercle méridien C' qui est la courbe génératrice de la
surface de révolution donnée.

2° ▬▬ On concevra un hyperboloïde osculateur pour chacun de ces points.

3° ▬▬ On coupera chacun de ces hyperboloïdes osculateurs
par un plan parallèle au plan tangent mené par le point
d'osculation correspondant.

4° ▬▬ Les asymptotes de ces diverses hyperboles détermineront pour *chaque point d'osculation*, quelle doit être
la direction de la lumière pour *qu'en ce point* le rayon
lumineux coïncide avec la tangente à la courbe de séparation.

5° ▬▬ Il ne restera plus qu'à choisir parmi ces divers
rayons lumineux, celui qui sera parallèle à la direction de la lumière donnée.

199. Épure. *Première opération.* Il n'est pas nécessaire et il
serait évidemment impossible de construire les hyperboloïdes
osculateurs pour chacun des points de la courbe de séparation.
Il suffira de faire l'opération pour trois ou quatre de ces points
que nous supposons ramenés sur la circonférence du cercle
méridien C'; le point 2 étant le plus élevé de la ligne de séparation, le point demandé ne doit pas être cherché au-dessus.

Les deux parties $c'\text{-}2''$ et $2''\text{-}q'$ de la normale $c'q'$ seront les
rayons principaux de courbure de la surface donnée, et de
l'hyperboloïde osculateur au point 2 ramené en $2''$.

La normale $c'q'$ étant rabattue en $c'q'$ et projetée sur le plan
horizontal en cq''', les deux droites $c\text{-}2'''$ et $2'''\text{-}q'''$ seront égales
aux rayons de courbure principaux $c'\text{-}2''$ et $2''\text{-}q'$ de la surface
et de son hyperboloïde osculateur au point $2''$.

La demi-circonférence $c\text{-}14\text{-}q'''$ étant décrite sur cq''' comme
diamètre, la droite $2'''\text{-}14$, moyenne proportionnelle entre les
deux lignes $c\text{-}2'''$ et $2'''\text{-}q'''$, sera l'axe imaginaire de l'hyperboloïde osculateur du point $2''$, on ne construira pas la projection horizontale de cet hyperboloïde.

La droite $2'''\text{-}14$, ramenée en $z\text{-}14'$ sùr la perpendiculaire abaissée du point z' de la projection verticale, sera l'axe imaginaire de la section hyperbolique que l'on obtiendrait en coupant l'hyperboloïde osculateur du point $2''$ par le plan P_3 parallèle au plan tangent du point $2''$.

La droite c-$14'$, asymptote de cette hyperbole, sera par conséquent la direction que devrait prendre le rayon lumineux pour qu'au point $2''$ de la surface il soit tangent à la ligne de séparation intérieure correspondante.

En opérant de la même manière, on obtiendra l'asymptote c-$15'$ pour la direction du rayon lumineux qui au point 12 de la surface serait tangent à la ligne de séparation correspondante.

L'asymptote c-$16'$ sera également la direction du rayon lumineux qui au point 13 serait tangent à la ligne de séparation correspondante, ainsi de suite.

Les asymptotes c-$14'$, c-$15'$, c-$16'$ et toutes celles que l'on pourrait obtenir par la même méthode, formeront une surface conique qui aura pour sommet le point cc'.

Chacune des génératrices de ce cône exprime la direction d'un rayon lumineux qui pour un point de la circonférence C', serait tangent à la ligne de séparation correspondante.

Il ne reste donc plus qu'à choisir parmi ces rayons celui qui serait parallèle à la lumière donnée.

Or cette dernière condition, dépendant des deux projections du rayon lumineux, pourra elle-même être décomposée de la manière suivante :

1° ▬ Nous chercherons parmi les rayons obtenus précédemment, celui dont l'inclinaison, par rapport au plan horizontal, sera égale à celle du rayon donnée SL S'L'.

2° ▬ Puis, nous ferons tourner ce rayon jusqu'à ce qu'il soit parallèle au méridien SL.

Pour résoudre la première de ces deux questions, nous construirons le rayon cb, $c'b'$ parallèle au rayon donné SL, S'L', puis faisant tourner la droite cb, $c'b'$ autour de la verticale du

point cc' nous obtiendrons un cône circulaire dont la génératrice cb, $c'b'$ sera inclinée sur le plan horizontal comme le
rayon de lumière donné SL, $S'L'$.

Or, ce dernier cône et celui qui contient les asymptotes
$c\text{-}14'$, $c\text{-}15'$, $c\text{-}16'$, etc., ayant le même sommet cc' se couperont suivant une droite $c\text{-}17$, $c'\text{-}17'$ qui sera inclinée sur le
plan horizontal comme le rayon de lumière donné, et qui de
plus sera parallèle au rayon lumineux qui toucherait la ligne de
séparation correspondante en un point rabattu sur la circonférence du cercle méridien C'.

200. Pour déterminer la droite $c\text{-}17$, $c'\text{-}17'$ on pourrait
chercher le point suivant lequel les traces des deux cônes se
rencontreraient, mais on peut aussi opérer de la manière suivante :

On coupera les deux cônes par le cylindre vertical qui a pour
trace l'arc de cercle bb''.

Les points suivant lesquels la surface de ce cylindre auxi-
liaire sera percée par les asymptotes $c\text{-}14'$, $c\text{-}15'$, et $c\text{-}16'$,
donneront la courbe $14'''\text{-}15'''\text{-}16'''$ dont l'intersection $17'$ avec
le cercle horizontal $b'\text{-}b^{iv}$ déterminera la droite $c\text{-}17$, $c'\text{-}17'$
suivant laquelle les deux cônes se coupent.

La tangente $18\text{-}18$, $18'\text{-}18'$ parallèle à la droite $c\text{-}17$, $c'\text{-}17'$
sera le rayon lumineux qui jouira de la double condition d'être
incliné sur le plan horizontal comme le rayon de lumière donné
SL, $S'L'$ et d'être tangent suivant le point $3'$, $3'$ à la ligne de
séparation correspondante. Le point $3'$ est déterminé (*fig.* 14)
par le rayon $c'\text{-}3'$ perpendiculaire sur $c'\text{-}17'$.

Il ne reste donc plus pour satisfaire complétement aux conditions du problème, qu'à faire tourner le rayon $18\text{-}18$, $18'\text{-}18'$
que nous venons d'obtenir, jusqu'à ce qu'il soit parallèle au
méridien qui contient le rayon donné SL, $S'L'$.

Pour résoudre cette dernière partie de la question, on tracera la droite Lo' perpendiculaire sur $18\text{-}18$ et l'on décrira l'arc

de cercle $o'o$, puis la tangente $18''$-$18''$ parallèle à SL sera la projection horizontale du rayon demandé.

Le point de tangence o' viendra se placer en o à l'extrémité du rayon Lo perpendiculaire à la tangente $18''$-$18''$, et faisant o-3 égal à o'-$3'$ on obtiendra le point 3 pour la projection horizontale du point suivant lequel le rayon de lumière donné devient tangent à la ligne de séparation intérieure.

La projection verticale du point 3 sera déterminée par l'intersection de la perpendiculaire 3-3 avec la droite $3'$-3 qui est la projection verticale de l'arc de cercle décrit par le point $3'$ lorsqu'on le ramène à sa place. Dans ce mouvement, le rayon $18'$-$18'$ devient parallèle à S'L'.

En opérant de la même manière, on obtiendrait les trois autres points de tangence, mais la symétrie qui a lieu dans la disposition de ces points, permettra évidemment de les construire tous les quatre lorsqu'un seul d'entre eux sera déterminé.

201. Le résultat précédent peut être facilement vérifié par le principe du n° 114; en effet, si par le point S de la figure 15, on abaisse une perpendiculaire sur le méridien L-3, on obtiendra le point s'' qui, rabattu en s''' et projeté (*fig*. 14) sur la droite horizontale S'S'' donnera s^{iv}L' pour la projection du rayon lumineux SL, S'L' sur le plan méridien qui contient le point 3 et le point 7 obtenus précédemment; et si l'on a bien opéré, la droite s^{iv}L' sera parallèle aux plans tangents $18'$-$18'$ et $19'$-$19'$.

La symétrie dispensera de vérifier les points 1 et 5, ce qui au surplus pourrait se faire de la même manière.

---

202. Nous avons dit au n° 176, que parmi les sections que l'on obtient (*fig*. 23) en coupant la surface du tore par les plans N'-1, N'-2, N'-3, etc., qui contiennent la normale du point NN', la section par le plan N'-3 jouissait de cette propriété singulière que son rayon de courbure au point U était infini.

Or, on peut déterminer exactement l'inclinaison du plan N'-3 qui satisfait à cette condition. Pour y parvenir, on se rappellera d'abord qu'au point U de la surface annulaire, les deux rayons de courbure principaux sont :

1° ▬ Le rayon DU du cercle méridien CC';

2° ▬ La partie OU de la normale comprise entre le point U et l'axe de la surface (184).

Par conséquent, si l'on décrit une demi-circonférence sur OD comme diamètre, la droite U*v* moyenne proportionnelle entre les deux rayons de courbure principaux UO et UD, sera l'axe imaginaire ou non transverse de l'hyperboloïde de révolution osculateur au point U de la surface donnée : les droites DH seront les asymptotes de la section méridienne *hh* de cette surface, et les asymptotes N'H' de la projection verticale coïncideront avec les traces verticales des deux plans par lesquels il faut couper la surface annulaire donnée si l'on veut qu'au point U le rayon de courbure soit infini.

En effet, si un hyperboloïde de révolution (*fig.* 28 et 30) est coupé par les deux plans projetants des asymptotes de la section méridienne, les sections seront deux droites *ac* et *vu*, génératrices de la surface donnée.

Par conséquent, les plans N'H' perpendiculaires au plan vertical de projection (*fig.* 23), couperont l'hyperboloïde osculateur au point U de la surface donnée, suivant les deux génératrices droites *ac*, *vu* de cette surface et la courbure de la surface annulaire donnée étant la même au point U que celle de son hyperboloïde osculateur, il s'ensuit que les sections de la surface par les plans N'-3 se confondront avec leur tangente TT et *tt* qui ne sont autre chose que les deux génératrices *ac* et *vu*, suivant lesquelles les plans N'H' coupent l'hyperboloïde osculateur au point U de la surface donnée.

Scolie.

203. **Tangentes à la ligne de séparation**. On peut se proposer, comme étude, de construire une tangente en un point déterminé de la ligne de séparation sur la scotie.

Supposons, par exemple (*fig.* 1 et 2, *pl.* 20), qu'après avoir obtenu le point *uu'* par l'une des méthodes indiquées dans la *Géométrie descriptive*, on veut, avant de tracer la courbe, construire la tangente en ce point, on appliquera le principe du n° 192.

Ainsi, on construira :

1° ▬▬ L'hyperboloïde de révolution osculateur (186).

2° ▬▬ Le plan tangent au point *uu'* ;

3° ▬▬ La section de l'hyperboloïde par un plan parallèle au plan tangent.

4° ▬▬ Le diamètre parallèle au rayon lumineux.

5° ▬▬ Le conjugué du diamètre précédent déterminera la direction de la tangente demandée qu'il sera facile de construire par le point *uu'*, puisque l'on connaîtra sa direction.

On fera bien, comme au n° 193, de faire tourner le point *uu'* jusqu'à ce qu'il soit parvenu dans le méridien principal ; puis de le faire revenir à sa place lorsque la direction de la tangente sera déterminée.

Je n'ai pas exécuté les opérations qui précèdent, parce que cela n'aurait été que la répétition de ce qui a été fait sur les figures 14 et 15 de la planche 19 ; je ferai seulement remarquer, que dans l'exemple actuel, la section méridienne de la surface donnée est une ligne dont la courbure varie pour chacun de ses points, de sorte que le rayon de courbure du méridien au point *u*, sera la normale passant par ce point rabattu en *u''* sur le méridien principal, et se comptera sur cette normale, depuis u'' jusqu'au point où elle touche la développée $6'$-$1'$ de la section méridienne $bu''d$.

---

204. Il sera plus facile de construire la tangente au point oo' suivant lequel la ligne de séparation coupe le cercle de gorge 3-o'' de la surface donnée; en effet :

Pour ce point oo', le rayon de courbure $o''c$ sera égal à la normale 3-$3'$ comprise entre le point 3 du méridien $bu''d$ et le point $3'$ suivant lequel la normale correspondante touche la développée $6'$-$1'$.

On sait de plus (184) qu'au point o'', et par conséquent en o', le second rayon de courbure sera égal au rayon $o'o''$ du cercle de gorge; de sorte qu'en décrivant sur $o'c$ comme diamètre, la circonférence $o'vcv$, la droite $o''v$ moyenne proportionnelle entre $o'o''$ et $o''c$, sera l'axe non transverse ou imaginaire de l'hyperbole qui aurait pour cercle osculateur, la circonférence décrite du point c comme centre, avec le rayon co'' (162), de sorte que l'hyperbole $Ho''H$ et la méridienne $b'o''d'$, ayant au point o'' le même cercle osculateur, les deux surfaces de révolution que l'on obtient en faisant tourner ces deux courbes autour de l'axe commun, auront en o'' les mêmes rayons de courbure principaux, et seront osculatrices l'une de l'autre pour tous les points du cercle de gorge 3-o''.

Or, le plan tangent qui, au point o' contient le rayon lumineux et la tangente demandée, étant parallèle au plan vertical de projection, l'hyperbole que nous venons d'obtenir sera la section de l'hyperboloïde osculateur par le plan vertical sl parallèle au plan tangent en oo'; de sorte qu'il ne reste plus qu'à construire :

1° ▬▬ Le diamètre $o'h$ parallèle au rayon lumineux $s'l'$.

2° ▬▬ La corde ky partagée au point h en deux parties

égales, sera parallèle au diamètre $k'y'$ conjugué de $o'h$ et parallèle par conséquent à la tangente demandée (189).

Or, le centre de l'hyperboloïde osculateur, et le point de tangence oo', ayant une projection verticale commune, il s'ensuit que le diamètre $k'y'$ que nous venons de construire et la tangente au point oo' de la ligne de séparation, auront la même projection verticale.

---

205. Rayons lumineux tangents à la ligne de séparation. Pour déterminer les quatre points 11, 11, 12 et 12 suivant lesquels le rayon lumineux devient tangent à la ligne de séparation, on pourra opérer comme nous l'avons dit au n° 195.

Cependant, si l'on suppose que les différents points de la courbe 1-o'-7, ont été ramenés sur la section méridienne $bu''d$, on devra remarquer que les divers hyperboloïdes osculateurs aux points 1, 2, 3, 4, 5 et 6 n'ont plus comme au n° 199 le même cercle de gorge; de sorte que les sections faites dans ces hyperboloïdes, parallèlement aux plans tangents, passeront par les centres de courbures $1'2'3'4'5'6'$ des cercles osculateurs correspondants, au lieu de passer, comme on le voit sur la figure 14 de la planche 15, par le centre du cercle générateur de la surface annulaire.

A cela près, les opérations seront absolument les mêmes, ainsi :

1° ▬ Les deux rayons principaux de courbure au point 6 de la section méridienne $bu''d$, étant 6-$6'$ et 6-8 (184), on ramènera le point 6 en $9'$ et le point 8 en $10'$, par les deux arcs de cercle 6-$9'$ et 8-$10''$ décrits du point 6 comme centre;

2° ▬ Les droites $9'$-9 et $10'$-10 perpendiculaires à la ligne AZ, détermineront sur la figure 2, la droite $6'$-9 égale à $6'$-6 de la figure $1°$, et 9-10 égale à 6-8;

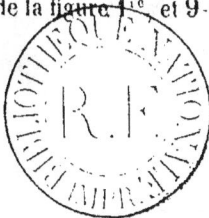

14

3° ▬▬ On décrira la demi-circonférence 10-m-6', et la droite 9-m, moyenne proportionnelle entre 6'-9 et 9-10 de la figure 2, et par conséquent entre 6'-6 et 6-8 de la figure 1, sera l'axe non transverse ou imaginaire de l'hyperboloïde osculateur au point 6 de la surface donnée.

4° ▬▬ Le diamètre m'm', perpendiculaire sur le rayon 6'-6, sera la projection verticale de la section hyperbolique parallèle au plan qui toucherait la surface, et son hyperboloïde osculateur au point 6.

5° ▬▬ On ramènera 9-m en 9''-m'' sur la perpendiculaire m'm'', et la droite 6'-m'' (fig. 2) sera l'une des asymptotes de la section hyperbolique m'm' provenant de la section de l'hyperboloïde osculateur par le plan m'm', parallèle au plan tangent du point 6.

6° ▬▬ Cette droite 6'-m'' sera donc la direction que devrait prendre le rayon lumineux, pour qu'au point 6 de la surface, il soit tangent à la ligne de séparation correspondante (197).

7° ▬▬ La même opération étant répétée pour les points 5, 4, 3, 2 et 1 de la courbe bu''d, on déterminera pour chacun de ces points, la *direction* du rayon lumineux qui serait tangent à la ligne de séparation correspondante.

8° ▬▬ Les asymptotes obtenues par les opérations précédentes, ne passant pas par un même point, forment une surface réglée; mais si par un point quelconque ss' *pris où l'on voudra dans l'espace*, on construit une parallèle à chacune des asymptotes obtenues, on obtiendra comme au n° 199 une surface conique qui contiendra toutes les *directions* des rayons lumineux qui, en chacun des points de la méridienne bu''d, serait tangent à la ligne de séparation correspondante.

Il ne reste donc plus qu'à choisir parmi toutes ces directions, celle qui sera parallèle à la lumière donnée.

9° ▄▄▄ Pour y parvenir, on construira le rayon lumineux sl, $s'l'$.

10° ▄▄▄ On fera tourner cette droite autour de la verticale du point ss', et l'on obtiendra par ce moyen, un cône circulaire dont on construira la trace horizontale lq.

11° ▄▄▄ On construira également la trace horizontale $1'''$-$3'''$-$6'''$ du cône qui contient les droites menées par le point ss' parallèlement aux asymptotes obtenues précédemment.

12° ▄▄▄ Le point $3'''$ de la courbe $1'''$-$3'''$-$6'''$ s'obtiendra en construisant la trace 3^v de la droite $s'3^{iv}$ parallèle à l'asymptote $o'l'$ qui, ramenée dans le plan méridien o'-$3'''$, serait une asymptote de la section produite dans l'hyperboloïde osculateur, par le plan du méridien o'-$3'''$ parallèle au plan qui touche la surface donnée au point 3.

13° ▄▄▄ Les points NN', RR' suivant lesquels la trace lq du premier cône rencontre la trace $1'''$-$3'''$-$6'''$ du second, détermineront les deux droites sN, $s'N'$; sR, $s'R'$ suivant lesquelles se coupent les deux cônes.

14° ▄▄▄ Les droites sN, $s'N'$; sR, $s'R'$, intersections des deux cônes, seront les directions de deux rayons lumineux $n'n'$, $r'r'$ qui seraient inclinés sur le plan horizontal comme le rayon de lumière donné, et qui aux points $11'$ et $12'$ de la section méridienne $bu''3$, seraient tangents chacun à la ligne de séparation correspondante.

15° ▄▄▄ Les projections horizontales $n'n'$ et $r'r'$ de ces deux rayons seront parallèles aux projections sN, sR des deux droites suivant lesquelles se coupent les deux cônes.

16° ▄▄▄ Il ne restera plus qu'à faire tourner les deux droites $n'n'$ et $r'r'$ autour de l'axe jusqu'à ce qu'elles soient venues se placer en nn et rr parallèlement à la projection horizontale du rayon lumineux sl.

17° ▄▄▄ Par suite de ce mouvement, le point e' vient se

placer en *e*, et l'on obtient le point de tangence 12 en
faisant *e*-12 égale à *e'*-12', le point *x'* étant ramené
en *x*, on obtiendra le point de tangence 11 en faisant
x-11 égale à *x'*-11'.

18° ━━ Les quatre points 11, 11, 12, 12 étant déterminés en projection horizontale, il sera facile de construire leurs projections verticales, et par suite les
tangentes 14 et 15 parallèles à la projection verticale *s'l'*
du rayon lumineux.

206. Ainsi, parmi toutes les tangentes que l'on peut déterminer avant de tracer la projection verticale 1-*o'*-7 de la ligne
de séparation, on remarquera :

1° ━━ La tangente 13, parallèle au rayon lumineux et
qui touche la section méridienne au point le plus élevé
de la ligne de séparation.

2° ━━ La tangente 14, parallèle au rayon lumineux et
qui touche la ligne de séparation au point 11.

3° ━━ La droite *k'y'*, tangente à la ligne de séparation
ou point *oo'*.

4° ━━ La droite 15, tangente au point 12 de la ligne de
séparation, et parallèle au rayon lumineux.

5° ━━ Enfin la droite 16, parallèle au rayon lumineux,
touche la section méridienne au point 7 qui est le plus
bas de la ligne de séparation.

Sur la projection horizontale, on remarquera six tangentes
parallèles à la projection horizontale des rayons lumineux.

Quatre de ces droites touchent la ligne de séparation aux
points 11, 11, 12 et 12, et les deux autres 17·17 sont tangentes aux points *o* situés sur le cercle de gorge.

────────

207. **Point lumineux**. Pour ne plus avoir à revenir sur

ce genre de questions, qui malgré l'intérêt qu'elles présentent sous le rapport de la théorie, nous éloigneraient trop du but pratique que l'on se propose dans une épure d'ombre, je vais indiquer le moyen de construire des tangentes à la ligne de séparation, lorsque la lumière provient d'un point lumineux, au lieu d'être produite par le soleil, comme nous l'avons supposé dans tous les exemples qui précèdent.

208. Soit d'abord (*fig.* 3) un ellipsoïde éclairé par un point lumineux S, on sait que la ligne de séparation sera une ellipse C.

Mais, si nous supposons que le point lumineux S soit reculé jusqu'à l'infini, dans la direction de la droite SV, le cône formé par les rayons lumineux qui enveloppent la surface, se transforme en un cylindre, et la ligne de séparation est encore une ellipse B.

Or, ces deux ellipses ont évidemment un point commun m, suivant lequel la surface donnée est touchée par la génératrice VU qui appartient en même temps au cône et au cylindre.

De plus, ces deux courbes ne peuvent pas se couper; car si elles avaient un second point commun n, les plans qui, en chacun des points m et n, toucheraient la surface donnée, seraient tangents *tous les deux* au cône et au cylindre enveloppant; ce qui est impossible, puisque ces deux dernières surfaces n'ayant qu'une génératrice commune, ne peuvent avoir qu'un seul plan tangent : d'où il résulte que les courbes B et C sont nécessairement tangentes l'une à l'autre.

Puisque les deux ellipses se touchent au point m, il est évident qu'elles ont, en ce point, une tangente commune mT, de sorte que pour construire la tangente en un point quelconque de la ligne de séparation C suivant laquelle l'ellipsoïde donné est touché par le cône des rayons lumineux issus du point S, il suffira de chercher la tangente à la ligne de séparation que l'on obtiendrait si la lumière provenait d'un point situé à l'infini dans la direction de la droite *m*S et la question est alors ramenée au théorème du n° 189.

209. Ainsi, (*fig. 4*) pour construire une tangente en un point de la ligne de séparation suivant laquelle l'ellipsoïde est touché par le cône des rayons lumineux issus du point S, on construira :

1° ▬ Le plan P tangent au point *m* de l'ellipsoïde ;

2° ▬ La section elliptique *zcxu* par un plan parallèle au plan tangent P.

3° ▬ Le diamètre *zx* parallèle au rayon lumineux *sm*.

4° ▬ Le conjugué *cu* de *zx* sera parallèle à la tangente demandée *m*T, qu'il sera facile alors de construire par le point donné *m*, puisque l'on connaîtra sa direction *cu*.

210. Tout ce que nous venons de dire pour l'ellipsoïde, s'applique à l'hyperboloïde et l'on emploiera celle de ces surfaces qui conviendra le mieux dans chaque cas.

————

211. Tangente à la ligne de séparation. Si par exemple (*fig. 5*) on voulait construire une tangente au point *uu'* de la courbe suivant laquelle la scotie est touchée par le cône des rayons lumineux issus du point *ss'*.

Le point *uu'* étant déterminé par l'une des méthodes indiquées dans la *Géométrie descriptive*, on construira (190) :

1° ▬ Le plan tangent au point *uu'* de la surface donnée ;

2° ▬ L'hyperboloïde osculateur au même point (186).

3° ▬ La section hyperbolique parallèle au plan tangent (189).

4° ▬ Le diamètre parallèle au rayon lumineux qui contient le point donné.

5° ▬ Le conjugué du diamètre précédent sera parallèle

à la tangente demandée qu'il sera facile de construire, puisque l'on connaît le point de tangence et la direction de la tangente.

Je n'ai pas indiqué ces détails d'épure, qui seraient la répétition de ce que nous avons dit au n° 191.

———

212. L'opération sera plus simple si l'on veut déterminer la tangente au point oo' suivant lequel la ligne de séparation coupe le cercle de gorge. En effet, pour ce point, comme nous l'avons fait au numéro 212, on pourra prendre pour hyperboloïde osculateur, la surface de révolution engendrée autour de l'axe par l'hyperbole qui aurait pour axe réel le rayon Oo'' du cercle de gorge $3\text{-}o''$, et pour axe non transverse ou imaginaire, la moyenne proportionnelle $o''v$ entre Oo'' et $o''c$ qui est le rayon de courbure au point o' du méridien.

On n'a pas besoin de construire cette hyperbole $Ho''H$ qui n'est ici que pour rappeler le principe ; les asymptotes OB, OB suffiront.

1° ▬ Ces deux lignes étant obtenues, on considérera l'hyperbole $Ho''H$ et ses asymptotes comme la section de l'hyperboloïde osculateur par le plan méridien sP.

2° ▬ On fera tourner le plan tangent P_1 autour de l'axe, jusqu'à ce qu'il soit venu se placer dans la position P_2 parallèle au plan coupant P.

3° ▬ La droite $s'''O$ sera la nouvelle projection verticale du rayon de lumière qui contient le point oo'.

4° ▬ Le plan tangent P_1 étant rabattu en P_2 la droite Os''' sera la projection de l'un des diamètres de l'hyperbole $Ho''H$, qui est la section de l'hyperboloïde osculateur par le plan P parallèle au plan tangent P_2.

5° ▬ La corde ky, partagée au point h en deux parties égales, sera parallèle au conjugué $k''y''$ du diamètre Os''' et le diamètre $k''y''$ sera projeté sur la figure 6 en $k'''y'''$.

6° ▬ Cette dernière ligne, ramenée en ky, sera la projection horizontale de la tangente demandée $k'y'$, qu'il sera facile de construire en faisant tourner le point k''' de la trace horizontale du plan P_2 jusqu'à ce qu'il soit venu se placer sur la trace du plan tangent P_1

---

213. Rayons de lumière tangents à la courbe de séparation. Il existe ici comme dans le cas où la lumière est située à l'infini, quatre points suivant lesquels le rayon lumineux est tangent à la courbe de séparation.

Pour déterminer ces points on pourra opérer de la manière suivante :

1° ▬ On choisira sur la courbe o-3-7 un certain nombre de points suffisamment rapprochés.

2° ▬ Par chacun de ces points, on construira la normale et l'on déterminera le centre de courbure avec le plus d'exactitude possible.

Si la méridienne est une courbe à plusieurs centres, ces points seront évidemment connus puisqu'ils auront servi à construire la courbe.

3° ▬ Pour chaque point de la courbe o-3-7, on déterminera l'hyperboloïde osculateur (186) et l'une des asymptotes de la section hyperbolique produite dans cette surface par un plan parallèle au plan tangent correspondant (197).

Pour éviter la confusion, on n'a pas conservé toute cette partie de l'épure qui n'est que la répétition de ce que l'on a fait sur les figures 1 et 2.

4° ▬ Par chaque point de la courbe o-3-7 on construira une droite parallèle à l'asymptote de la section faite dans l'hyperboloïde osculateur correspondant par le plan perpendiculaire au rayon de courbure; les projections verticales $1''$, $2''$, $3''$, etc., de ces droites, seront tangentes à la courbe o-3-7.

5° ▬ Les droites que nous venons d'obtenir seront parallèles aux rayons lumineux qui, pour chaque point de la courbe o-3-7 seraient tangentes à la ligne de séparation correspondante (197).

6° ▬ Les droites $1''$, $2''$, $3''$, forment dans l'espace une surface réglée dont toutes les génératrices sont tangentes à la scotie en un point de la section méridienne o-3-7; le rayon demandé sera donc l'une des génératrices de cette surface, de sorte qu'il ne restera plus qu'à choisir parmi toutes ces droites celle qui passerait par le point lumineux donné.

7° ▬ Pour résoudre cette partie de la question, supposons que le rayon de lumière cherché tourne autour de l'axe de la surface donnée, il engendrera un hyperboloïde de révolution dont toutes génératrices seront également tangentes en un point de la courbe o-3-7.

8° ▬ On coupera les deux surfaces par un plan horizontal P_3 contenant le point lumineux donné ss', et l'on obtiendra pour section la courbe $1'''$-$3'''$-$6'''$ située dans la première surface, et la circonférence sN$R$$s''$ située sur l'hyperboloïde engendrée par le mouvement du rayon cherché autour de l'axe.

9° ▬ Les points N et R suivant lesquels se coupent les deux courbes $1'''$-$3'''$-$6'''$ et sN$R$$s''$ étant projetés sur le plan vertical en N' et R', on construira les deux droites N'-$11'$ et R'-$12'$ tangentes à la section méridienne.

Ces lignes, intersections des deux surfaces réglées, jouiront de la propriété commune à toutes les droites situées dans la première surface d'être parallèles aux rayons lumineux qui en un point de la courbe o-3-7 serait tangent à la ligne de séparation correspondante.

Il ne reste donc plus qu'à faire tourner les droites que

nous venons d'obtenir jusqu'à ce qu'elles contiennent le point de lumière donné *ss'*.

Pour y parvenir :

10° ▬ On projettera les points de tangence 11' et 12' sur la trace du méridien principal.

On obtiendra ainsi les projections horizontales des deux lignes N-11' et R-12'.

11° ▬ On fera tourner ces droites autour de l'axe, jusqu'à ce qu'elles contiennent la projection horizontale *s* du point lumineux, ce qui donnera pour chacune, deux positions différentes *s*-11 et *s*-12.

12° ▬ On déterminera bien exactement les nouvelles projections horizontales des points 11, 11, 12 et 12, puis des perpendiculaires à la ligne AZ détermineront les projections verticales de ces points sur les horizontales tracées par leurs projections 11' et 12'.

13° ▬ Les droites *s'*-11 et *s'*-12 seront alors tangentes à la projection verticale de la ligne de séparation.

---

214. Ainsi, parmi les tangentes que l'on peut mener à cette courbe, on devra distinguer, sur la projection horizontale, six tangentes passant par le point *s*, savoir :

1° ▬ Les deux droites *so*, *so* tangentes aux points *o*, *o* du cercle de gorge.

2° ▬ Les quatre droites *s*-11, *s*-11, *s*-12 et *s*-12 tangentes aux points 11 et 12 à la projection horizontale *nozo* de la courbe de séparation.

Et sur la projection verticale on aura :

1° ▬ La droite *s'n'* tangente à la méridienne.

2° ▬ *s'*-11 tangente au point 11.

3° ▬ *s'*-12 tangente au point 12.

4° ▬ *s'z'* tangente au point *z'* du méridien.

5° ▬▬ La droite $k'y'$ tangente au point o' de la courbe $n'o'z'$.

Les quatre premières lignes sont des rayons lumineux, la dernière n'est pas un rayon de lumière.

La trace du cône formé par les rayons lumineux qui s'appuient sur la courbe de séparation, aurait quatre points de rebroussement.

Ces points analogues à ceux que l'on obtient lorsque les rayons de lumière sont parallèles, seraient déterminés par la rencontre des quatre rayons tangents s-11, s-11, s-12, s-12 avec le plan de projection.

───────

ÉTUDE D'OMBRES SUR DES CHAÎNES.

215. Dans les dessins de machines, on rencontre souvent l'occasion de projeter des surfaces annulaires dans toutes sortes de positions. Ainsi, par exemple, supposons que l'on veut tracer les ombres sur les différents anneaux d'une chaîne projetée sur la *fig.* 4 de la planche 21.

216. Ligne de séparation. On remarquera d'abord que ces anneaux ne sont autre chose que des surfaces annulaires dont les axes, horizontaux, sont alternativement parallèles et perpendiculaires au plan vertical de projection. Il sera donc facile, par une disposition d'épure convenable, de ramener la question actuelle au principe que nous avons exposé au n° 114; ainsi, il est évident que pour obtenir les lignes de séparation sur l'un des anneaux qui sont désignés par les lettres A,A',A'', il suffira d'exécuter sur les projections A et A' toutes les opérations qui, sur la planche 17, se rapportent aux *fig.* 77 et 78, en supposant seulement que l'épure aurait été renversée : c'est-à-dire que la projection A, *fig.* 7, de la planche actuelle, remplacera la projection verticale *fig.* **77** de la planche **17**, tandis que la projection horizontale *fig.* **78** de cette même planche serait remplacée par l'une des deux projections A' ou A″ de la planche actuelle.

Cela étant admis, et les projections SO, S'O' de la lumière étant données, on obtiendra sur l'anneau AA' les lignes de séparation extérieure et intérieure, par la méthode exposée au n° **114**, ou par l'une des autres méthodes indiquées dans le Traité de géométrie descriptive.

Ces deux lignes sont partout désignées sur l'épure par les n°ˢ **1** et **2**.

217. Pour déterminer les lignes de séparation sur les anneaux désignés sur la *fig.* **4** par B' et B″, on fera usage de leurs projections B et B‴, *fig.* **7** et **6**.

On peut supposer que cette dernière figure est la projection de l'anneau BB' sur un plan perpendiculaire à la ligne AZ, et que l'on a ensuite rabattu ce plan autour de l'horizontale projetante de l'un de ses points, jusqu'à ce qu'il soit venu prendre la position indiquée *fig.* **6**.

En faisant $u‴S‴$ de la *fig.* **6** égal à $u'S'$ de la *fig.* **4** on aura $S‴C‴$ pour la projection du rayon lumineux qui passerait par le centre C' de l'anneau B', *fig.* **4**.

Cela étant fait, il sera facile de construire sur les *fig.* **6** et **7** les lignes de séparation de l'anneau BB‴.

Ces deux lignes sont désignées sur l'épure par les n°ˢ **3** et **4**.

218. Ombres portées. Les lignes de séparation obtenues sur les surfaces AA'A″ et BB'B″, seront les directrices des cylindres formés par les rayons lumineux qui s'appuient sur les différents anneaux de la chaîne ; et les traces de ces surfaces cylindriques détermineront toutes les ombres portées sur les plans de projections.

Les quatre points de rebroussement qui existent sur les courbes d'ombres portées par les lignes de séparation inté-rieures, sont trop peu sensibles, dans l'exemple actuel, pour qu'il soit nécessaire de s'en occuper (*pl.* 18, *fig.* 2).

Quand on aura déterminé les traces des cylindres formés par les rayons lumineux qui enveloppent les anneaux, on indiquera par des lignes pleines les parties de ces courbes qui forment le contour réel des ombres portées, et l'on conservera le reste en lignes ponctuées.

219. Il semble, au premier abord, que l'on pourrait né-gliger tout ce qui n'appartient pas au contour réel des ombres.

Mais, pour agir ainsi, il faudrait déterminer sur les lignes de séparation quelles sont les parties qui portent ombre sur les plans de projections, et quels sont les rayons lumineux qui sont arêtés par les différentes surfaces des anneaux.

Ensuite, la construction entière des traces des cylindres formés par les rayons lumineux qui s'appuient sur les lignes de séparation, est souvent très-utile pour construire les ombres portées sur l'objet dont on s'occupe, parce que les points suivant lesquels se rencontrent les traces des cylindres formés par les rayons qui s'appuient sur deux lignes de sépa-ration, indiquent les points de l'une de ces lignes qui portent ombre sur l'autre, et facilitent en outre la recherche des points d'ombres portés sur toute autre ligne de la surface (119).

Ainsi, les rayons lumineux qui s'appuient sur la ligne de séparation 3 de la surface B'', *fig.* 4, forment une surface cy-lindrique qui a pour trace verticale la courbe 3 de l'ombre portée. Le cylindre formé par les rayons lumineux qui s'ap-puient sur la ligne de séparation 1 de la surface A'', a pour trace la courbe 1 de l'ombre portée.

Le point 5, suivant lequel les deux courbes 1 et 3 se ren-contrent, détermine le rayon 5-5 commun aux deux surfaces cylindriques, et ce rayon, s'appuyant sur les deux courbes, détermine par conséquent le point 5, qui est l'ombre portée sur la courbe 1 de l'anneau A″ par le point 5 de la courbe 3 de l'anneau B″ (119).

On obtiendra de la même manière sur l'anneau A″ le point 6, qui est l'ombre portée sur la courbe 2 par le point 6 de la courbe 3 de l'anneau B″; le point 7 déterminé sur la courbe 1 de l'anneau A″ par le rayon lumineux qui contient le point 7 de la courbe 4 de l'anneau B″, et le point 8, qui est l'ombre portée sur la courbe 2 de l'anneau A″ par le point 8 de la courbe 4 de l'anneau B″.

Indépendamment des quatre points que nous venons d'obtenir, il sera facile de déterminer autant de points que l'on voudra.

Ainsi, le plus grand et le plus petit parallèle de la surface A″, *fig.* 4, ayant le même centre OO′,

On concevra le rayon lumineux qui passerait par ce point, et l'on construira la trace verticale O″ de ce rayon.

On décrira de ce point, comme centre, les deux circonférences concentriques 9 et 10 égales au plus grand et au plus petit parallèle de la surface A″.

Ces deux cercles seront les traces des cylindres formés par les rayons lumineux qui s'appuieraient sur le cercle de gorge et sur le plus grand parallèle de la surface A″, si cette surface était transparente; les points suivant lesquels les courbes 3 et 4 rencontrent les deux cercles concentriques 9 et 10 détermineront quatre rayons lumineux, qui s'appuient en même temps sur les lignes de séparation de la surface annulaire B″ et sur les deux parallèles 9 et 10 de la surface A″; de sorte que les points 11, 12, 13 et 14, suivant lesquels les rayons qui contiennent ces points rencontrent les deux cercles 9 et 10 de la surface A″, détermineront les points d'ombre portée sur ces deux cercles par les points correspondants des lignes de séparation de la surface B″.

220. Les points 13 et 14 sont trop près des points 7 et 8

pour que la courbe qui contient ces quatre points soit bien déterminée. Il sera donc utile de chercher quelques points intermédiaires.

Ainsi, par exemple, si par le point n de la *fig.* 7, nous traçons la projection horizontale d'un rayon lumineux, nous déterminerons en n'' l'ombre portée par le centre nn' du parallèle 17-17 de la surface A'', *fig.* 4.

Le cercle 17-17, décrit du point n'' comme centre, sera la trace du cylindre formé par les rayons lumineux qui s'appuient sur le cercle 17 de la surface, et les points 15 et 16, suivant lesquels le cercle 17 est rencontré par les courbes 3 et 4 de l'ombre portée, détermineront sur la circonférence 17 de l'anneau A'', les ombres portées par les deux points correspondants des courbes 3 et 4 de l'anneau B'' (119).

Il est évident que l'on pourra obtenir ainsi deux points sur chacun des parallèles de la surface A''.

On déterminera de la même manière l'ombre portée sur la partie inférieure de l'anneau A'' par la partie supérieure de l'anneau B'.

Ainsi, les courbes 1, 2 et les cercles 9, 10 et 17 de l'ombre portée sur le plan vertical de projection par l'anneau A'', seront rencontrés par les courbes 3 et 4 de l'ombre portée par l'anneau B', suivant 10 points qui appartiendront aux courbes d'ombre portées par les lignes de séparation 3 et 4 de l'anneau B' sur la surface annulaire de l'anneau A''.

221. Les points désignés sur l'épure par la lettre m'' sont les traces des rayons qui passeraient par les points suivant lesquels les surfaces se touchent. En effet, le point mm', suivant lequel l'anneau A' s'appuie sur B', est évidemment situé sur le cercle de gorge de la surface A', et sur le cercle correspondant de la surface B'. Le rayon qui passe par le point m sera donc l'intersection du cylindre formé par les rayons lumineux

qui s'appuient sur le premier de ces deux cercles avec le cylindre des rayons qui s'appuient sur le second.

D'où il résulte que la trace verticale du rayon commun à
ces deux cylindres doit être située en même temps sur le cercle
10 qui est la trace verticale du premier, et sur l'ellipse 18 qui
est la trace verticale du second.

Ces points ne sont indiqués ici que comme exercices, car
il est évident qu'ils ne peuvent pas porter ombre.

222. Les *fig.* 2, 3 et 5 sont les projections d'une chaîne
dont les anneaux, *fig.* 2 et 5, ont la forme d'une S, et se composent évidemment de deux parties de surfaces annulaires qui
se raccordent suivant le cercle méridien projeté sur la *fig.* 2
par la petite droite *ac*.

Les *fig.* 2 et 3 serviront à déterminer les lignes de séparation sur le chaînon AA', et les *fig.* 3 et 5 détermineront les
lignes correspondantes sur le chaînon BB'.

On pourra considérer chaque chaînon comme terminé par
deux hémisphères désignés sur la *fig.* 5 par *m* et *n*.

Les lignes de séparation sur ces demi-sphères pourront être
déterminées facilement par les principes exposés dans la
Géométrie descriptive, et quand toutes les lignes de séparation seront obtenues, on tracera les ombres portées sur les
plans de projection et sur les anneaux, en opérant comme
nous l'avons dit plus haut (220).

La partie supérieure de la chaîne contient deux anneaux
allongés comme celui qui est projeté sur les *fig.* 8 et 9.

Chacun de ces anneaux se compose de deux moitiés A et B
d'une surface annulaire et des deux petits cylindres *h* et *k*.

La recherche des lignes de séparation s'obtiendra en disposant l'épure comme nous l'avons fait pour les chaînons en S
projetés sur les *fig.* 2, 3 et 5.

Je ne crois pas qu'il soit nécessaire de donner ici de plus
grands détails sur cet exemple que j'indique aux élèves comme

sujet d'une épure qu'ils feront bien d'exécuter sur une plus grande échelle.

DEUXIÈME ÉTUDE D'OMBRES SUR DES CHAÎNES.

223. La planche 22 fera facilement comprendre comment il faudrait disposer l'épure pour construire la projection et les ombres de la chaîne projetée sur les *fig.* 3 et 7.

Cet exemple diffère de ceux que nous avons étudiés sur la planche qui précède, en ce que les axes horizontaux des surfaces annulaires rencontrent le plan vertical de projection suivant des angles de 45°.

224. Épure. Les *fig.* 3, 5, 6, 7, 8 et 9 contiennent toutes les opérations nécessaires pour construire les projections et les ombres de la partie de la chaîne qui est projetée sur la *fig.* 3.

Les détails de cette épure n'étant que la répétition de ce que nous avons déjà dit plusieurs fois, il suffira d'indiquer l'ordre des opérations à effectuer pour obtenir le résultat.

225. Projection de la chaîne. Les différentes courbes qui forment le contour de la projection de la chaîne sur le plan vertical *fig.* 3 sont les traces des cylindres horizontaux tangents et perpendiculaires au plan vertical de projection A'Z'.

Ces cylindres auront évidemment pour directrices les courbes suivant lesquelles les surfaces de la chaîne seraient touchées par une suite de plans perpendiculaires au plan vertical A'Z', et parallèles par conséquent à une horizontale projetante VO, *fig.* 7.

Pour obtenir ces courbes, on pourra opérer de la manière suivante.

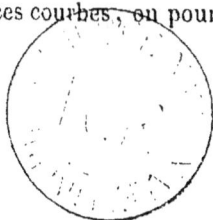

15

1° Les projections horizontales des anneaux M et N étant construites, *fig.* 7, on concevra un plan auxiliaire de projection A″Z″ vertical et perpendiculaire aux axes des surfaces annulaires qui forment les deux anneaux du chaînon M.

Cette projection auxiliaire est rabattue *fig.* 9, autour de sa trace horizontale A″Z″.

Les anneaux du chaînon M se projettent sur le plan auxiliaire de projection A″Z″, par des cercles concentriques qui se raccordent sur la perpendiculaire abaissée de O sur A″Z″.

Les demi-sphères qui terminent chaque chaînon se raccordent avec les surfaces annulaires correspondantes par deux cercles qui se projettent en ligne droite sur le plan auxiliaire A″Z″.

2° La droite VO, perpendiculaire au plan vertical de projection A′Z′, se projette sur ce plan par le point O′ et sur le plan auxiliaire de projection par la droite V″O″ parallèle à A″Z″.

Les dispositions précédentes étant adoptées, on exécutera sur les *fig.* 7 et 9 toutes les opérations nécessaires pour déterminer les deux courbes suivant lesquelles les surfaces des deux anneaux du chaînon M sont touchées par les cylindres projetants parallèles à la droite horizontale VO, V″O″.

Pour mieux apprécier la courbure des lignes cherchées, on fera bien d'opérer comme si les deux surfaces annulaires étaient entières, sauf à ne conserver que les parties de ces lignes qui appartiennent à la surface réelle du chaînon.

Les courbes que l'on obtiendra ainsi seront au nombre de deux pour chacune des deux surfaces annulaires, savoir : les courbes, suivant lesquelles les deux anneaux sont touchés par les cylindres projetants qui les enveloppent extérieurement, et les deux courbes, suivant lesquelles les mêmes anneaux sont touchés par les cylindres projetants intérieurs.

Les cylindres projetants parallèles à la droite VO, V″O″ touchent les deux sphères qui terminent les chaînons, suivant deux grands cercles qui se projetteront sur la figure 7 par des droites parallèles à A'Z' et dont les projections sur la figure 3 seront par conséquent deux cercles.

Lorsque l'on aura déterminé sur les *fig.* 7 et 9 les projections des deux courbes suivant lesquelles les surfaces des anneaux sont touchées par les cylindres projetants parallèles à la droite horizontale VO, V"O", il sera facile de projeter ces courbes sur le plan vertical A'Z'.

Il suffira pour cela de tracer une perpendiculaire à A'Z' par chacun des points obtenus sur la projection *fig.* 7, et de porter sur cette perpendiculaire la hauteur du point correspondant au-dessus de A"Z", ou de toute droite horizontale de la même figure.

226. Lorsqu'on aura construit sur le plan vertical A'Z', les projections des courbes, suivant lesquelles les anneaux du chaînon M sont touchés par les cylindres projetants parallèles à la droite horizontale VO, V"O", on construira les courbes suivant lesquelles les surfaces annulaire du chaînon N sont touchées par les cylindres projetants perpendiculaires au plan vertical A'Z'.

Ces courbes pourront être déterminées de la même manière au moyen de la figure 6, qui est une projection, sur le plan vertical A'''Z''', perpendiculaire aux axes des anneaux qui forment le chaînon N; cette seconde opération ne serait nécessaire que si les axes des anneaux n'étaient pas également inclinés par rapport au plan vertical de projection A'Z', comme on le voit sur la projection horizontale de la chaîne qui est dessinée figure 2; mais dans l'épure actuelle, il résulte de l'inclinaison symétrique des deux anneaux, par rapport au plan A'Z', que les courbes qui forment le contour de la projection du chaînon N sont exactement égales à celles qui forment le contour de la projection du chaînon M; de sorte que les hauteurs des différents points de ces dernières courbes au-dessus des droites horizontales qui passent par les centres des anneaux du chaînon M, donneront sur les mêmes perpendiculaires les hauteurs des points correspondants des courbes qui forment le contour de la projection du chaînon N.

227. Les courbes dont nous venons de parler n'ont pas été tracées sur les figures 9 et 6, et je n'en parle ici que pour in-diquer au lecteur une occasion de s'exercer à l'application du principe général énoncé dans la *Géométrie descriptive*.

Il sera beaucoup plus simple, dans le cas actuel, de con-struire directement sur la figure 3 les courbes qui forment le contour de la projection des anneaux.

Pour cela il suffit de considérer la surface de chaque chaînon comme l'enveloppe des différentes positions d'une sphère mo-bile, dont le centre occuperait successivement tous les points des circonférences des cercles verticaux projetés sur le plan horizontal par les droites aa, cc.

Après avoir construit sur le plan vertical $A'Z'$ les ellipses $c'c'$ et $a'a'$ suivant lesquelles se projettent les cercles verticaux aa, cc de la figure 7, on prendra sur chacune de ces ellipses (*fig.* 4), un certain nombre de points assez rapprochés. Puis, de chacun de ces points comme centre, on décrira une cir-conférence égale à la section méridienne de l'une des surfaces annulaires des chaînes.

Ces différents cercles seront les projections successives de la sphère génératrice G, et les courbes tangentes $b'b'$ et $h'h'$ formeront le contour de la projection verticale des anneaux.

Il est évident qu'il n'est pas nécessaire de construire en-tièrement les cercles dont nous venons de parler, et qu'il suffira de tracer pour chaque sphère les deux arcs zz et xx qui doi-vent contenir les points de tangence correspondants.

Il résulte de ce qui précède que les courbes qui forment le contour des projections des anneaux sur le plan vertical $A'Z'$, seront partout à égale distance des ellipses, suivant lesquelles se projettent les circonférences *aa* et *cc* de la figure 7, de sorte que l'on pourra encore opérer de la manière suivante :

1° ▬▬ On commencera (*fig. 4*) par déterminer les foyers F et F′ de l'ellipse *a′a′*.

2° ▬▬ On tracera pour chaque point *m′* de cette courbe, les deux rayons vecteurs correspondants F*m′*, F′*m′*.

3° ▬▬ La bissectrice de l'angle F*m′*F′ sera la normale au point *m′*.

4° ▬▬ On portera sur cette normale les distances *m′n′*, *m′u′*, égales chacune au rayon de la sphère génératrice de l'anneau.

Les points *n′* et *u′* appartiendront aux courbes qui forment le contour de la projection verticale de la surface annulaire correspondante.

Cette méthode est un peu plus longue que celle qui précède ; mais elle a l'avantage de déterminer exactement chacun des points des courbes demandées.

Elle permettra de plus de construire les projections de ces courbes sur le plan horizontal de projection.

En effet, on remarquera que les différents points *n′* et *u′* des courbes *b′b′* et *h′h′* (*fig. 4*) sont situés dans des plans tangents perpendiculaires au plan vertical de projection.

Or, chacun de ces plans ne peut toucher la sphère mobile correspondante qu'en un point du grand cercle, qui est parallèle au plan vertical A′Z′.

Mais ce grand cercle étant projeté sur le plan horizontal par une droite *nu* parallèle à A′Z′, il s'ensuit que lorsque les projections verticales *n′* et *u′* des deux points de tangence seront obtenus, les perpendiculaires *n′n* et *u′u* détermineront les projections horizontales correspondantes *n* et *u*.

C'est en opérant de cette manière que l'on a construit sur la figure 7 les projections horizontales *bb*, *hh*, *dd*, *kk* des courbes qui forment le contour de la projection verticale des anneaux sur la figure 3.

Ces dernières courbes pouvant être obtenues sur la projection verticale A'Z' sans le secours de leurs projections horizontales, on aurait pu éviter cette dernière partie de l'opération.

Mais on verra bientôt que les courbes b, h, d, k de la figure 7 nous seront fort utiles pour vérifier certains points essentiels des lignes de séparation et des ombres portées.

228. Nous n'avons pas parlé des quatre points de rebroussement qui ont lieu sur chacune des courbes qui déterminent le contour intérieur des projections sur le plan vertical A'Z', parce que ces points, qui seraient très-rapprochés, peuvent être négligés ici sans aucun inconvénient (*pl.* 14, *fig.* 2).

Ombres.

229. Lignes de séparation. Lorsque les projections sur le plan vertical A'Z' seront terminées, et que l'on aura bien reconnu les lignes qui sont vues et celles qui sont cachées, on construira toutes les lignes de séparations et d'ombres portées.

Les rayons lumineux étant parallèles à la droite donnée SO, S'O' (*fig.* 7 et 3), on portera $s'S'$ de s'' en S'' sur la droite SS'' perpendiculaire à A''Z'', et la droite S''O'' sera la projection d'un rayon lumineux sur le plan auxiliaire de projection A''Z''.

Cela étant fait, on déterminera (115) sur les figures 7 et 9 les courbes extérieures et intérieures, suivant lesquelles les surfaces annulaires du chaînon **M** sont touchées par les surfaces cylindriques formées par les rayons lumineux tangents, puis on reportera les mêmes courbes sur la projection verticale A'Z', en prenant la hauteur de chaque point sur la projection auxiliaire A''Z''.

Les lignes projetées sur la figure 9 par les ellipses 12-13-14 et 27-28-29, sont les projections des grands cercles, suivant lesquels les deux sphères E et F sont coupées par des plans perpendiculaires à la direction SO, S''O'' des rayons lumineux.

On peut facilement obtenir les axes principaux de ces
ellipses (*Géométrie descriptive*).

On remarquera que ces deux ellipses, qui forment les lignes
de séparation sur les sphères E et F, et les lignes de séparation sur les surfaces annulaires du chaînon M, doivent se
rencontrer sur les droites O″H et O″K de la figure 9, et sur
les ellipses correspondantes de la projection A′Z′, ces dernières lignes, qui n'ont pas été conservées sur l'épure, étant
les projections des deux grands cercles, suivant lesquels les
surfaces des anneaux se raccordent avec les deux sphères qui
les terminent.

Ainsi, en partant du point 1, qui est projeté figure 9, sur
le bord, à droite et au bas de l'épure, la ligne de séparation
sur le chaînon M″ se compose d'abord de l'arc 1-2-3, qui appartient à la ligne de séparation extérieure de l'anneau B″.

Cette courbe se raccorde au point 3 avec la ligne de séparation intérieure de l'anneau A″.

De là elle se dirige par les points 4-5-6 et 7, suivant lesquels
elle vient couper le cercle de gorge; elle passe ensuite par les
points 8-9-10-11 et 12, où elle est remplacée par la demi-ellipse
12-13 et 14, qui forme la ligne de séparation sur la sphère E.

Du point 14, la ligne de séparation se reporte sur la partie
convexe de l'anneau A″, et passe par les points 15-16 et 17,
suivant lesquels elle coupe le plus grand parallèle de l'anneau
A″, après quoi elle continue sur la partie convexe de l'anneau
A″, en passant par les points 18-19-20.

Arrivée là, elle se raccorde avec la ligne de séparation intérieure de l'anneau B″, dont elle contourne la partie creuse
en passant par 21-22-23 et 24, puis après être sortie du
cadre elle passe par 25 et 26, et arrive au point 27, où elle
est remplacée par la demi-ellipse 27-28 et 29 qui forme la
ligne de séparation sur la sphère F.

Du point 29, la ligne de séparation 29-30 est formée par la
courbe de contact extérieure de l'anneau B″, dont elle par-

court la surface convexe, puis après être sortie deux fois du cadre de l'épure, elle revient au point 1, par lequel nous avons commencé.

Les mêmes numéros permettront de suivre cette courbe dans toutes ses sinuosités sur la projection verticale A'Z' et sur les ombres portées.

Mais, pour éviter la confusion sur la projection horizontale (*fig.* 7), je n'ai indiqué par des chiffres que les points les plus remarquables.

230. En procédant de la même manière, il sera facile de construire les lignes de séparation sur les deux surfaces annulaires du chaînon N (*fig.* 6).

Ainsi, la distance $s'S'$ de la figure 3 étant reportée de s''' en S''' sur la projection auxiliaire A'''Z''', on obtiendra $S'''O'''$ pour la projection du rayon lumineux SO, S'O'; puis, par les méthodes exposées au n° 115, on déterminera les lignes de séparation extérieures et intérieures sur les deux anneaux du chaînon N.

Ces courbes étant obtenues sur les figures 6 et 7, on les reportera sur la projection verticale (*fig.* 3), en opérant comme pour les courbes des anneaux A et B du chaînon N.

Les lignes de séparation sur les sphères T et U pourront encore être déterminées sur les projections 6 et 3 par leurs axes, et l'on remarquera que les ellipses suivant lesquelles ces courbes se projettent, et les lignes de séparation sur les anneaux du chaînon N, se rencontrent, figure 6, sur les droites o'''G et o'''L, et figure 3 sur les projections des cercles suivant lesquels les deux sphères se raccordent avec les anneaux correspondants. Ces ellipses n'ont pas été conservées.

Ainsi, en commençant par le point 31, sur le bord inférieur du cadre (*fig.* 6), la ligne de séparation 31-32, située sur la partie convexe de l'anneau D''', vient se raccorder au point 32 avec la ligne de séparation intérieure de l'anneau C''' :

de là elle passe par le point 33, puis après avoir coupé le cercle de gorge en un point 34, elle contourne le vide intérieur de l'anneau C''', passe ensuite par les points 35 et 36, après lequel elle coupe une seconde fois le cercle de gorge au point 37, elle arrive alors au point 38, où elle est remplacée par la demi-ellipse 38-39 et 40, qui forme la ligne de séparation sur la sphère T.

Du point 40, la ligne de séparation parcourt la surface convexe de l'anneau C''' en suivant les points 42-43 et 44, où elle coupe le plus grand parallèle, puis elle passe par les points 45 et 46, où elle se raccorde avec la ligne de séparation intérieure de l'anneau D''', et coupant le cercle de gorge aux points 47 et 48, elle arrive au point 49, et parcourt la demi-ellipse 49-50 et 51, qui est ensuite remplacée par la courbe extérieure de l'anneau D''' jusqu'au point 31, par lequel nous avons commencé.

On pourra facilement retrouver les parties de cette courbe sur la projection verticale *fig*. 3 et sur les ombres portées.

231. Ombres portées sur les plans de projection.

Les courbes de séparations déterminées sur tous les anneaux seront les directrices des surfaces cylindriques formées par les rayons lumineux qui s'appuient sur les différentes parties de la chaîne; et les traces de ces différents cylindres formeront le contour des ombres portées sur les plans de projection.

Si le point 1 de la figure 9 était projeté sur le plan vertical A'Z', cette projection serait située un peu au-dessus du bord supérieur du cadre, et le point 1 que l'on voit sur le contour de l'ombre portée serait alors déterminé par le point 1 de la ligne de séparation.

Or, en commençant par ce point, la trace du cylindre formé par les rayons lumineux qui enveloppent le chaînon M' passe par le point 2 et arrive au point 3, qui est l'ombre portée par le point de raccordement des deux courbes 1-2-3 et 3-4-5 de la figure 9.

Du point 3, la ligne d'ombre portée parcourt les points 4-5-6-7-8-9-10-11 et 12, où elle se raccorde avec la demi-ellipse 12-13 et 14, qui est l'ombre portée par la sphère E'.

Du point 14, l'ombre devient 15-16-17-18-19-20-21-22-23-24-25-26 et 27.

Elle se raccorde à ce dernier point avec la demi-ellipse 27-28 et 29, qui est l'ombre portée par la sphère F' qui termine l'anneau supérieur du chaînon M'.

On remarquera que l'ellipse 11-12-13 est absolument égale et parallèle à l'ellipse 27-28-29.

Du point 29 la trace du cylindre remonte vers le point 30 et parcourt un arc qui vient se terminer au point 1 par lequel nous avons commencé.

Par conséquent, si aucun des rayons lumineux n'était arrêté par les surfaces de la chaîne, le contour de l'ombre portée serait une courbe continue qui, commençant et finissant par le point 1, passerait sans interruption par tous les numéros de 1 à 30.

232. Cette courbe contient quatre points de rebroussement, 6, 8, 22 et 24.

Les deux premiers sont les ombres des points suivant lesquels la courbe de séparation intérieure de l'anneau AA″ est touchée par les rayons de lumière correspondants.

Les points 22 et 24 appartiennent à la courbe de séparation intérieure de l'anneau BB″ du chaînon M.

Ces points ne sont pas sur la projection verticale des anneaux.

Les quatre points 6, 8, 22 et 24 sont déterminés par leurs projections sur les *fig.* 7 et 9.

Ces projections pourraient être obtenues rigoureusement par les principes que nous avons exposés au n° 195; mais, dans la pratique, on peut se contenter de ce que nous avons dit au n° 130.

Ainsi, après avoir déterminé les points 6 et 8 sur les projections 9, 7 et 3, on s'assurera :

1° ▬▬ Que les deux projections correspondantes de chaque point sont situées sur une perpendiculaire à la ligne A″Z″ ou A′Z′;

2° ▬▬ Que partout la projection du rayon de lumière qui passe par l'un des points dont il s'agit, est tangente à la projection correspondante de la courbe ;

3° ▬▬ Enfin, que les projections de ces points sur la *fig.* 3 sont bien exactement à la même hauteur que les projections des mêmes points sur la *fig.* 9 ; ces hauteurs étant comptées à partir des horizontales qui passent par les points O′ et O″ de ces deux figures.

Le point 123 de l'anneau A″ et le point correspondant de l'anneau B″ n'existent pas, puisqu'ils seraient situés sur les parties supprimées des lignes de séparation correspondantes.

Le point 11 de l'anneau A′A″ et le point 26 de l'anneau B′B″ existent, mais ils sont si près des points 12 et 27 suivant lesquels les lignes de séparation des anneaux se raccordent avec les cercles de séparation sur les sphères qui les terminent, qu'il serait impossible, même en exécutant l'épure sur une très-grande dimension, de rendre sensible la distance de ces points sur la courbe d'ombre portée ; ce qui provient surtout de ce qu'aux points 12 et 27 les rayons lumineux devenant tangents à la courbe de séparation, une petite partie de cette ligne se confond avec la direction de la lumière et les rayons lumineux des points 11 et 12 étant extrêmement près l'un de l'autre, la distance de leurs traces verticales est par conséquent insensible.

233. La trace du cylindre formé par les rayons lumineux qui s'appuient sur le chaînon N diffère beaucoup, *fig.* 1, de la trace précédente ; ce qui provient de ce que les anneaux de ces deux

chaînons ne sont pas exposés de la même manière à l'action des rayons lumineux.

Ainsi, en commençant, *fig.* 7, par l'ombre portée sur le plan horizontal de projection par le point 31 du chaînon N.

On obtiendra d'abord l'arc 31-32, puis la courbe se brise au point où elle rencontre la ligne A'Z', et parcourt sur le plan vertical de projection un petit arc qui contient les points 115, 112 et 33.

Immédiatement après, le contour de l'ombre rencontre une seconde fois la ligne A'Z', où elle se brise encore pour se porter sur le plan horizontal de projection, en passant par les points 35-36 et 38.

Ici la courbe se raccorde avec la demi-ellipse 38-39 et 40 qui provient de l'ombre portée sur le plan horizontal par la sphère T du chaînon N, *fig.* 6.

Du point 40 la courbe d'ombre portée sur le plan horizontal passe par les points 41-42-43 et rencontre une troisième fois la ligne A'Z', où elle se brise pour se relever sur le plan vertical de projection en passant par les points 44-45-80-81-46-47-89-94 et 49. Elle se raccorde ici avec la demi-ellipse 49-50 et 51 qui provient de l'ombre portée par la sphère U du chaînon N, *fig.* 6.

Du point 51 la courbe remonte vers le point 124 et redescend ensuite en passant par les points 93 et 88, puis elle va couper une quatrième fois la ligne A'Z', après quoi elle vient se terminer au point 31 par lequel nous avons commencé.

Ainsi, les cylindres formés par les rayons lumineux qui enveloppent l'anneau N forment une surface continue dont la trace peut être suivie sans interruption, en commençant et finissant par le point 31.

234. On peut voir sur la figure 1 et sur l'ombre portée par l'anneau qui serait au-dessus de M', quelle serait la forme

de la courbe précédente si les rayons lumineux n'étaient pas arrêtés par le plan horizontal de projection.

235. Les points de rebroussement de la courbe qui forme le contour de l'ombre portée par le chaînon N sont tout à fait insensibles, et peuvent être négligés sans inconvénient.

236. Lorsque les ombres déterminées par les rayons lumineux qui enveloppent la chaîne seront obtenues, on tracera en lignes pleines la partie réelle du contour et l'on conservera le reste en lignes ponctuées.

237. La courbe 18-103-107-105-113-112 et 15 est l'ombre portée sur le plan horizontal et sur une partie du plan vertical par la partie de l'anneau Q' qui est projetée sur la figure 3 de l'épure.

238. **Ombres portées sur les anneaux**. Cette partie de la question est celle qui offre ordinairement le plus de difficultés.

Il semblerait cependant, au premier abord, que l'opération doit consister pour chaque point, à trouver l'intersection du rayon de lumière qui contient ce point avec la surface sur laquelle son ombre est portée, de sorte que tout se réduirait à l'application répétée du principe, au moyen duquel on trouve l'intersection d'une droite avec une surface.

Cela est parfaitement vrai, mais on s'abuserait beaucoup si l'on croyait pouvoir ainsi ramener toutes les opérations partielles à un principe général.

La grande variété des surfaces exposées à l'action de la lumière et de celles sur lesquelles les ombres sont portées, les accidents nombreux qui résultent de leurs diverses positions dans l'espace, combinées avec la direction de la lumière, exigent des dispositions d'épures sans lesquelles il serait souvent très-difficile de réussir.

Je l'ai dit bien des fois, ce n'est pas avec des principes gé-

néraux que l'on fait de la pratique. Celui qui voudrait employer partout la même méthode n'arriverait à rien ; c'est
comme un ouvrier qui voudrait exécuter toutes les parties d'un
travail composé avec un seul outil ; il parviendrait peut-être,
avec beaucoup d'adresse et une grande patience, à obtenir un
résultat remarquable, mais il y passerait dix fois autant de
temps qu'un autre, et ne ferait pas mieux.

Je ne veux pas dire qu'il faille négliger l'étude de la théorie ; c'est toujours par là qu'il faut commencer, si l'on
veut comprendre tous les détails de l'application. Mais si l'on
ne s'exerce pas, par de nombreux exemples, à reconnaître
dans chaque cas les circonstances particulières, ou les méthodes d'abréviation qui peuvent simplifier le travail, on ne
deviendra jamais habile praticien.

Il est certainement très-utile de démontrer la généralité
d'un principe, mais il ne faudrait pas cependant reculer devant le travail beaucoup plus long qui résulte de son application.

J'insiste sur ce qui précède, parce que beaucoup de personnes croient *savoir* dès qu'elles *comprennent*, ce qui n'est
pas du tout la même chose. Reculant devant les exercices nécessaires pour acquérir l'habitude des applications, elles
affectent de dédaigner les détails de la pratique comme ne
présentant plus aucune difficulté, et renvoient cette étude au
moment où elles auront l'occasion d'en faire usage ; puis, lorsque ce moment est arrivé, elles sont tout étonnées de ne point
réussir, et en concluent quelquefois que la théorie ne sert à rien,
ce qui provient seulement de ce qu'elles ne se sont pas suffisamment exercées à en faire l'application.

239. Mais pour revenir à notre étude, dont je me suis
peut-être un peu trop écarté, nous remarquerons que l'une
des plus grandes difficultés n'est pas de trouver l'ombre d'un
point, mais de savoir sur quelle partie de la surface cette
ombre doit être cherchée.

C'est alors que les ombres portées sur les plans de projection seront pour nous d'un grand secours.

240. Ombre portée par l'anneau B sur la sphère E.

En effet, de ce que la courbe 1-2-3 qui forme le contour de l'ombre portée par une partie de la ligne de séparation du chaînon N', rencontre l'ellipse 12-13-14, on peut conclure que les surfaces cylindriques formées par les rayons lumineux qui s'appuient sur ces deux courbes, se coupent suivant un rayon commun qui passe par le point 55, et qui détermine par conséquent sur l'ellipse 12-13 et 14 de la sphère E, l'ombre portée par le point 55 de la ligne de séparation 1-2-3 du chaînon M' (119).

Le point 56 de l'ombre portée est la trace verticale d'un second rayon commun aux deux cylindres, et ce rayon déterminera également sur l'ellipse 12-13 et 14, l'ombre portée par le point 56 de la ligne de séparation du chaînon M'.

Les deux points 55 et 56 de l'ellipse 12-13-14, doivent donc être liés entre eux par une courbe 55-57-56 qui est l'ombre portée sur la sphère E', par la ligne de séparation 1-2-3 du chaînon M'.

Cette courbe située derrière a sphère E' (*fig.* 3) ne peut pas être vue sur cette projection, mais il est facile de la retrouver sur la figure 9.

Or, le but que l'on se propose particulièrement dans l'étude actuelle, étant de construire les ombres sur la projection (*fig.* 3), il est évident que l'on peut négliger la courbe dont nous venons de parler, et ne tracer sur les projections auxiliaires des figures 6 et 9 que ce qui est indispensable pour compléter la figure 3.

Mais, comme il s'agit ici de s'exercer à l'application des principes, nous chercherons un point de la courbe 55-57-56 comme si elle devait être vue sur la figure 3.

Plusieurs méthodes peuvent être employées dans ce but.

Ainsi un plan parallèle à la direction de la lumière, coupera la sphère E suivant un cercle qui, projeté ou rabattu, contiendra le point demandé.

Mais il est évident, que la difficulté consiste à éviter la confusion qui pourrait résulter de la position dans l'espace du plan coupant que l'on aurait choisi.

Or, on doit se rappeler (*Géométrie descriptive et Ombres*) que pour obtenir l'intersection d'une sphère avec une surface cylindrique, la disposition d'épure la plus favorable consiste à employer un plan de projection parallèle au cylindre, puis à couper la sphère et le cylindre donné, par des plans parallèles à ce nouveau plan de projection.

Ces plans rencontreront la sphère suivant des cercles qui se projetteront alors par des cercles, et dont les intersections avec les génératrices du cylindre détermineront autant de points que l'on voudra de la courbe demandée.

Ainsi, dans le cas actuel, on fera (*fig.* 8) une projection M^{iv} du chaînon M sur un plan perpendiculaire à celui de la figure 9, et parallèle à la projection $O''S''$ du rayon lumineux.

On fera $u''^{v}S^{iv}$ de la figure 8, égal à us de la figure 7; et la droite $S^{iv}O^{iv}$ sera la projection d'un rayon lumineux sur le plan de la figure 8.

On construira sur la figure 8 la projection 2-3-58 de l'arc 2-58-3 de l'anneau B''.

Les différents points de la courbe 2-58 (*fig.* 8) se déduiront de leur projection (*fig.* 9), et l'on prendra sur la figure 7 la distance de chaque point au plus grand parallèle de l'anneau M.

Cela étant fait, si l'on veut obtenir sur la courbe 55-57-56 le point qui est situé dans le plan P qui contient le centre de la sphère E, et qui est perpendiculaire au plan de la figure 9, on projettera le point 57 de la courbe 2-3 sur la figure 8, et l'intersection du rayon correspondant avec la circonférence 59, déterminera le point demandé que l'on projettera ensuite sur la figure 9.

On pourra obtenir ainsi autant de points que l'on voudra, en coupant la sphère et la courbe 2-3 par des plans parallèles à la projection (*fig.* 8).

Il faudra seulement se rappeler que les sections dans la sphère seront des petits cercles dont les rayons seront donnés par la figure 9, et dont tous les centres se projetteront en un seul sur la figure 8.

C'est ainsi que le point 58 a été obtenu, en coupant la sphère et la courbe 2-3 par le plan P₁ parallèle au plan de la figure 8.

241. On peut vérifier les opérations précédentes, en reportant sur les figures 7 et 3 les points ainsi obtenus sur la courbe 55-57 et 56, les traces verticales des rayons lumineux correspondants devront être situées sur la courbe 1-2-3 de l'ombre portée.

242. Le point 55, suivant lequel l'ellipse 12-13-14 est rencontrée par la courbe 56-57-58, peut être obtenu sur la figure 9, en employant la méthode suivante :

1° ▬▬ Le plan P₂ perpendiculaire au rayon de lumière SⁱᵛOⁱᵛ (*fig.* 8) coupe la sphère Eⁱᵛ suivant le grand cercle qui forme sur cette sphère la ligne de séparation, et qui, rabattu sur la figure 9, devient le cercle 71.

2° ▬▬ Le même plan P₂ de la figure 8 coupe le cylindre des rayons qui s'appuient sur la ligne de séparation 2-3 suivant une courbe qui, étant rabattue, devient 72 (*fig.* 9).

3° ▬▬ La courbe 72 coupera le cercle 71 suivant un point 55, qui ramené dans le plan P₂ (*fig.* 8) déterminera le point 55 sur l'ellipse 12-13 et 14 de la figure 9, d'où il sera facile de reporter le même point sur les

16

figures 7 et 3, et de vérifier sa position sur l'ombre
portée par les courbes 1-2-3 et par l'ellipse 12-13 et 14.

243. Ombres portées dans le creux des anneaux (117).
La courbe 55-57 et 56 s'arrête à ce dernier point, où
elle est remplacée par la courbe 56-125-6 qui est l'ombre
portée sur la partie creuse de l'anneau A″, par la ligne de séparation 3-4-5 et 6.

Le point d'ombre portée 56 est situé sur le grand cercle
suivant lequel la demi-sphère E se raccorde avec la surface
de l'anneau A″.

Ce grand cercle, perpendiculaire au plan de la figure 9,
se confond sur cette projection avec la droite O″H.

La courbe d'ombre portée 56-125 et 6 se construira par
l'un des moyens exposés aux n°s 117 et 118.

Ces opérations sont indiquées sur la figure 8, et sur la projection B″ de l'anneau supérieur du chaînon M.

244. Ainsi, la courbe 24-25 et 26 de l'anneau B″ étant
projetée sur la figure 8, on concevra le plan P$_3$ perpendiculaire au plan de la figure 9.

La section de l'anneau B″ par le plan P$_3$ sera une courbe 73
que l'on obtiendra facilement (*fig.* 8) en établissant sur l'anneau B″ des cercles parallèles qui n'ont pas été conservés.

· Le point 60, suivant lequel le plan P$_3$ coupe la courbe 24-25,
sera également projeté sur la figure 8, et le rayon correspondant déterminera sur la courbe 73 le point d'ombre portée
par le point 60 de la ligne de séparation 24-25.

Le point 75, qui est le plus bas de la courbe, sera déterminé de la même manière, en coupant la surface par le plan
méridien P$_4$ parallèle au rayon lumineux S″O″, et par conséquent à la projection auxiliaire (*fig.* 8).

La section de l'anneau B″ par le plan P$_4$ est un cercle 74

dont une partie forme le contour de la projection de l'anneau B″ sur la figure 8.

245. Si pour vérifier quelques-uns des points obtenus, ou
pour en déterminer de nouveaux, on veut employer le principe exposé au n° 119, on pourra considérer la ligne de
séparation 24-26 de l'anneau B″ et le parallèle 61, sur lequel
je suppose que l'on veut obtenir le point d'ombre portée,
comme les directrices des deux cylindres formés par les rayons
lumineux qui s'appuient sur ces courbes.

Les intersections de ces deux cylindres (fig. 8), par un plan
P_6 parallèle au cercle 61 de l'anneau B″, détermineront sur la
figure 10, un peu au-dessus de la projection de l'anneau B″,
la courbe 24-62-26 et la circonférence 61 égale au parallèle
61 de l'anneau B″; le point 60, suivant lequel la courbe 24-62
est coupée par le cercle 61, déterminera le rayon commun
aux deux cylindres, et l'intersection de ce rayon avec le parallèle 61 de l'anneau B″ donnera le point 60 pour l'ombre
portée sur ce parallèle par le point 60 de la ligne de séparation 24-26.

La courbe 24-62-26 et la circonférence 61 de la figure 10
se coupent suivant un second point 64; et le rayon correspondant déterminerait un second point d'ombre portée sur
le parallèle 61; mais il est évident que ce point n'existera
pas sur l'anneau B″, puisque cet anneau est interrompu à
l'endroit où le point dont nous parlons serait situé.

Il sera donc utile de rechercher le point suivant lequel le
prolongement du rayon 64 perce la surface de l'anneau A″ et
l'on y parviendra facilement en construisant sur la figure 8
la projection de la courbe suivant laquelle l'anneau A″, est
coupé par le plan P_5 qui contient le rayon 64.

246. Ainsi, l'ombre portée dans le creux de l'anneau B′,
par la ligne de séparation 24-25 et 26 s'arrête au point 63, et

passant par le point 64, elle arrive au point 27 où elle est remplacée par la courbe 27-65-66 et 67, qui est l'ombre portée par la sphère F sur l'anneau A″ du chaînon.

247. Ombre portée par la sphère F sur l'anneau A.

Pour obtenir cette dernière courbe, on reprendra la projection auxiliaire (*fig.* 8), et l'on pourra faire usage des plans coupants.

Ainsi, le plan P_7 déterminera (*fig.* 8) la courbe 76 sur laquelle on obtiendra l'ombre portée par le point 65, qui est le plus élevé de l'ellipse qui forme la séparation sur la sphère F.

Le plan coupant P_8 déterminera l'ombre portée sur l'anneau A″ par le point 27 de la sphère F, et ainsi de suite.

Pour obtenir le point 66 suivant lequel la courbe 27-67 coupe le plus grand parallèle de l'anneau A″, on emploiera le principe du n° 119.

Ainsi, on construira l'ellipse 68 suivant laquelle le cylindre formé par les rayons qui s'appuient sur la sphère F est coupé par le plan P_6 de la figure 8 ; on construira également l'arc de cercle 69 suivant lequel le plan P_6 coupe le cylindre des rayons qui s'appuient sur le plus grand parallèle de l'anneau A″, et le point 66, commun à ces deux courbes, déterminera l'ombre portée sur le plus grand parallèle de l'anneau A″ par le point correspondant de l'ellipse qui forme la ligne de séparation sur la sphère F.

Pour obtenir le point 67 suivant lequel la courbe 27-67 vient couper la ligne de séparation 18-19-20 de l'anneau A″, on projettera cette dernière courbe sur la figure 8, on construira (*fig.* 9) la courbe 70 suivant laquelle le plan P_6 de la figure 8 coupe les rayons qui s'appuient sur la courbe 19 et 20.

L'intersection de l'ellipse 68 avec la courbe 70 déterminera le rayon commun 67, et par suite l'ombre portée sur la courbe de séparation 19-20 de l'anneau A″ par le point correspondant de l'ellipse qui forme la séparation sur la sphère F.

La courbe d'ombre portée dans le creux de l'anneau A″ pourrait être obtenue en recommençant les opérations par lesquelles on a déterminé l'ombre dans le creux de l'anneau B″, mais les deux courbes étant égales, il suffira de reporter les points homologues avec le compas en ne conservant de chacune de ces courbes que ce qui existe sur la surface réelle de l'anneau correspondant.

248. Pour ne rien oublier, nous remarquerons que la petite courbe 56-3 de l'ombre portée sur la partie creuse de l'anneau A″ (*fig.* 9), provient des rayons qui s'appuient sur la partie correspondante 56-3 de la courbe qui forme la séparation sur la partie convexe de l'anneau B″ tandis que la courbe 3-125-6 est l'ombre déterminée sur la surface de l'anneau A″, par les rayons qui s'appuient sur la courbe 3-4 et 6 du même anneau.

249. Ainsi, en faisant abstraction des courbes que nous ne connaissons pas encore, et qui proviendront des ombres portées par le chaînon N sur la surface du chaînon M, le contour de l'ombre sur la surface de ce chaînon sera, en commençant par le point 1 :

1° ━━ La courbe de séparation 1-2-3-4-5 et 6 ;

2° ━━ La courbe d'ombre portée 6-125 et 3 ;

3° ━━ La petite courbe d'ombre portée 3-56 ;

4° ━━ La courbe 56-57-55, formant l'ombre portée sur la sphère E par la ligne de séparation extérieure de l'anneau B″ ;

5° ━━ L'arc d'ellipse 55-14, formant séparation sur la sphère E ;

6° ━━ La courbe de séparation 14-16-17-18-19 et 67 ;

7° ━━ La courbe 67-66-65, et 27 qui est l'ombre portée par la sphère F sur l'anneau A″ ;

8 ━━ La courbe d'ombre portée 27-64 et 63, déterminée

par quelques-uns des rayons qui s'appuient sur la ligne de séparation intérieure de l'anneau B″ ;

9° ▬▬ La courbe d'ombre portée 63-75-60 et 24, déterminée sur l'anneau B″ par les rayons qui s'appuient sur la ligne de séparation intérieure du même anneau ;

10° ▬▬ La ligne de séparation 24-25 et 26, dont une partie produit l'ombre précédente ;

11° ▬▬ La petite courbe 26-27, qui fait partie de la courbe 26-75-24, et qui est par conséquent l'ombre portée sur la partie intérieure de l'anneau B″ par quelques-uns des points qui précèdent le point 26, en venant du point 25 ;

12° ▬▬ L'arc d'ellipse 27-28 et 29, qui forme séparation sur la sphère F ;

13° ▬▬ Enfin, la courbe 29-30 et 1, qui forme la séparation sur la partie convexe de l'anneau B″.

250. Quand toutes les courbes déterminées sur les figures 8 et 9 auront été reportées sur les projections 7 et 3, et lorsque tous les points essentiels seront bien vérifiés, on fera une étude analogue sur les figures 5 et 6.

Ainsi, la figure 5 étant une projection du chaînon N″ sur un plan parallèle au rayon lumineux S‴O‴, on fera la droite $n^v s^v$ de la figure 5, égale à la distance nS de la figure 7, et l'on obtiendra $S^v O^v$ pour la projection du rayon de lumière sur la figure 5.

251. Nous avons déjà remarqué que, par suite de la direction de la lumière par rapport aux surfaces du chaînon N, les points suivant lesquels les rayons lumineux deviennent tangents aux courbes de séparation intérieures des anneaux sont si rapprochés qu'il serait impossible de les distinguer sur l'épure ; d'où il résulte qu'il sera également impossible d'indiquer la courbe extrêmement petite déterminée par quelques-

uns des rayons qui s'appuient sur la courbe de séparation intérieure dans le voisinage des points 34 et 37.

Nous n'aurons donc à chercher ici que la courbe 77-
78 et 79, qui est l'ombre portée sur la sphère T par une
partie de la ligne de séparation extérieure de l'anneau D''', et
la courbe 80-50 et 81, qui est l'ombre portée sur la surface
de l'anneau C''' par une partie de l'ellipse qui forme la ligne
de séparation sur la sphère U.

252. Ombre portée sur la sphère T par l'anneau D.
Le point 78 de cette courbe a été obtenu sur la figure 6, par
le plan coupant P_9 et les points 77 et 79 ont été déterminés
par le principe du n° 119.

Ainsi, les rayons lumineux qui s'appuient sur la courbe de
séparation de l'anneau D''', et sur l'ellipse 38-39-40 de la
sphère T, forment deux surfaces cylindriques parallèles.

Le plan P_{10} perpendiculaire au rayon lumineux S^vO^v de la
figure 5, coupe ces deux cylindres suivant deux courbes qui,
rabattues autour de l'horizontale du centre, donnent la circonférence 85, et la courbe 83-84; les intersections de ces deux
courbes, déterminent les points 77 et 79 sur l'ellipse qui
forme séparation sur la sphère T.

253. Ombre portée par la sphère U sur l'anneau C.
Le point 50 de la courbe 80-50 et 81 a été obtenu par le plan
coupant P_{11} et les deux points 80 et 81, en rabattant le
plan P_{12} qui contient le cercle de séparation 82 et la courbe
86-87, suivant laquelle ce même plan P_{12} coupe la surface
cylindrique formée par les rayons lumineux qui s'appuient
sur l'anneau C'''.

254. Ainsi, en faisant abstraction des ombres portées par
le chaînon M et des deux petites courbes insensibles dont nous

avons parlé au n° 287, le contour de l'ombre sur la surface du chaînon N sera formé par la ligne de séparation, à l'exception des deux endroits où cette ligne est remplacée par les courbes 77-78-79 et 80-50-81.

Lorsque ces deux courbes seront déterminées, on les reportera sur les figures 7 et 3.

255. Ombres portées par le chaînon M sur le chaînon N. Nous avons déterminé les lignes de séparation sur les deux chaînons M et N, et les ombres portées de ces corps sur eux-mêmes.

Mais il nous reste encore à obtenir les ombres portées par chacun des chaînons sur l'autre.

Pour cette dernière partie, les figures 5, 6, 8 et 9 ne peuvent plus nous servir, car il faudrait projeter le chaînon M sur les figures 5 et 6, et le chaînon N sur les figures 8 et 9.

Or, ce travail serait beaucoup plus long que celui que nous allons indiquer.

256. Supposons d'abord que l'on veut déterminer (*fig.* 3 et 7) la courbe d'ombre portée sur l'anneau D′ du chaînon N′ par la courbe de séparation 18-19-20 du chaînon M′.

On se rappellera que les courbes 67-92 et *b″*-93 de l'ombre portées sur le plan vertical de projection, sont les traces des deux cylindres formés par les rayons lumineux qui s'appuient sur les lignes de séparation extérieures des anneaux A′ et D′.

Le point 88, suivant lequel la courbe 67-92 rencontre la courbe *b″*-93, sera la trace du rayon commun aux deux cylindres, et déterminera par conséquent (*fig.* 3) le point 88 qui sera l'ombre portée sur la ligne de séparation extérieure de l'anneau D′, par un point de la ligne de séparation extérieure de l'anneau A′.

Le point 89 de l'ombre portée sur le plan vertical de projection, sera la trace du rayon commun aux deux cylindres formés par les rayons qui s'appuient sur la ligne de séparation extérieure de l'anneau A' et sur la ligne de séparation intérieure de l'anneau D', ce qui déterminera (*fig.* 3) le point 89 pour l'ombre portée sur la seconde de ces deux courbes, par le point correspondant de la première.

257. Si l'on veut obtenir sur la figure 3 les points 90 et 91, suivant lesquels la courbe cherchée touche le contour extérieur de la projection verticale de l'anneau D', on construira la trace $b''b''$ du cylindre formé par les rayons lumineux qui s'appuient sur la courbe bb' (*fig.* 7 et 3), et le point 90 de l'ombre portée sera la trace verticale du rayon lumineux qui touche la courbe bb' et la ligne de séparation extérieure de l'anneau A', de sorte que le point 90 de la figure 3 sera l'ombre portée sur la courbe $b'b'$ par le point correspondant de la ligne de séparation extérieure de l'anneau A'.

Pour déterminer exactement le point 90 de la figure 3, on commencera par le point 90 de l'ombre portée, on projettera ce point sur A'Z', et le rayon correspondant déterminera le point 90 sur la figure 7, et de là sur la figure 3.

En construisant la courbe $h''h''$ qui est une partie de l'ombre portée sur le plan vertical par la ligne de séparation intérieure de l'anneau D', on obtiendra le point 91, suivant lequel la projection verticale de cette ligne est touchée par la courbe d'ombre cherchée.

258. Pour obtenir d'autres points de la même courbe, on pourra employer le principe des plans coupants, ou bien encore le principe du n° 119.

Supposons, par exemple, que l'on veut obtenir le point d'ombre portée qui serait situé sur le parallèle 118-118 de l'anneau D (*fig.* 7), on pourra opérer de plusieurs manières.

259. *Première méthode.* On déterminera les projections

xx' du centre du parallèle dont il s'agit, puis on construira la trace verticale x'' du rayon qui passerait par le point xx'.

On construira également la trace du rayon qui passerait par le point 118 qui est l'extrémité du rayon horizontal, et faisant $x''z''$ égale à la véritable grandeur de ce rayon, les deux droites x''-118 et $x''z''$ seront les demi-diamètres conjugués d'une ellipse 97-97, qui sera la trace du cylindre formé par les rayons lumineux qui s'appuient sur le parallèle 118 de l'anneau D (*fig.* 7).

Le point 92, suivant lequel l'ellipse 97 rencontre la courbe d'ombre portée par la ligne de séparation extérieure de l'anneau A', sera la trace du rayon commun aux deux cylindres formés par les rayons qui s'appuient sur cette courbe, et sur le parallèle 118 de l'anneau D, et le point 92 de l'ombre portée étant projeté sur la ligne A'Z', le rayon correspondant déterminera sur la figure 7 et sur la figure 3, le point 92 de la courbe 88-90-92-91 et 89, qui est l'ombre portée sur l'anneau D par la ligne de séparation extérieure de l'anneau A.

Comme exercices, et pour mieux comprendre la forme de la courbe précédente, on peut déterminer les points suivant lesquels les mêmes rayons prolongés perceraient une seconde fois la surface de l'anneau D'.

260. *Deuxième méthode.* Le rayon de lumière commun aux deux cylindres formés par les rayons qui s'appuient sur le parallèle 118 de l'anneau D, et sur la ligne de séparation extérieure de l'anneau A, peut encore être déterminé en coupant ces deux cylindres par un plan vertical P_{13} parallèle aux anneaux du chaînon N (*fig.* 7).

Le cylindre formé par les rayons lumineux qui s'appuient sur le parallèle 118 de l'anneau D, sera coupé par le plan P_{13} suivant un cercle égal et parallèle au cercle 118; la projection du cercle ainsi obtenu sera une ellipse 99, dont le centre x''' et les deux axes principaux x'''-118 et $x'''z'''$ seront faciles à obtenir.

La courbe 98, suivant laquelle le plan P_{13} coupe le cylindre formé par les rayons qui s'appuient sur la ligne de séparation 20-17 de l'anneau A', sera déterminée en élevant des perpendiculaires par les points suivant lesquels la trace horizontale du plan P_{13} coupe les projections horizontales des rayons lumineux, et l'intersection de l'ellipse 99 avec la courbe 98, déterminera le rayon commun aux deux cylindres, et par conséquent le point d'ombre portée sur le parallèle 118 de l'anneau D' par la ligne de séparation 20-17 de l'anneau A'.

261. *Troisième méthode.* Si l'on veut éviter la projection elliptique du cercle suivant lequel le plan P_{13} coupe le cylindre formé par les rayons lumineux qui s'appuient sur le parallèle 118 de l'anneau D (*fig.* 7), on rabattra le plan P_{13}

Ainsi, par exemple, si l'on fait tourner ce plan autour de la verticale du point R, l'ellipse 99 sera remplacée par le cercle 101, et la courbe 98 par la courbe 100. Le point 92, déterminé par la rencontre de ces deux courbes, sera projeté successivement sur la ligne A'Z', sur la trace horizontale du plan P_{13} puis de là sur la projection verticale à droite de la chaîne.

Le rayon lumineux passant par le point ainsi obtenu, déterminera sur les figures 7 et 3, les deux projections du point 92 de l'ombre portée sur le parallèle 118 de l'anneau D, par la ligne de séparation extérieure de l'anneau A.

262. La courbe 100 étant déduite de la courbe 98, on ne saisira peut-être pas immédiatement l'avantage de cette troisième méthode qui consiste à éviter les projections elliptiques des cercles suivant lesquelles le plan P_{13} coupe les cylindres formés par les rayons lumineux qui s'appuient sur les parallèles de l'anneau D. Mais la courbe 100 ne devant être construite qu'*une seule fois* pour tous les points de l'ombre

portée, par la ligne de séparation extérieure de l'anneau A, il est évident qu'il y aura une grande abréviation, puisqu'il suffira de rabattre le cercle ou seulement l'arc de cercle nécessaire pour déterminer chacun des points cherchés.

En recommençant, on obtiendra la courbe 93-95-96 et 94 pour l'ombre portée sur l'anneau D' par la ligne de séparation 3-4-5 de l'anneau A'.

263. Pour mieux faire comprendre les opérations qui précèdent, je les ai reportées sur la figure 1re, en écartant un peu la chaîne du plan vertical, afin que les projections sur ce plan ne se confondent pas avec les rabattements.

264. Si l'on examine avec attention les courbes d'ombres portées à droite de la chaîne, on voit que la courbe 16-17-18 qui est une partie de l'ombre portée par la ligne de séparation extérieure de l'anneau A' coupe aux points 102 et 103, la courbe 46-47 qui est l'ombre portée par une partie de la ligne de séparation intérieure de l'anneau D', d'où l'on peut conclure que les points 102 et 103 de l'ombre portée, sont les traces de deux rayons lumineux communs aux cylindres formés par les rayons qui s'appuient sur les deux courbes de séparation ; de sorte qu'en traçant ces deux rayons, on déterminera sur la courbe 46-47 de l'anneau D', les points 102 et 103 pour les ombres portées par les deux points correspondants de la courbe 17-18 de l'anneau A'.

La petite surface cylindrique qui a pour trace verticale la courbe 102-17-103 de l'ombre portée, ne pouvant pas traverser la masse opaque de l'anneau D', il s'ensuit que la partie correspondante de la ligne de séparation 16-17-18 de l'anneau A', aura pour ombre portée sur la partie creuse, et derrière l'anneau D', la petite courbe 102-104-103 dont nous connaissons déjà deux points.

Le point intermédiaire 104 a été obtenu sur l'épure actuelle par le plan coupant P_{14} perpendiculaire au plan vertical de projection.

La section de l'anneau D' par ce plan a donné la courbe 117 (*fig.* 7) et l'intersection de cette courbe par le rayon qui contient le point 104 de la courbe 17-18, a déterminé sur la figure 7 le point 104 que l'on a projeté ensuite (*fig.* 3) sur le rayon lumineux correspondant.

La courbe 117 passe par les quatre points suivant lesquels le plan P_{14} coupe les lignes de séparation, et les courbes qui forment le contour de la projection verticale de l'anneau D'.

Si ces points ne suffisent pas, on pourra projeter quelques-uns des cercles parallèles de l'anneau.

265. Ombres portées par le chaînon N' sur le chaînon Q'. J'ai supposé dans l'épure actuelle, que le chaînon Q' de la figure 3 était semblable à l'un des trois anneaux qui terminent la partie inférieure de la chaîne qui est projetée (*fig.* 2).

C'est-à-dire que chacun de ces anneaux (*fig.* 11) serait composé de deux demi-anneaux circulaires A et B séparés par les deux cylindres m et n.

Dans cette hypothèse il est évident que les courbes qui forment le contour de la projection, et les lignes de séparation de l'anneau Q' ne diffèrent en rien de celles que l'on a obtenues pour les anneaux A' et B' du chaînon M'; il n'y aura donc aucune opération nouvelle à faire, pour obtenir ces courbes dont les projections horizontales coïncident avec celles que l'on a déjà obtenues pour le chaînon M (*fig.* 7) et dont les projections verticales seront égales à celles des anneaux A' ou B', en tenant compte seulement des différences de hauteur.

266. Quant aux courbes d'ombre portées sur la surface de l'anneau Q', elles sont au nombre de trois, savoir :

1" ══ La courbe 105-107-109-106 qui est l'ombre

portée sur l'anneau C' par la ligne de séparation extérieure de l'anneau Q',

2° ▬▬▬ La courbe 110-111 qui est l'ombre portée sur l'anneau C' par la ligne de séparation intérieure de l'anneau Q' ;

3° ▬▬▬ Enfin la petite courbe d'ombre 112-115-113 qui
est portée sur la partie de surface, derrière l'anneau Q',
par une partie de la ligne de séparation intérieure de
l'anneau C'.

Les points 105-106 ont été déterminés d'abord sur le plan
horizontal par la rencontre des traces des cylindres formés par
les rayons qui s'appuient sur les courbes de séparation extérieures et intérieures des anneaux C et Q.

On a obtenu les points 107 et 108 en construisant les
lignes 119 et 120 qui sont les traces horizontales des cylindres
formés par les rayons lumineux qui s'appuient sur les courbes
b et h de l'anneau C.

Enfin le point 109 a été obtenu par la méthode du n° 119
et par la rencontre des courbes 121 et 122, suivant lesquelles
le plan P_{13} coupe les deux cylindres formés par les rayons
qui s'appuient sur la courbe de séparation 20-18 de l'anneau Q' et sur le cercle 118-118 de l'anneau C (*fig.* 7).

267. Les mêmes opérations feront connaître autant de
points que l'on voudra de la courbe 110-111.

268. Les points 112 et 113 situés derrière l'anneau Q' et
sur la ligne de séparation extérieure de cet anneau (*fig.* 3)
sont déterminés par les rayons qui contiennent les points 112
et 113 de l'ombre portée sur le plan vertical et sur le plan
horizontal de projection.

Enfin le point 115 de la projection verticale Q' a été obtenu par le plan coupant P_{15}

La section de l'anneau Q' par ce plan a donné la courbe 114

de la figure 7, et l'intersection de cette ligne par le rayon qui contient le point 115 situé sur la courbe de séparation intérieure de l'anneau C a déterminé la projection horizontale, et par suite la projection verticale du point d'ombre portée 115.

L'obliquité des rayons lumineux par rapport à la partie de surface sur laquelle a lieu la petite courbe d'ombre portée 112-115 et 113 doit engager à vérifier quelques-uns des points de cette courbe; ainsi, en coupant la surface par le plan P_{16} perpendiculaire au plan horizontal de projection, et contenant le point 115 de la figure 7, on obtiendra sur la figure 3, la courbe de section 116 qui doit passer par la projection verticale du point d'ombre portée 115.

ÉTUDE D'OMBRES SUR DES TUYAUX.

269. Chacune des parties courbes A,B,C de ces tuyaux (*pl.* 23) est formée par un quart de surface annulaire, et les parties droites D,E,F,G sont des cylindres.

Chaque tuyau est terminé par deux plaques circulaires que l'on nomme *brides*; ces plaques sont traversées par des boulons qui relient entre elles les divers parties droites ou courbes dont se compose le tuyau principal.

La construction des ombres sur les surfaces cylindriques ou annulaires des tuyaux, ne sera évidemment qu'une application nouvelle des principes exposés précédemment.

C'est donc uniquement comme exercices sur la disposition des épures que l'étude suivante est proposée.

La figure 1 est une projection sur un plan perpendiculaire à celui de la figure 7.

Ainsi, la figure 7 étant perpendiculaire aux axes des surfaces annulaires qui forment les parties courbes des tuyaux, la figure 1 sera parallèle aux mêmes axes.

Les lignes de séparation pourraient être déterminées en

exécutant sur les figures 1 et 7 de la planche actuelle, toutes les opérations qui sont indiquées sur les figures 77 et 78 de la planche 13 ; mais pour ne pas embarrasser les figures 1 et 7, j'ai supposé que les lignes de séparation 1-2-3-4-5-6-7-8 et 9, déterminées d'abord sur les projections auxiliaires (*fig.* 2 et 3) ont été ensuite reportées sur les figures 1 et 7, de sorte qu'il ne reste plus à construire sur ces deux figures que les opérations nécessaires pour déterminer les ombres portées.

270. **ombres portées.** On fera bien ici, comme dans l'exemple qui précède, de commencer par la construction des ombres portées sur les plans de projection.

Mais on remarquera que pour varier les études, l'ombre portée est tracée sur deux plans différents ; c'est-à-dire que la figure 4 contient l'ombre portée (*fig.* 8) sur un plan vertical P parallèle aux axes des surfaces annulaires qui forment les parties courbes du tuyau, tandis que la figure 8 contient l'ombre portée (*fig.* 1) sur le plan P_1 perpendiculaire aux axes des mêmes surfaces.

Ces ombres portées peuvent être facilement tracées sans le secours des projections horizontales (*fig.* 5, 9 et 13).

En effet, les lignes de séparation obtenues sur les figures 2 et 3 et reportées ensuite sur les figures 1 et 7, seront les directrices des surfaces cylindriques formées par les rayons lumineux qui s'appuient sur les tuyaux.

Or, la direction de la lumière étant donnée par les projection SO, S'O', il sera facile de projeter sur les figures 1 et 7, les rayons qui s'appuient sur les lignes de séparation, de sorte que les intersections du plan P par les rayons lumineux projetés sur la figure 7, détermineront sur les rayons correspondants de la figure 4, les points qui forment le contour de l'ombre portée, et *réciproquement*, les intersections du plan P_1 par les rayons lumineux projetés sur la figure 1, détermineront le contour de l'ombre portée sur la figure 8.

271. Si les brides, ou plaques circulaires qui terminent les tuyaux n'existaient pas, le contour de l'ombre portée sur le plan P₁ se composerait (*fig.* 8) de la courbe 36-37-8-6-39-40-41-8-6 et 42, et de la courbe 43-44-47-48-6-8-51-52-55 et 56 ; mais la première de ces deux courbes est interrompue :

1° ▬ Par la courbe 37-38 qui est l'ombre portée par une partie de la circonférence qui forme l'arête 57 de la bride inférieure du tuyau D ;

2° ▬▬ Par la courbe 38-39 qui est l'ombre portée par une partie de la circonférence qui forme l'arête 58 de la bride supérieure du tuyau B ;

3° ▬ Par l'arc d'ellipse 41-64, la petite droite 64-65 et l'arc d'ellipse 65-30 qui sont les ombres portées par les arêtes circulaires et la ligne de séparation du petit cylindre vertical formé par la réunion des deux plaques cylindriques ou brides qui relient entre eux les tuyaux E et F ;

4° ▬ Par l'arc d'ellipse 66-67, la droite 67-68 et l'arc d'ellipse 68-69, qni forment le contour de l'ombre portée par les brides des tuyaux C et G.

272. La courbe qui forme à droite de la figure 8, le contour de l'ombre portée par le tuyau, est remplacée dans quelques-unes de ses parties :

1° ▬ Par la courbe 44-45 qui est une partie de l'ombre portée par l'arête 57 de la bride inférieure du tuyau D ;

2° ▬ Par la petite verticale 45-46 qui est l'ombre portée par la ligne de séparation du cylindre vertical formé par l'ensemble des deux brides qui servent à relier entre eux les tuyaux A et D ;

3° ▬ Par la courbe 46-47 qui est l'ombre portée par une partie de la circonférence qui forme l'arête 60 de la bride supérieure du tuyau A ;

4° ▬ Par la courbe 48-49, la petite droite horizontale 49-50, et l'arc d'ellipse 50-51 qui sont les ombres por-

17

tées par les arêtes circulaires et la ligne de séparation
du cylindre horizontal formé par la réunion des deux
plaques cylindriques ou brides qui relient entre eux les
tuyaux A et B;

5° ▬▬ Enfin, par les courbes 52-53, 54-55 et par une
petite droite verticale 53-54, tangente aux deux courbes
précédentes; ces trois lignes étant l'ombre portée par les
arêtes circulaires et par la ligne de séparation du cylindre
formé par l'assemblage des deux brides qui relient entre
eux les tuyaux E et F.

273. Les deux courbes 38-37 et 44-45 appartiennent à une
même ellipse qui serait l'ombre portée par l'arête 57 de la
bride inférieure du tuyau D; et la courbe 46-47 fait partie
de l'ellipse 46-20 qui est l'ombre portée par l'arête 60 de la
bride supérieure du tuyau A.

Les courbes 39-38 et 50-51 font partie de l'ellipse 38-51 qui
est l'ombre portée par l'arête 58 de la bride supérieure du tuyau B.

La courbe 48-49 appartient à l'ombre portée par l'arête
61 de la bride inférieure du tuyau A.

Les deux courbes 64-41 et 52-53 appartiennent à l'ombre
portée par la circonférence 59 de la bride inférieure du tuyau E
et les courbes 54-55, 65-30 font partie de l'ellipse 54-30 qui est
l'ombre portée par l'arête 62 de la bride supérieure du tuyau F.

274. L'ombre portée sur le plan P ne se trouvant pas confondue avec la projection du tuyau il sera beaucoup plus facile
d'en suivre le contour sur la figure 4, d'autant plus que sur
cette figure les courbes sont indiquées par les mêmes chiffres
que les lignes dont elles sont les ombres portées, ce qui ne
pouvait pas avoir lieu sur la figure 8; d'abord à cause du
grand nombre de points qu'il fallait désigner d'une manière
particulière; ensuite parce que plusieurs des courbes de cette
figure ne sont pas tracées entièrement.

275. Ombres portées sur les tuyaux. Il y a sur les surfaces A et B (*fig.* 3) quatre points 8 et 6, suivant lesquels le rayon lumineux est tangent aux lignes de séparation. Les intersections de ces rayons avec les plans P et P₁ déterminent sur les ombres portées (*fig.* 4 et 8) les points de rebroussement désignés partout par les nᵒˢ 8 et 6.

Il existera donc, sur la surface du tuyau C (*fig.* 7), une petite courbe 8-10-11, qui après avoir touché au point 8, la ligne de séparation intérieure, coupe le cercle de gorge au point 10, et la ligne de séparation en un point 11 situé derrière le tuyau.

Cette courbe pourra être obtenue sur les figures 1 et 7, en opérant comme nous l'avons dit aux nᵒˢ 117 et 118 ; mais on peut aussi la déterminer d'abord, sur les figures 2 et 3, et la reporter ensuite sur la projection du tuyau C (*fig.* 7).

276. Si les brides ou plaques circulaires n'existaient pas, ou si les ombres portées par ces plaques sur les tuyaux étaient moins allongées, il faudrait tracer sur les surfaces des tuyaux A et B, des lignes analogues à la courbe d'ombre portée 8-10 et 11 de la surface C.

Mais, dans le cas actuel, ces courbes seraient plongées dans l'ombre portée par les brides 57-60 et 58-61, de sorte que l'on peut négliger cette partie de l'opération.

277. La petite courbe 8-10-11 du tuyau C étant la seule ligne d'ombre portée par la surface des tuyaux sur elle-même, il ne reste plus qu'à construire les ombres portées par les brides sur les tuyaux.

278. La courbe déterminée sur le tuyau G par les rayons lumineux qui s'appuient sur la circonférence du cercle vertical 63 sera l'intersection de deux surfaces cylindriques.

Mais la surface G étant perpendiculaire au plan de la figure 1 la construction de la courbe d'ombre portée sur ce tuyau ne présentera aucune difficulté.

En effet, si l'on veut obtenir le point 13 de la courbe 12-13-14, on projettera le rayon 13 sur les figures 7 et 1, et l'intersection de ce rayon avec le tuyau G de la figure 1, déterminera le point correspondant sur la surface du tuyau G de la figure 7.

279. La courbe 16-15-17 qui est l'ombre portée sur le tuyau F par l'arête 62 de la bride supérieure, se déterminera de la même manière au moyen des figures 7 et 9.

Ainsi, le rayon 16 étant projeté sur ces deux figures, son intersection avec le tuyau F sera déterminée d'abord sur la figure 9, et de là sur les figures 7 et 1.

280. La courbe 23-24-25-26 est l'intersection de la surface annulaire du tuyau courbe B par la surface cylindrique formée par les rayons qui s'appuient sur l'arête circulaire 58 de la bride qui rattache le tuyau B avec le tuyau A.

Les différents points de cette courbe pourraient être obtenus par des plans coupants, mais il sera plus simple d'employer le principe du n° 119.

Ainsi, le point suivant lequel la courbe 23-26 coupe la ligne de séparation située sur la partie convexe du tuyau B, sera déterminé par le rayon lumineux qui contient le point 39 de l'ombre portée ; et le point suivant lequel la même courbe coupe la ligne de séparation à droite du tuyau vertical E, sera déterminé par le rayon qui contient le point 51 de l'ombre portée.

Pour obtenir le point 25 situé sur le parallèle 28 de la surface annulaire du tuyau B, on concevra (119) les deux surfaces cylindriques formées par les rayons lumineux qui s'appuient sur ce parallèle et sur l'arête circulaire 58 dont on cherche l'ombre ; les intersections de ces deux cylindres par le plan vertical P_1 (fig. 1) seront l'ellipse 38-51 de la figure 8 et l'arc de cercle 28 dont le centre 35 de la figure 8 est déterminé par le rayon 35 de la figure 1.

Le point 25 suivant lequel l'ellipse 38-51 est coupée par l'arc de cercle 28, déterminera le rayon commun aux deux cylindres, et l'intersection de ce rayon avec le parallèle 28 du tuyau B, déterminera l'ombre portée sur ce tuyau par le point correspondant de l'arête circulaire 58 de la bride.

Le point 24 situé sur le parallèle 29 du tuyau B s'obtiendra de la même manière; ainsi, le rayon 34 de la figure 1 percera le plan vertical P₁ suivant un point qui déterminera sur la figure 8, le centre 34 d'un arc de cercle 29 qui est l'ombre portée sur le plan P₁ par le parallèle 29 du tuyau B.

Le point 24 suivant lequel l'arc 29 de l'ombre portée coupe l'ellipse 38-51, déterminera le point 24 pour l'ombre portée sur le parallèle 29 du tuyau B par l'arête circulaire 58 de la bride.

281. On opérera de la même manière pour construire la courbe 18-19-20 et 21 qui est l'ombre portée sur le tuyau A, par l'arête 60 de la bride supérieure.

Ainsi, les points suivants lesquels la courbe demandée coupe les lignes de séparation du tuyau A, seront déterminés par les rayons qui contiennent les points 47 et 31 de l'ombre portée (*fig.* 8) et les points 19 et 20 de la courbe 18-21 seront déterminés par les rayons qui contiennent les points suivant lesquels l'ellipse 46-31 qui est l'ombre portée par l'arête 60 de la bride, est rencontrée par les arcs 28 et 29 qui ont pour centre les points 33 et 32, déterminés par les rayons correspondants de la figure 1.

282. Les différents points des ombres portées sur les tuyaux de la figure 7, étant reportés sur les parallèles correspondants de la figure 1. On tracera (*fig.* 1) les courbes d'ombres portées par les tuyaux sur les brides.

Pour obtenir ces courbes, on déterminera les points suivant lesquels les plans verticaux P₂ et P₄ de la figure 7 sont percés par les rayons lumineux qui s'appuient sur les lignes de séparation des tuyaux.

Ainsi, le rayon lumineux qui contient le point 8 de la ligne de séparation intérieure du tuyau C (*fig.* 7) percera le plan P_2 en un point qui déterminera un peu au-dessous du boulon m, (*fig.* 1) l'ombre portée par le point 8 de la ligne de séparation.

Tous les points des courbes analogues s'obtiendront de la même manière.

La petite courbe 70-71 (*fig.* 1) appartient à l'ombre portée par la bride 60 sur le plan vertical P_3 de la bride 61.

283. Je terminerai ces études sur les surfaces annulaires, en indiquant, comme exercices, la construction des ombres portées dans la concavité des surfaces projetées sur les figures 6, 12, 10 et 11.

284. Les figures 6 et 12 sont les coupes de deux anneaux par les plans P_4 et P_5 de leurs plus grands parallèles; et les figures 10 et 11 sont les coupes des tuyaux D, A, B, E, F par le plan vertical P_6 de la figure 13.

Toutes les courbes d'ombres portées pourront être facilement obtenues par les plans coupants ou par le principe du n° 119.

ÉTUDE D'OMBRES SUR DES ELLIPSOÏDES.

285. L'Épure de la planche 24 a pour but de construire :

1° ▱▱▱ La courbe suivant laquelle deux ellipsoïdes de révolution se pénètrent;

2° ▬▬ La ligne de séparation sur chacune de ces deux surfaces ;

3° ▬▬ Les courbes d'ombres portées sur les plans de projections :

4° ▬ Les courbes d'ombres portées par l'une des deux
surfaces sur l'autre.

286. Disposition de l'Épure. Les deux ellipsoïdes donnés étant désignés par E et par F, nous prendrons un premier
plan de proportion, que nous supposerons horizontal, et
perpendiculaire à l'axe de la surface E; le second plan de projection A′Z′ devra être pris parallèle aux deux axes, et par
conséquent vertical.

Comme nous l'avons déjà fait pour les épures des plan-
chés 6 et 24, nous désignerons par A′Z′ la trace du plan sur
lequel les projections sont accentuées par des ′; par A″Z″ le
plan sur lequel les projections sont accentuées par des ″, et
ainsi de suite.

Ces dispositions étant admises, on construira successivement :

1° ▬ La circonférence E dont le rayon est donné ;

2° ▬ L'ellipse E′ dont on connaît les axes ;

3° ▬ L'ellipse F′ dont les axes sont également connus ;

4° ▬ L'ellipse F dont le petit axe est égal à celui de F′
et dont le grand axe nn est la projection du diamètre n′n′
déterminé par les deux tangentes perpendiculaires à la
droite A′Z′.

287. Courbes de pénétration. La géométrie descriptive
fournit plusieurs moyens de construire la courbe suivant laquelle se pénètrent les deux surfaces données. Mais, la nature
particulière de ces surfaces nous permettra d'employer une méthode extrêmement simple, qui résulte du théorème suivant :

288. *Si l'on conçoit deux surfaces quelconques du second
degré circonscrites à une sphère, les deux premières surfaces
se pénètreront suivant deux courbes planes et par conséquent
du second degré.*

On peut ajouter que ces deux courbes, et les deux cercles

suivant lesquels la sphère est touchée par les deux surfaces
enveloppantes, passent par deux points situés aux extrémités
d'une corde qui leur est commune.

Ainsi, par exemple, si une sphère d (*fig.* 17) est touchée
et enveloppée par deux ellipsoïdes de révolution e et f, et si
l'on suppose que le tout soit projeté sur un plan parallèle aux
grands axes des deux ellipsoïdes, ces deux surfaces se pénètreront suivant les ellipses projetées sur la figure par les
droites aa, cc.

Ces deux ellipses, et les deux cercles uu,vv, suivant lesquels les ellipsoïdes e et f touchent la sphère inscrite, se
coupent aux extrémités d'une corde commune, projetée sur
la figure par le point o; et cette droite est par conséquent
l'intersection des plans P_1 P_2 P_3 et P_4 qui contiennent les
quatre courbes aa, cc, vv, uu.

Cela aurait également lieu si la sphère était enveloppée :

Par un ellipsoïde et un hyperboloïde de révolution (*fig.* 19);

Par un hyperboloïde et un paraboloïde (*fig.* 10) ;

Par deux hyperboloïdes ou deux paraboloïdes ;

Par deux cylindres (*fig.* 1) ;

Par un cylindre et un cône (*fig.* 9) ;

Par deux cônes (*fig.* 20).

Enfin, comme nous l'avons dit plus haut, par deux surfaces quelconques du *second degré*.

289. Voyons actuellement comment le théorème qui précède pourra nous servir à déterminer la courbe suivant
laquelle se pénètrent les deux ellipsoïdes donnés.

On sait (*Géométrie descriptive*) que pour obtenir les points
communs à deux surfaces, il faut les couper par un certain
nombre de *surfaces auxiliaires.*

Il ne reste donc plus qu'à choisir ces surfaces, de manière
que les courbes, suivant lesquelles elles coupent les surfaces
données, soient les plus simples possible.

Or, on sait :

1° ▬▬ Que la section d'un ellipsoïde par un plan est toujours une ellipse ;

2° ▬▬ Que les sections d'un ellipsoïde, par des plans parallèles, sont des ellipses semblables.

Par conséquent, s'il était possible de trouver un plan qui coupât les ellipsoïdes donnés suivant deux ellipses semblables ; il en serait de même de toutes les sections par des plans parallèles au premier ; de sorte qu'en choisissant un plan de projection sur lequel une de ces ellipses se projetterait par un cerlce, toutes les autres ellipses, semblables et parallèles à la première, se projetteraient également par des cercles ; et la construction de l'épure serait alors très-simple.

La solution du problème se trouve donc réduite aux deux opérations suivantes :

1° ▬▬ Déterminer la direction des plans qui coupent les deux ellipsoïdes donnés, suivant des ellipses semblables et parallèles ;

2° ▬▬ Trouver un plan de projection sur lequel toutes ces ellipses se projettent par des cercles.

290. *Première opération. Plans coupants.* Pour satisfaire à la première des deux conditions précédemment énoncées, on pourra opérer de la manière suivante :

1° ▬▬ On prendra dans l'espace un point quelconque o (*fig.* 17) ;

2° ▬▬ De ce point comme centre on décrira une circonférence quelconque d ;

3° ▬▬ On fera :

$$VO' : O'H :: vo : oh$$
$$(\textit{fig. } 11) \quad (\textit{fig. } 17)$$

cette proportion déterminera oh et l'on construira une ellipse sur les deux axes vo et oh (*fig.* 17) cette courbe sera semblable et parallèle à l'ellipse F' de la figure 11 ;

4° ━━ On fera ensuite :

$$IC' : C'G :: uo : ok$$
$$(fig. 11) \quad (fig. 17)$$

ce qui déterminera ok et l'ellipse construite sur les deux axes ou et ok sera semblable et parallèle à l'ellipse E' de la figure 11 ;

5° ━━ Les deux ellipses e et f de la figure 17 pourront alors être considérées comme les projections de deux ellipsoïdes de révolution circonscrites à une même sphère d, et les droites aa, cc étant les projections des deux ellipses suivant lesquelles les ellipsoïdes e et f se pénètrent, il s'ensuit que les sections parallèles à l'un des plans P_1 ou P_2 seront semblables et parallèles à l'une des deux ellipses aa ou cc.

291. C'est pour mieux faire comprendre ce qui précède que j'ai construit la figure 17, mais il est évident que tout cela peut être facilement exécuté sur la figure 11.

Ainsi, on construira :

1° ━━ La circonférence D qui sera la projection de la sphère inscrite dans l'ellipsoïde donné F' ;

2° ━━ On fera la proportion $C'I : C'G :: O'U : O'K$, ce qui déterminera $O'K$;

3° ━━ Sur les demi-axes $O'U$, $O'K$ on décrira l'ellipse UK qui sera semblable et parallèle à l'ellipse IG ;

4° ━━ Les deux ellipses UK et VH seront les projections de deux ellipsoïdes circonscrites à la sphère D, et les sections de ces deux ellipsoïdes par des plans parallèles au plan P seront des ellipses semblables et parallèles.

Mais l'ellipsoïde auxiliaire UK, étant semblable et parallèle à l'ellipsoïde E', il s'ensuit que les sections des trois ellipsoïdes E', F' et UK par des plans parallèles au plan P seront toutes semblables et parallèles entre elles.

On aura donc déterminé la direction des plans par lesquels

il faut couper les deux surfaces données E′ et F′, pour que toutes les courbes de section soient des ellipses semblables et parallèles.

292. *Deuxième opération. Plans de projection.* La section de l'ellipsoïde F′ par le plan P sera une ellipse qui aura pour demi grand axe la droite O′a et pour demi petit axe une droite égale à O′V qui est le rayon de la sphère inscrite D.

Or, la demi-circonférence O′ca décrite sur O′a comme diamètre rencontrera la circonférence D en un point c, de sorte que la corde O′c sera égale à O′V, et par conséquent au demi petit axe de l'ellipse aa et le triangle acO′ étant rectangle en c la corde cO′ sera la projection de l'hypoténuse O′a d'où il résulte que sur le plan A^vZ^v ou sur tout autre plan qui serait perpendiculaire à la corde ac l'ellipse aa se projettera par un cercle, puisque la droite O′a qui est le demi grand axe de cette ellipse aura pour projection la droite O′c qui est égale au rayon de la sphère inscrite dans l'ellipsoïde et par conséquent au petit axe de l'ellipse aa.

Puisque l'ellipse aa se projette par un cercle sur le plan A^vZ^v perpendiculaire à la corde ac, il en sera de même de toutes les ellipses semblables et parallèles que l'on obtiendra en coupant les deux ellipsoïdes donnés E′ et F′ par des plans parallèles au plan P. Par conséquent,

293. Pour avoir un point de la courbe suivant laquelle les deux ellipsoïdes donnés se pénètrent, on pourra opérer de la manière suivante :

1° ━━━ On coupera les deux surfaces par un plan P, parallèle au plan P, ce qui donnera pour sections deux ellipses semblables, parallèles et projetées sur le plan vertical A′Z′ par les droites 1-1 et 2-2 égales aux grands axes de ces deux ellipses.

La première de ces deux courbes aura pour centre le point 3 milieu de son grand axe 1-1, et le point 4

milieu de la droite 2-2 sera le centre de la seconde
ellipse ;

2° ▬▬ Les points 3 et 1 étant projetés sur le plan A'Z' et
rabattus sur le plan horizontal de projection (*fig.* 14),
la circonférence décrite sur le diamètre 1-1, sera la
projection de l'ellipse suivant laquelle le plan P₁ coupe
l'ellipsoïde F' ;

3° ▬▬ Les points 4 et 2 étant projetés sur le plan A'Z',
et rabattus sur la projection horizontal, la circonférence décrite sur le diamètre 2-2, sera la projection de
l'ellipse suivant laquelle le plan P₁ coupe l'ellipsoïde E' ;

4° ▬▬ Les points 5 et 6 suivant lesquelles se coupent les
deux circonférences 1-1 et 2-2 de la *fig.* 14 seront les
projections de deux points qui appartiennent à la courbe
de pénétration cherchée.

Ces points seront successivement projetés sur A'Z', sur
A'Z', et de là sur la trace du plan P₁ (*fig.* 11), d'où il sera
facile de déduire leurs projections horizontales (*fig.* 13)
sur les droites menées parallèlement à la ligne A'Z' par
les points 5 et 6 de la projection rabattue (*fig.* 14).

En recommençant les opérations précédentes, on obtiendra tous les points de la courbe de pénétration.

294. Lignes de séparation. On sait que la ligne de séparation sur un ellipsoïde est toujours une ellipse.

Or, si l'on projette la surface E sur un plan vertical A''Z'',
parallèle à la projection SO du rayon lumineux, la courbe de
séparation aura pour projection, le diamètre 7·8, dont la
direction sera déterminée par le point C'' et par le milieu d'une
corde quelconque 11-12 parallèle au rayon lumineux S''O''
ou C''v''.

Les points 7 et 8 de l'ellipsoïde E'', étant projetés sur le
plan horizontal il sera facile de construire l'ellipse 7-9-8 et 10
qui forme la séparation sur la surface E (*fig.* 13).

En opérant comme nous l'avons dit au n° 329, on aurait pu facilement éviter la construction de l'ellipse E''; mais cette projection auxiliaire nous servira bientôt pour résoudre une autre partie de la question.

La ligne de séparation étant déterminée sur les figures E et E'', on obtiendra la même courbe sur la projection E' en élevant, par chaque point de la projection E, une perpendiculaire à la ligne A'Z', et portant sur chacune de ces perpendiculaires la hauteur du point correspondant de la projection E''.

295. Ligne de séparation sur la surface F :

1° ▬ On projettera cette surface sur un plan A'''Z''' perpendiculaire à son axe O'H, ce qui donnera le cercle F''';

2° ▬ On fera la distance $e'''S'''$ de la figure 3 égale à eS de la projection horizontale (*fig.* 13), et la droite S'''O''' sera la projection du rayon SO, S'O' sur le plan A'''Z''' perpendiculaire à l'axe de l'ellipsoïde incliné F';

3• ▬ L'ellipse F^{IV} égale à l'ellipse F' sera la projection de la surface F' sur un plan A^{IV}Z^{IV} parallèle à son axe et au rayon de lumière S'''O''';

4° ▬ Sur la figure 2, la ligne de séparation sera projetée par le diamètre 13-14 que l'on obtiendra en joignant le centre O^{IV} avec le milieu d'une corde quelconque 15-16 parallèle à la projection S^{IV}O^{IV} du rayon lumineux.

Pour construire F^{IV}O^{IV} on fera r^{IV}S^{IV} de la figure 2 égale à r'S' de la figure 11 ;

5• ▬ Les points 13 et 14 de la figure 2 étant projetés sur la figure 3, il sera facile de construire l'ellipse 14-17-13 et 18 qui forme la ligne de séparation sur l'ellipsoïde F''';

6° ▬ La ligne de séparation sur la surface F' se déduira de ses projections sur les figures F''' et F^{IV}, en abaissant par chacun des points de la courbe projetée sur F''', une perpendiculaire à la ligne A'''Z''', et portant sur cette

perpendiculaire la distance au plan P_2 qui contient le
plus grand parallèle de l'ellipsoïde F^{IV} ;

Ces opérations n'ont été conservées que pour les
points 19 et 20 ;

7° ▬▬▬▬ Enfin, la ligne de séparation sera déterminée sur la
projection horizontale F, en abaissant par chacun de ses
points sur la projection F', une perpendiculaire à la
ligne A'Z', et prenant sur la figure F''' la distance au
plan P_3 qui est parallèle au plan vertical A'Z' et qui
contient le centre O,O',O''' de l'ellipsoïde F.

296. Ombres portées. Les rayons lumineux qui s'appuient
sur les deux ellipsoïdes donnés, formeront dans l'espace des
cylindres elliptiques qui auront pour directrices les deux lignes
de séparation que nous venons d'obtenir.

Les traces verticales de ces cylindres seront deux ellipses
dont les centres v' et u' seront déterminés par les rayons de
lumière qui passeraient par les centres CC' et OO' des deux ellipsoïdes donnés.

Les rayons lumineux qui s'appuient sur les lignes de séparation, détermineront tous les points des deux ellipses qui
forment le contour de l'ombre portée sur le plan vertical A'Z'
et sur le plan horizontal de projection.

**297. Ombre portée par l'un des ellipsoïdes sur
l'autre.** Les points 21 et 22 suivant lesquels se coupent les
deux ellipses qui forment le contour de l'ombre portée sur
le plan vertical A'Z', détermineront les rayons de lumière
communs aux deux surfaces cylindriques formées par les
rayons qui s'appuient sur les deux lignes de séparation, et
les points 21 et 22 de l'ellipsoïde EE', seront par conséquent
les ombres portées sur l'une des lignes de séparation par les
points correspondants de l'autre.

Pour obtenir d'autres points de la courbe demandée on
pourra opérer de plusieurs manières.

298. *Première méthode*. Si l'on veut obtenir les points de l'ombre portée sur un parallèle déterminé de l'ellipsoïde E, on pourra employer le principe du numéro 119.

Ainsi les rayons lumineux qui s'appuieraient sur le parallèle donné, et sur la ligne de séparation de l'ellipsoïde FF', formeront deux cylindres dont les traces horizontales seront un cercle et une ellipse; et les intersections de ces deux courbes appartiendront aux rayons communs à ces deux cylindres, ce qui déterminera les deux points d'ombres portées par la première des deux lignes sur la seconde.

Les limites de l'épure n'ont pas permis d'exécuter cette construction.

299. *Deuxième méthode*. Supposons que l'on veut obtenir l'ombre portée sur l'ellipsoïde E', par le plus bas des deux points qui sont désignés par le n° 20, sur la projection verticale F'.

On coupera la surface E' par le plan P₄ parallèle au rayon de lumière S'O' et perpendiculaire au plan vertical de projection A'Z', la section sera une ellipse dont il sera facile de construire la projection horizontale; et l'intersection de cette courbe par le rayon qui contient le point 20 de l'ellipsoïde F' déterminera l'ombre portée par ce point sur la surface E.

Cette opération n'a pas été tracée sur l'épure.

300. *Troisième méthode*. Si l'on veut éviter la projection elliptique de la courbe, suivant laquelle la surface E' est coupée par le plan P₄ on emploiera un plan de projection sur lequel cette courbe serait projetée par un cercle.

Pour obtenir ce plan on devra opérer comme nous l'avons fait au n° 292; ainsi la courbe dont il s'agit est une ellipse qui a pour grand axe la corde 24-24 de l'ellipse E', et pour demi petit axe l'ordonnée 26-27 de la demi-circonférence 25-27-25 qui appartient au parallèle 25-25 rabattu.

Or, si l'on construit le triangle rectangle 26-28-24,

dont l'hypoténuse 26-24 est égale au demi grand axe de l'ellipse 24-24, et qui a pour côté d'angle droit la droite 26-28 égale au demi petit axe 26-27 de l'ellipse dont il s'agit, cette courbe se projettera par un cercle sur tout plan, tel que A^{v}Z^{vi}, qui serait perpendiculaire au côté 24-28 du triangle 26-28-24, puisque sur ce plan A^{v}Z^{vi}, ou sur tout autre plan qui lui serait parallèle, la projection 26-28 du demi grand axe 26-24 de l'ellipse dont il s'agit, sera évidemment égale au demi petit axe 26-27 de la même ellipse.

Ce qui précède étant admis, si l'on rabat le nouveau plan de projection A^{v}Z^{vi}, en le faisant tourner autour de sa trace horizontale, le point 20 de la courbe de séparation de F' viendra se projeter (*fig.* 14) sur la droite 29, parallèle à la ligne A′Z′ et passant par le point 20 de l'ellipsoïde F : l'ellipse 24 de la projection E′ se projettera sur le plan A^{v}Z^{vi} parl'arc de cercle 30 ; le rayon SO, S′O′ sera projeté sur le même plan par la droite S^{vi}O^{vi}, et la droite 20-20 menée parallèlement à S^{vi}O^{vi} par le point 20 de la ligne 29, sera la projection sur le plan A^{v}Z^{vi} du rayon lumineux qui contient le point 20 de l'ellipsoïde F′.

L'intersection du rayon 20 rabattu, avec l'arc de cercle 30-30, déterminera sur cette ligne le point 20 de l'ombre portée que l'on ramènera successivement, sur A′Z′, sur A^{v}Z^{vi} et de là sur la trace du plan coupant P^t par une perpendiculaire au plan de projection A^{v}Z^{vi}.

Il ne faut pas oublier que les droites SO, S^{vi}O^{vi}, sont les projections du rayon lumineux sur deux plans différents, d'où il résulte que ces deux lignes ne sont pas parallèles, et si, dans le cas actuel, la différence de leur direction paraît insensible, cela ne doit être attribué qu'au peu d'inclinaison du plan de projection A^{v}Z^{vi}, par rapport au plan horizontal, qui contient la projection SO.

Les abréviations que l'on obtient par la méthode précédente proviennent surtout de ce qu'en coupant la surface E par des plans parallèles au plan projetant P$_t$ les ellipses de sections seront toutes semblables et parallèles, de sorte que chacune d'elles sera projetée par un cercle, sur le plan A'Z'' rabattu.

301. *Quatrième méthode :*

1° ■■■ On projettera le point 20 de l'ellipsoïde F sur le plan vertical A''Z'', en prenant la hauteur de ce point sur la projection F'.

2° ■■■ On coupera l'ellipsoïde EE'' par le plan P_s, passant par le point 20, perpendiculaire au plan vertical A''Z'', et parallèle au rayon de lumière S''O''.

La courbe de section sera une ellipse 31-31, dont on évitera la projection elliptique, en employant comme ci-dessus un plan de projection A'''Z''' sur lequel cette courbe se projetterait par un cercle.

Pour déterminer la direction du plan A'''Z''', on décrira la demi-circonférence 33-34-31 dont le diamètre 33-31 est égal à la moitié de la corde 31-31, qui est le grand axe de l'ellipse.

Le centre 33 de cette courbe sera situé sur la projection 7-8 de la ligne de séparation de la surface E''.

L'ordonnée 33-35 du parallèle 32 rabattu, sera le petit axe de l'ellipse, et si l'on construit le triangle rectangle 33-36-31, dont l'hypoténuse 33-31 est égale au demi-grand axe 33-31 de l'ellipse 31-31, et dont le côté 33-36 est égal au demi-petit axe 33-35 de l'ellipe dont il s'agit, cette courbe se projettera par un cercle sur tout plan, tel que A'''Z''', qui serait perpendiculaire au côté 31-36 du triangle rectangle 33-36-31, puisque la droite 33-36, projection du demi-grand axe 33-31, sera égale au demi-petit axe 33-35 de l'ellipse.

La disposition précédente étant adoptée, on agira comme au n° 300.

Ainsi, le nouveau plan de projection A'''Z''' étant rabattu en A'''Z''' autour de l'horizontale projetante du point A''', l'ellipse 31-31 de la figure F sera projetée (*fig.* 15) par la cir-

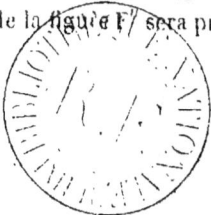

18

conférence 37, et le rayon lumineux qui contient le point 20 de la projection F, déterminera sur la circonférence 37, le point 20 de l'ombre portée; on ramènera successivement ce point, sur $A^{vii}Z^{viii}$, sur $A^{vii}Z^{vii}$ et de là sur la trace du plan P_8 par une perpendiculaire au plan de projection $A^{vii}Z^{vii}$.

Le point 20 étant obtenu sur la projection E'', il sera facile de déterminer sa projection sur le plan horizontal (*fig.* 13).

L'intersection du cercle 37 par le rayon du point 20 détermine un second point 23, qui fait partie de la courbe suivant laquelle la surface de l'ellipsoïde E serait traversée par les prolongements des rayons lumineux qui s'appuient sur la surface F. On peut construire cette partie de courbe comme exercice.

La méthode que nous venons d'exposer est plus simple que la précédente, parce que le plan de projection $A''Z''$ est parallèle aux rayons lumineux, d'où il résulte que les projections de ces rayons sur le plan rabattu $A^{vii}Z^{vii}$, se confondent avec leurs projections sur le plan horizontal.

On n'a projeté sur la figure 21, que la ligne de séparation F'' de la surface F; on remarquera que cette courbe ne se projette pas en ligne droite comme sur les figures 2 et 22, ce qui provient de ce que cette projection parallèle à la lumière n'est pas en même temps parallèle à l'axe de l'ellipsoïde F, d'où il résulte que le plan qui coupe symétriquement cette surface et le cylindre formé par les rayons lumineux qui l'enveloppent n'est pas parallèle au plan de projection $A''Z''$, ce qui serait nécessaire pour que la ligne de séparation se projetât en ligne droite.

302. *Cinquième méthode.* Avant d'exposer cette dernière méthode, je ferai remarquer que le but auquel on s'est principalement proposé d'atteindre par les méthodes précédentes, était d'éviter les projections elliptiques des courbes suivant lesquelles la surface E est coupée par les plans projetants des rayons lumineux. Jusqu'ici nous y sommes parvenus en faisant

usage d'un plan de projection dirigé de manière que sur ce plan, la projection du grand axe de chaque ellipse est égale au petit axe.

Or, la projection d'une droite diminuant de longueur à mesure que l'on augmente l'angle que cette ligne fait avec le plan de projection, il est évident que l'on pourra toujours incliner ce plan par rapport à la ligne donnée, d'une quantité suffisante pour que la projection de cette ligne (*fig.* 5) soit aussi courte que l'on voudra.

Mais on peut encore éviter les projections elliptiques des courbes de section en faisant usage d'un plan sur lequel la projection du petit axe de chaque ellipse sera égale à son grand axe.

Il est vrai, qu'alors les lignes projetantes ou ordonnées de chaque point (*fig.* 6) ne seraient plus perpendiculaires au plan AZ de projection comme dans tous les exemples qui précèdent.

Mais en faisant usage d'ordonnées obliques, telles que $M'm'$, $N'n'$ (*fig.* 6) on pourra toujours donner à ces ordonnées une direction telle que la projection $m'n'$ de la droite $M'N'$, soit aussi longue que l'on voudra.

La projection d'une courbe, dans ce cas, serait une section oblique du cylindre projetant, au lieu d'en être une section droite, comme dans les projections ordinaires ou *orthogonales*.

303. Supposons donc (*fig.* 4) que l'ellipsoïde EE' soit coupé par un certain nombre de plans $p_1 p_2 p_3$ etc. parallèles entre eux, et à l'axe de la surface que nous supposerons ici vertical.

Adoptons, pour les horizontales projetantes aa'', oo'', cc'' telle direction que nous voudrons; puis, faisant $a''c''$ égale au grand axe vu de l'ellipse ac il est évident que la projection *oblique* de cette ellipse sur le plan vertical $A''Z''$ sera un cercle dont le rayon $a''o''$ sera égal à ov puisque sur le plan $A''Z''$, la projection $a''c''$ du petit axe de l'ellipse ac sera égale au

grand axe *vu* de la même ellipse. Toutes les ellipses suivant
lesquelles la surface E est coupée par les plans p p_1 p_2 etc.
étant semblables et parallèles, leurs projections *obliques* sur
le plan vertical A″Z″ seront des cercles dont tous les centres
seront à la même hauteur.

Si la direction des horizontales projetantes aa''', oo''', etc, est
perpendiculaire aux plans coupants p p_1 p_2 etc., et si l'on
fait comme précédemment $a'''c'''$ égale au grand axe *vu* de
l'ellipse *ac*, les projections obliques de toutes les courbes de
section sur le plan vertical A‴Z‴ seront des cercles concentriques, ce qui sera encore plus simple.

C'est principalement dans cette disposition d'épure, que
consiste la méthode que nous allons exposer.

Ainsi, par exemple, si pour avoir les ombres portées par la
surface F sur l'ellipsoïde E, nous coupons cette dernière surface
par des plans verticaux parallèles à la direction de la lumière,
nous obtiendrons pour sections, une suite d'ellipses semblables et parallèles au méridien E″ (*fig.* 22) ou E′ (*fig.* 11).

Or, si du point C comme centre, avec une ouverture de
compas égale à C′G de la projection verticale (*fig.* 11), nous dé-
crivons un arc de cercle, nous déterminerons le point M^{ix}, et la
droite $M^{ix}N^{ix}$ sera égale au grand axe du méridien MM, de sorte
que si nous prenons l'horizontale MM^{ix} pour direction des obliques projetantes, toutes les sections de l'ellipsoïde E par les
plans projetants verticaux des rayons lumineux, se projetteront
par des cercles concentriques sur le plan vertical $A^{ix}Z^{ix}$, ou sur
tout autre plan A^xZ^x qui lui serait parallèle.

Supposons donc, que, pour vérifier les opérations qui précèdent, nous voulons déterminer par cette méthode, l'ombre
portée sur l'ellipsoïde E, par le point 20 de la surface F.

Nous couperons la surface E par le plan vertical P_6 qui contient le rayon lumineux passant par le point 20 de la surface F.

L'ellipse 39 provenant de la section de la surface E par le
plan vertical P_6 se projettera *obliquement* sur le plan $A^{ix}Z^{ix}$ par

un cercle qui, ramené dans le plan A^xZ^x et rabattu sur l'épure donne pour résultat la circonférence 39.

L'horizontale projetante du point 20 de la surface F (*fig.* 13) perce le plan de projection oblique $A^{ix}Z^{ix}$ en un point, qui ramené et rabattu dans le plan A^xZ^x, donne le point 20 sur la courbe F^x qui est la projection sur le plan A^xZ^x de la ligne de séparation sur la surface F.

Enfin, le rayon lumineux SO, $S'O'$ étant projeté par S^xO^x sur le plan A^xZ^x, on tracera le rayon du point 20 de la courbe F^x, et l'intersection de ce rayon avec la circonférence 39 déterminera les points d'ombre portée 20 et 23 que l'on ramènera d'abord sur $A^{ix}Z^{ix}$, puis sur la trace du plan vertical P_6 par des horizontales projetantes perpendiculaires à ce plan, et de là sur la projection verticale E', par des perpendiculaires à la droite $A'Z'$.

Les mêmes opérations répétées feront connaître autant de points que l'on voudra, pour l'ombre portée sur la surface E par l'ellipsoïde F.

Pour ne pas embarrasser l'épure, j'ai seulement indiqué les opérations nécessaires pour déterminer les points 20 et 38 de l'ombre portée, et les points 23 et 41 suivant lesquels les rayons 20 et 38 prolongés perceraient une seconde fois la surface de l'ellipsoïde E.

J'ai indiqué les diverses méthodes qui précèdent, afin que les élèves puissent s'exercer sur chacune d'elles, car on ne peut pas dire qu'en pratique, l'une soit absolument préférable à toutes les autres, et lorsque l'emploi d'une méthode conduit à des intersections trop aiguës, il est évident qu'il faut par d'autres moyens vérifier la position du point que l'on a obtenu.

---

304. **Gnomonique.** La gnomonique a pour but la construction des cadrans solaires.

305. Un cadran solaire est une surface, ordinairement plane et disposée de manière à recevoir l'ombre d'une barre ou tringle de métal que l'on nomme le style.

La direction de l'ombre portée par une droite, dépendant de la position du soleil dans l'espace, il s'ensuit réciproquement que cette position, et par conséquent l'heure correspondante, peuvent être déterminées par la direction de l'ombre, et si l'on parvient à tracer cette direction pour chaque instant du jour, on aura construit un cadran solaire.

Cette question diffère essentiellement de celles qui précèdent, en cela que jusqu'ici nous avons toujours supposé que le soleil était immobile ; tandis que, dans la construction d'un cadran solaire, il faut chercher l'ombre d'une droite ou d'un point pour chaque instant de la journée.

Pour résoudre ce problème, il faut rappeler quelques notions élémentaires d'astronomie.

306. On sait que les limites et les variations dans la longueur du jour dépendent du mouvement apparent du soleil au-dessus de notre horizon.

Or, le mouvement apparent est la conséquence du mouvement réel.

Mais la terre emploie vingt-quatre heures pour faire une révolution autour de son axe, de sorte que, dans le même espace de temps, le soleil paraît décrire un cercle entier autour de la terre.

Pour simplifier la question, nous raisonnerons dans l'hypothèse du mouvement apparent, et nous supposerons que le soleil décrit chaque jour un cercle *perpendiculaire* à l'axe de la terre, ce qui est regardé comme suffisamment exact pour le problème que nous avons à résoudre.

307. Cela étant admis, supposons que la figure 1 de la planche 25 soit une projection de la terre sur le plan de l'é-

quateur, l'axe du globe sera projeté par le point C, et si nous partageons la demi-circonférence *ee* en douze parties égales, les droites qui passeront par le centre et par les différents points de la circonférence seront les traces de douze plans qui contiendront l'axe de la terre et qui feront entre eux des angles égaux.

Ces plans étant infinis, partageront la circonférence entière en vingt-quatre parties égales, et chacun des angles correspondants aura par conséquent pour mesure un arc de 15°.

Or, si nous supposons que la terre tourne autour de son axe, dans le sens qui est indiqué par la flèche *u*, cela produira évidemment le même effet que si le soleil tournait dans le sens indiqué par la flèche *v*; de sorte que pour un observateur qui occuperait un point O, situé dans le plan méridien C-12, il sera *six heures* du matin lorsque le soleil sera parvenu dans le plan C-6;

Il sera *sept heures* au moment où le soleil atteindra le plan C-7; *huit heures* lorsqu'il traversera le plan C-8, et enfin *midi* lorsqu'il atteindra le plan C-12; après quoi il paraîtra descendre de l'autre côté, en s'approchant du plan horizontal C-6.

308. Supposons actuellement qu'au lieu de faire passer les douze plans dont nous venons de parler, par l'axe C de la terre, nous prenons pour leur intersection commune (*fig.* 9), une droite O-P_1 parallèle à l'axe du globe, et projetée par le point O sur le plan de l'équateur (*fig.* 3). L'effet sera absolument le même; c'est-à-dire que le soleil atteindra le plan O-6′ en même temps que le plan C-6.

Il traversera en *même temps* les deux plans C-7 et O-7′, il parviendra à la même heure aux plans C-8 ou O-8′, etc.

309. Ce que je viens de dire a besoin de quelques explications :

En effet, on conçoit que si le soleil S était très-près de la terre CO, comme on le voit sur la figure 2, de manière, par exemple, que l'arc 6-6' valût à peu près le 30ᵉ de la circonférence entière, il y aurait alors une différence de 48 *minutes*, entre le moment où il atteindrait le plan C-6, et celui où il serait parvenu au plan O-6'.

Mais il ne faut pas oublier que la distance du soleil à la terre est de 34 000 000 de lieux, ou 24 000 fois le rayon de notre globe. Or, le cercle que paraît décrire le soleil est alors si grand, que l'on peut considérer comme nul, et négliger entièrement la très-petite portion de circonférence, comprise entre les deux plans correspondants C-6 et O-6' ou C-7 et O-7' (*fig.* 5).

En effet, dans le cas le plus défavorable, la distance CO de l'observateur à l'axe C du globe (*fig.* 5) serait tout au plus égale au rayon CE de l'équateur. On remarquera de plus, que cette distance CO peut être regardée comme égale à l'arc 6-6' parcouru par le soleil entre les deux plans C-6 et O-6'.

Or si l'on rétablit, par la pensée, les dimensions véritables qui ne peuvent pas plus être représentées sur la figure 5 que sur la figure 2, la distance du soleil à la terre étant 24 000 fois le rayon terrestre, sera souvent plus de 25 000 fois la distance CO ou l'arc 6-6' : mais, la circonférence entière étant plus de 6 fois le rayon, il s'ensuit que le cercle décrit par le soleil vaudra plus de $6 \times 25\,000$ ou 150 000 fois l'arc 6-6'.

Ainsi, à la distance de 34 000 000 de lieues, l'arc compris entre les deux plans C-6, et O-6' sera moindre que la 150 000ᵉ partie de la circonférence du cercle parcouru par le soleil pendant sa révolution diurne; et le temps nécessaire pour passer d'un de ces plans à l'autre, sera par conséquent plus petit que la 150 000ᵉ partie de *vingt-quatre heures*, ou à peu près une *demi-seconde*, ce qui est tout à fait insignifiant pour la construction d'un cadran solaire.

On pourra donc admettre, que chacun des douze plans, menés par la droite OP' de la figure 9, sera traversé par le soleil en même temps que le plan correspondant qui contient l'axe CP du globe, et que pour un observateur placé en un point O de la surface terrestre (*fig.* 3), la position apparente du soleil sera absolument la même que s'il était placé au centre C.

310. Les angles que les douze plans font entre eux, se nomment *angles horaires*, parce que leur mesure étant de 15° ou la vingt-quatrième partie de 360°, le soleil emploie exactement une heure de temps pour passer d'un de ces plans à l'autre.

Or, au moment où l'un de ces douze plans contient le soleil, son intersection avec une surface quelconque sera évidemment l'ombre portée sur cette surface par la droite suivant laquelle ces douze plans se coupent, de sorte qu'il suffira pour rendre cette ombre visible à chaque instant de la journée, de placer au point O une tige en métal parallèle à l'axe du globe.

311. La construction d'un cadran solaire sera donc réduite à ces trois opérations principales :

1° ▭▭ *Construire une droite parallèle a l'axe de la terre.*

2° ▬▬ *Faire passer par cette droite douze plans faisant entre eux des angles égaux, l'un de ces plans devant coïncider avec le méridien du lieu.*

3° ▭▬ *Tracer les intersections de ces plans avec la surface sur laquelle on veut obtenir le cadran.*

312. **Construire une droite parallèle à l'axe de la terre.** La méthode extrêmement simple que nous allons exposer, est suffisamment exacte pour la pratique, et n'exige l'emploi d'aucun instrument coûteux.

On sait que les étoiles sont tellement éloignées, que leurs

distances comparées aux plus grandes dimensions de notre
globe peuvent être considérées comme infinies.

Il résulte de là que les différences qui existent entre ces
distances étant pour nous insensibles, nous éprouvons absolument la même sensation que si tous les corps célestes étaient
également éloignés de notre œil et attachés à la surface d'une
immense sphère céleste dont la terre occuperait le centre.

Cette sphère céleste apparente est représentée sur la figure
6 par la circonférence ZH'Z'H.

Le gros point noir et circulaire placé au centre sera le
globe terrestre dont la droite PP' est l'axe de rotation.

La droite HH' est un plan tangent à la terre, et représente
par conséquent l'horizon pour un spectateur qui est placé en
O (308 et 309).

Le diamètre EE est l'équateur céleste, et les deux cercles
TT, T'T' sont les tropiques du cancer et du capricorne.

313. Lorsque le soleil décrit le tropique du cancer TT, le
rayon lumineux engendre la surface du cône projeté sur la figure par le triangle isocèle TOT, tandis que, si le soleil décri-
vait le tropique du capricorne T'T', le rayon lumineux engen-
drerait la surface du cône T'OT'.

Ces cônes appartiennent à une même surface conique dont
ils sont les deux nappes opposées.

Or, quel que soit le jour de l'année, quel que soit le parallèle décrit par le soleil, le rayon lumineux qui contient le
point O engendrera toujours une surface conique qui aura ce
point pour sommet.

On remarquera seulement que l'angle formé au sommet, par
deux génératrices opposées de ces deux surfaces coniques, sera
d'autant plus ouvert que le cercle décrit par le soleil sera plus
rapproché de l'équateur.

314. Ce qui précède étant bien compris, concevons

(*fig.* 4) au point *o* un plan P tangent à la surface de la terre, et supposons que par ce même point *o* on ait élevé une tige verticale, un obélisque ou une colonne *o*O.

Si le soleil décrit l'un des deux cercles U ou U' parallèle à l'équateur E, le rayon lumineux engendrera la surface conique dont les génératrices sont indiquées sur la figure 4 par des lignes de points ronds.

Or, il résulte évidemment de la disposition du plan tangent horizontal HH' que ce plan rencontrera les deux nappes de la surface conique engendrée par le rayon lumineux, et que la courbe de section (*fig.* 4 et 8) sera par conséquent une hyperbole dont l'ouverture dépendra de la distance des cercles U, U', à l'équateur E.

De sorte que, si les deux cercles étaient très-près de l'équateur, les deux branches de l'hyperbole seraient presque droites, et très-rapprochées l'une de l'autre.

Enfin, ces deux courbes se confondraient en une seule ligne droite, si le soleil parcourait l'équateur.

315. Pour un observateur qui habiterait sur la circonférence du cercle polaire, il y aurait un jour où la courbe de section du cône par le plan horizontal tangent à la surface du globe se changerait en une parabole.

Elle pourrait être une hyperbole, une parabole ou une ellipse pour celui qui habiterait dans l'intérieur du cercle polaire, et serait un cercle pour l'observateur qui pourrait exister au pôle.

316. Les considérations qui précèdent étant admises, revenons au problème proposé. On ne doit pas oublier qu'il s'agit toujours d'obtenir une droite parallèle à l'axe du globe terrestre.

Or, nous partagerons l'opération en deux parties :

1° ▬▬ *Déterminer la projection horizontale de la droite demandée ;*

2° ▭▭▭ *Construire la projection verticale de la même droite.*

317. Supposons (*fig.* 8) que la partie M qui est indiquée sur l'épure par une teinte de hachures, soit le plan ou la coupe horizontale du mur sur lequel on veut tracer le cadran solaire demandé.

On disposera une surface horizontale HH′, qui soit parfaitement nivelée dans tous les sens.

On pourra, pour cet usage, faire dresser une aire en plâtre, ou une partie du sol bien battue.

On pourra employer aussi une grande table ou planche à dessins dont on vérifiera l'horizontalité avec un niveau très-exact.

Sur la surface dont nous venons de parler, on décrira une circonférence, et l'on fixera au centre de cette ligne une tige verticale telle que oO (*fig.* 4).

318. On peut remplacer la tige dont nous venons de parler par deux équerres ajustées comme on le voit figure 7.

319. Enfin, on pourra encore (*fig.* 10) suspendre au-dessus du centre o un fil qui traverserait deux balles de plomb dont l'une o toucherait le centre de la circonférence, tandis que l'autre balle O, suspendue au même fil, serait nécessairement située sur la même verticale que la première.

Les choses étant disposées comme nous venons de le dire, revenons à la figure 8 ; supposons que l'opération ait lieu pendant un jour d'été ou de printemps, et que l'observateur soit tourné vers le mur, c'est-à-dire vers le nord, puisque la surface sur laquelle on doit tracer le cadran doit nécessairement être plus ou moins exposée au midi.

Lorsque le soleil paraîtra au-dessus de l'horizon, l'ombre de la verticale du point O sera infiniment longue et dirigée suivant O-1 ; mais, quelques instants après, la direction de l'ombre aura changé, et le soleil, s'étant élevé au-dessus du plan horizontal, l'ombre de la verticale se terminera au point 2, que l'on marquera.

Une heure ou deux après, le soleil ayant continué son mouvement ascensionnel, l'ombre de la verticale aura changé encore une fois de direction, et sera terminé au point 3, que l'on marquera comme le précédent. On continuera de marquer ainsi toute la journée les longueurs des différentes ombres portées par la verticale o-O (*fig.* 4 ou 7) ou par la balle O de la figure 10.

Si l'on employait ce dernier moyen, il faudrait avoir soin d'opérer par un temps assez calme pour que l'agitation de l'air ne puisse pas changer la direction du fil vertical auquel sont suspendues les deux balles.

320. Lorsque le soleil aura disparu vers la gauche par suite de son mouvement au-dessous de l'horizon, on tracera une courbe par tous les points qui auront été marqués (*fig.* 8).

Cette courbe 1-5-8 sera l'une des branches de l'hyperbole suivant laquelle le plan horizontal HH' coupe les deux nappes de la surface conique engendrée par le rayon lumineux qui contient le point O de la figure 4.

Si l'opération a lieu pendant un jour d'automne ou d'hiver, on obtiendra la courbe 1-5-8 (*fig.* 4 et 8) ; dans un jour de printemps ou d'été, on aura la courbe 9-10-11 ; mais si l'on opérait à l'époque des équinoxes, les extrémités de l'ombre à toutes les heures de la journée seraient situées sur une droite 12-13, qui serait l'intersection du plan horizontal HH' par le plan équatorial E (*fig.* 4).

Lorsqu'on aura tracé l'arc d'hyperbole 1-5 8, et que l'on aura corrigé les petites irrégularités de sa courbure, on join-

dra le centre *o* du cercle avec le milieu *m* de l'arc *amc* (*fig.* 8),
et l'on obtiendra par ce moyen l'axe transverse de l'hyperbole.

Cette droite sera la projection horizontale de la ligne demandée NS.

En effet, la droite O-5 sera évidemment la plus courte de
toutes les ombres portées sur le plan horizontal HH' par la
tige verticale du point O, et l'ombre la plus courte ayant nécessairement lieu au moment où le soleil atteint sa plus
grande elévation au-dessus de l'horizon, il s'ensuit que l'axe
transverse de l'hyperbole doit coïncider avec la trace du plan
dans lequel se trouve le soleil au milieu de la journée.

Or, ce plan NS perpendiculaire au plan horizontal HH'
(*fig.* 8) contient la droite menée par le point O parallèlement à
l'axe de la terre; donc il sera le plan vertical projetant de
cette droite, et son intersection NS avec le plan HH' sera la
projection horizontale de la droite demandée.

321. L'angle que la droite NS fait avec AZ, ou avec une
droite quelconque parallèle à AZ, est ce qu'on appelle la *déclinaison* du mur sur lequel on se propose de tracer le cadran
solaire.

———

322. **Gnomon**. Les anciens employaient souvent un moyen
analogue pour déterminer le moment où le soleil atteignait
chaque jour le point le plus élevé au-dessus de l'horizon.

Ainsi, après avoir construit une colonne ou un obélisque, ils
observaient l'instant où l'ombre de cet obélisque ou de cette
colonne coïncidait avec la trace horizontale du plan méridien.
Des points marqués sur cette ligne indiquaient quelle devait
être à midi la longueur de l'ombre pour chaque époque de
l'année.

Le monument destiné à cet usage se nommait un *gnomon* ,

ce qui a fait donner le nom de *gnomonique* à l'ensemble des opérations nécessaires pour construire les cadrans solaires.

323. Le plan C-12 (*fig.* 3), qui contient à midi le centre du soleil, se nomme *plan méridien* ; c'est pourquoi la droite NS (*fig.* 8) se nomme *méridienne*.

324. Quoique la méthode que nous venons d'indiquer pour rouver la méridienne soit suffisamment exacte, je donnerai une seconde méthode qui peut être facilement employée par les personnes qui possèdent un instrument propre à mesurer les angles.

1" On commencera par reconnaître à l'horizon un objet fixe et bien déterminé tel que serait, par exemple, un arbre, un clocher, un moulin M (*fig.* 11) ;

2° On mesurera l'angle visuel MOS' compris entre cet objet et le soleil, au moment où il paraît au-dessus de l'horizon ;

3° On mesurera l'angle visuel MOS'' compris entre le même objet et le soleil, au moment où il disparaît le soir ;

4° La droite NS bissectrice de l'angle S'OS'' sera la méridienne, et l'angle ZNS que cette droite fait avec la trace AZ du mur sera la *déclinaison* du cadran.

Cette opération ne peut évidemment réussir que dans un lieu où l'horizon ne serait pas borné par des montagnes ou des constructions élevées.

325. Enfin on peut encore obtenir une méridienne suffisamment exacte en traçant l'ombre d'une verticale au moment où midi serait indiqué par une montre réglée récemment sur un bon régulateur ou sur un autre cadran solaire dont l'exactitude serait reconnue.

326. Lorsque l'on aura déterminé la *méridienne*, ou, ce qui revient au même, la projection horizontale de la tige ou

tringle qui doit former le style du cadran , il sera facile d'obtenir la projection verticale de cette droite.

En effet, supposons que la figure 9 soit une section de la terre , par le plan méridien NS de la figure 8.

La droite OP', parallèle à l'axe CP de la terre (*fig.* 9) , sera perpendiculaire au rayon CE de l'équateur et le plan horizontal HH', sera perpendiculaire au rayon terrestre CO. Dans la question actuelle, il est absolument inutile de tenir compte de l'aplatissement de la terre.

L'arc de méridien OE exprime la latitude du lieu occupé par l'observateur, et les côtés de l'angle P'OH étant perpendiculaires, chacun à chacun, sur les côtés de l'angle ECO, il s'ensuit que ces deux angles sont égaux , et que, par conséquent, l'inclinaison de la droite P'OH sur le plan horizontal HH' est égal à la latitude OE du point O.

327. Ainsi, *pour obtenir en un point quelconque, une parallèle à l'axe de la terre, il suffit de construire dans le plan méridien une droite inclinée sur le plan horizontal, d'une quantité égale à la latitude du lieu que l'on occupe.*

328. **Première opération.** Supposons donc (*fig.* 1 et 2 *pl.* 26), que la droite NS soit la *méridienne*, et par conséquent la projection horizontale de la droite cherchée, il s'agit de construire la projection verticale de cette droite.

On pourra choisir à volonté le point N', suivant lequel cette ligne doit percer la surface du mur, que nous supposerons coïncider avec le plan vertical de projection. Après quoi, on devra opérer de la manière suivante (*fig.* 1 et 2).

   1° ▭▭ On fera l'angle NN'S'' égal au complément de la latitude du lieu que l'on occupe ; l'angle N'S''N sera par conséquent égal à la latitude , et la droite N'S'' sera la ligne demandée, rabattue sur le plan vertical de projection ;

   2° ▭▭ Par un arc de cercle S''S décrit du point N, comme

centre, on ramènera le point S″ sur la projection horizontale NS, ce qui donnera le point S, suivant lequel la
droite cherchée perce le plan horizontal de projection.

3° ━━ Le point S, situé dans le plan horizontal de projection, se projettera en S′ sur la ligne AZ, et la droite
S′N′ sera la projection verticale du style.

329. Deuxième opération. *La droite dont les deux projections sont* SN *et* S′N′ (fig. 1 et 2), *étant parallèle à l'axe de
la terre, il s'agit maintenant de faire passer par cette droite
douze plans faisant entre eux des angles égaux.*

Il suffira, pour résoudre ce problème, de rappeler ce que
j'ai dit au n° 154 de mon *Traité de géométrie descriptive.*

Ainsi la droite donnée étant représentée sur la figure 5 par
NS, on pourra opérer de la manière suivante :

1° ━━ On construira où l'on voudra un plan EE′ perpendiculaire sur la droite NS.

Ce plan sera parallèle à l'équateur, et sera, pour cette
raison, nommé *équatorial.*

2° ━━ On décrira dans le plan EE′ une demi-circonférence que l'on partagera en douze parties égales, et l'on
joindra les points de division avec le centre par douze
rayons qui feront entre eux des angles égaux.

3° ━━ On fera passer un plan par la droite NS et par
chacun des douze rayons ainsi obtenus.

Il est évident (*Géom.*) que les angles dièdres formés par ces
plans auront pour mesure les angles que font entre eux les
rayons qui divisent en douze parties égales la demi-circonférence décrite dans le plan EE′. Or ces derniers angles étant
égaux entre eux, les angles formés par les douze plans le seront aussi.

Il est essentiel que l'un des douze plans coïncide avec le
plan méridien SNN′ (*fig. 2*), ou, ce qui est la même chose,
avec le plan vertical projetant de la ligne NS, N′S′ (*fig. 1re*).

19

On pourrait se demander pourquoi il ne faut pas décrire, dans le plan équatorial EE', une circonférence entière ; mais il est évident qu'il suffit, comme nous l'avons fait, de partager la demi-circonférence, parce que les douze plans, étant infinis, détermineront évidemment les vingt-quatre angles dièdres, ou *horaires*, qui correspondent aux vingt-quatre heures de la journée.

330. **Épure**. On sait que les traces des douze plans demandés doivent passer par les traces N' et S de la droite donnée.

Il ne reste donc plus qu'à déterminer un point de l'une des traces de chacun de ces plans.

Pour y parvenir, on construira (*fig.* 2) :

1° ▬▬ La trace verticale MM' du plan équatorial EE' (*fig.* 5). Cette trace, que l'on peut faire passer par où l'on voudra, contient ici le point N, et doit être perpendiculaire sur la projection N'S' du style (*fig.* 2).

2° ▬▬ La droite NE'' perpendiculaire sur N'S'' sera l'intersection du plan équatorial EE' par le plan méridien N'NS, et le point O'' sera par conséquent l'intersection du style par le plan équatorial NE''.

3° ▬▬ On rabattra ce plan en EE' (*fig.* 3) en le faisant tourner autour de sa trace verticale MM'.

Par suite de ce mouvement, le point O'O'' viendra se rabattre en O''', que l'on obtiendra sur le prolongement de N'C en décrivant l'arc de cercle O''O''' du point N comme centre.

4° ▬▬ On décrira la demi-circonférence 6-12-6 sur le diamètre 6-6, qui doit être perpendiculaire à la droite NO''' ; suivant laquelle le plan méridien coupe le plan équatorial.

5° ▬▬ On partagera la demi-circonférence 6-12-6 en douze parties égales, et l'on tracera les rayons correspondants en numérotant ces rayons, comme on le voit sur l'épure, de manière que le rayon O'''-12 coïncide avec la droite NO''', et soit par conséquent situé dans le plan méridien N'NS.

6° ▬▬ Chacun des rayons ainsi obtenu aura sa trace verticale v sur la droite MM', qui est la trace verticale du plan équatorial rabattu en EE', de sorte qu'en joignant le point N' avec les traces verticales v des douze rayons, on aura les traces verticales des douze plans demandés, et ces traces seront les lignes d'ombres portées par le style NS,N'S' pour chacune des heures correspondantes (310).

331. Les rayons 7 et 8 de la figure 3 n'ayant pas leurs traces verticales sur l'épure, on pourra opérer de la manière suivante :

1° ▬▬ On tracera par le point C une droite quelconque qui coupera le rayon O'''-9 en un point o' et le rayon O'''-8 en un point o''.

2° ▬▬ On tracera les droites $o'n'$, $o''n''$ perpendiculaires à MM', et parallèles, par conséquent, à la droite O'''N'.

3° ▬▬ On joindra le point C avec n' par la droite Cn', et l'intersection de cette ligne avec la droite $o''c''$ déterminera le point n''.

4° ▬▬ La droite N'n'' sera la trace du plan N'-VIII qui détermine l'ombre du style à 8 *heures*.

En effet, les trois droites O'''C', CC' et N'C' aboutissant au point C', couperont les parallèles $o'n'$ et O'''N' en parties proportionnelles, ce qui donnera la proportion

$$(1) \qquad o'c' : c'n' :: O'''C : CN'.$$

Mais les droites Co'', Cc'', Cn'', concourant au point C; on aura :

$$(2) \qquad o'c' : c'n' :: o''c'' : c''n''.$$

On aura donc, par suite du rapport commun,

$$O'''C : CN' :: o''c'' : c''n'';$$

d'où l'on peut conclure que les trois droites $O'''o''$, Cc'', $N'n''$, concourent en un même point, qui est la trace verticale du rayon O'''-8, et qui, par conséquent, détermine la ligne N'-VIII du cadran.

332. On opérera de la même manière pour déterminer la ligne N'-VII. Ainsi on tracera :

    1° ■■ Une droite quelconque Co'', ce qui déterminera les points o''' et o^{iv} sur les rayons O'''-6 et O'''-7 ;

    2° ■■ On tracera les droites $o'''n'''$ et $O''n''$ perpendiculaires sur MM' ;

    3° ■■ La droite Cn''' déterminera le point n^{iv} sur le prolongement de $o''c^{iv}$;

    4° ■■ Enfin on tracera la ligne N'-VII du cadran.

333. On peut encore obtenir le même résultat en opérant de la manière suivante :

    1° ■■ On tracera une droite quelconque $o^v n^v$ perpendiculaire sur MM'. Cette opération déterminera le point o^v sur le prolongement du rayon 7-O'''.

    2° ■■ La droite o^v-o^{vi} parallèle à MM' donnera le point o^{vi} sur le rayon O'''-6.

    3° ■■ La droite o^{vi}-n^{vi}, perpendiculaire sur MM', coupera la ligne N'-VI du cadran suivant un point n^{vi}.

    4° ■■ On tracera la droite n^{vi}-n^v parallèle à MM', ce qui donne le point n^v, que l'on joindra avec N'.

334. Les opérations qui précèdent donneront pour résultat un cadran vertical tel que celui qui est dessiné sur la figure 7.

335. Si l'on voulait avoir un cadran horizontal (*fig.* 6), il suffirait d'exécuter sur le plan horizontal de projection tout ce que nous venons de faire sur le plan vertical.

336. On pourrait encore obtenir un cadran horizontal au moyen de l'épure précédente.

Il suffirait, pour cela, de prolonger les lignes d'ombre du cadran de la figure 2 jusqu'à ce qu'elles rencontrent la ligne AZ, et de joindre les points ainsi obtenus avec le point S.

On aurait ainsi les traces horizontales de tous les plans horaires, et l'ensemble de ces douze traces formerait un cadran horizontal que l'on pourrait transporter dans tous les lieux qui auraient la même latitude, pourvu que l'on ait bien soin de faire coïncider la droite NS du cadran avec la méridienne et de faire l'angle PSN égal à la latitude du lieu.

337. Il est également bien entendu que le cadran vertical que l'on a obtenu sur la figure 2 ne pourrait convenir qu'aux lieux qui auraient la même latitude, et ne pourrait être tracé que sur un mur qui ferait avec la *méridienne* un angle égal à SNN''.

338. Il sera nécessaire, en posant le style, de s'assurer qu'il est bien exactement parallèle à l'axe de la terre; on pourra, comme vérification, chercher l'angle NN''S que cette droite doit faire avec le plan vertical de projection.

339. La figure 4 est un *cadran équatorial*. Tout se réduit dans ces sortes de cadrans à la construction exécutée dans le plan équatorial rabattu (*fig.* 3).

Cette figure, tracée sur une pierre mince ou sur une ardoise, est placée comme on le voit (*fig.* 4), de manière que le plan qui contient le cadran coïncide avec celui de l'équateur céleste, ou, ce qui est la même chose, que la droite NS soit parallèle à l'axe de la terre, et que la projection horizontale de cette droite coïncide bien exactement avec la trace du méridien.

On fait surtout usage de ces sortes de cadrans chez les peuples qui habitent entre les tropiques ; mais alors il faut que le cadran soit tracé sur les deux faces de la pierre, car sans cela il ne pourrait servir que pendant six mois.

340. On pourra encore dans ces pays employer des cadrans verticaux construits d'après les mêmes principes que pour la figure 2. Ces cadrans, tracés sur les deux faces, seraient placés verticalement par rapport à l'horizon, mais de manière à couper le méridien obliquement.

Les heures avant midi seraient marquées sur l'une des faces du cadran, et les heures de l'après-midi sur la face opposée.

341. Si l'on voulait obtenir un cadran sur une surface quelconque, il est évident qu'il faudrait construire les traces des douze plans déterminés sur la figure 2, et chercher ensuite les intersections de ces plans avec la surface donnée.

Nous pourrons plus tard revenir sur quelques-unes de ces questions qui sont plus curieuses que véritablement utiles.

————

342. **Concours de 1851 pour l'admission à l'École des beaux-arts.** *Trois points* uu', vv', oo' *sont donnés par leurs projections horizontales* v, u, o *(fig. 4), et par leurs projections verticales* v', u', o' *(fig. 1).*

Les deux points vv' *et* uu', *situés sur une droite horizontale* vu, v'u', *sont, par conséquent, à la même hauteur, et le point* oo' *est à égale distance des points* vv' *et* uu'. *Ce que l'on exprimera sur l'épure, en faisant* ov = ou. *Il faut construire deux cônes circulaires égaux, qui auront pour sommets les points* vv' *et* uu' ; *ces deux cônes doivent se toucher au point* oo', *situé en même temps sur les circonférences des deux bases.*

Enfin l'un des cônes doit être tangent au plan horizontal qui contient la droite vu, v'u'.

Pour donner à la solution de ce problème tous les développements nécessaires, j'ai consacré à l'épure une étendue quatre fois aussi grande que celle des autres planches de l'atlas, cela m'a permis d'ajouter au programme énoncé ci-dessus, une sphère, un cylindre, et un cône tronqué ; de sorte que cette planche contiendra un résumé à peu près complet de tout ce qui a été dit dans le deuxième livre du *Traité des Ombres*. Mais, pour ne pas trop fatiguer l'attention, je décomposerai la question principale en autant de problèmes particuliers qu'il y a de corps à projeter, en adoptant pour ces problèmes l'ordre suivant lequel chacun d'eux doit être résolu.

343. Premier problème. *Les trois points déterminés par leurs projections* vv', uu', oo', *sont les sommets d'un triangle isocèle dont la base* vu, v'u' *est horizontale. Il faut construire un cône circulaire tangent au plan horizontal qui contient la droite* vu, v'u', *et au plan incliné des trois points donnés.*

Le sommet du cône étant situé au point vv', *et le point* oo' *appartenant à la circonférence de la base.*

1° ▬▬ Par le point *u*, ou par tout autre point de la droite *vu*, on concevra un plan vertical A″Z″, perpendiculaire à la droite horizontale *vu*, et par conséquent au plan des trois points donnés *v, o, u.*

2° ▬▬ On rabattra le plan vertical A″Z″ autour de l'horizontale qui contient le point *uu'*; et faisant *y″o″* de la figure 2 égal à *y'o'* de la figure 1, le point *oo'* sera projeté en *o″*.

3° ▬▬ La droite μP sera l'intersection du plan qui contient les trois points donnés, par le plan auxiliaire de projection A″Z″, et la droite *o″*N perpendiculaire sur μP sera la projection de la normale au point *oo″* du plan *vuo*.

La projection horizontale de cette normale sera la droite *mn* perpendiculaire sur *vu*.

4° ━━ La droite *u*P₁ sera l'intersection du plan vertical A″Z″ par le plan bissecteur de l'angle dièdre P*u*Z″, que le plan des trois points donnés fait avec le plan horizontal qui contient la droite *vu*, *v′u′*.

5° ━━ Le plan bissecteur *u*P₁ sera percé par la normale N*o*″, suivant un point *mm*″, qui sera le centre d'une sphère tangente au plan des trois points donnés, et au plan horizontal qui contient la droite *vu*.

6° ━━ Le cône V, qui aura son sommet en *v*, et qui enveloppera la sphère que l'on vient d'obtenir, satisfera aux conditions demandées.

7° ━━ On projettera ce cône (*fig.* 6) sur un plan vertical A‴Z‴ parallèle à son axe *vm*; la projection du point *m* sur ce nouveau plan sera *m*‴, que l'on obtiendra en faisant *x*‴*m*‴ de la figure 6, égale à *x*″*m*″ de la figure 2.

8° ━━ On décrira la projection de la sphère inscrite, et l'on déterminera bien exactement les deux points de tangence *x*‴, *x*‴.

9° ━━ La projection horizontale de l'un de ces deux points doit se confondre avec celle du point *m*, et lorsque l'on aura déterminé les projections horizontales des points *x*‴ et *c*‴, on aura le centre et les deux axes de l'ellipse suivant laquelle se projette la base du cône V.

344. **Deuxième problème.** *Le cône V étant déterminé par ses projections sur les figures 4 et 6, il faut projeter un second cône circulaire U, égal au premier cône, dont le sommet soit situé en uu′, et qui touche le plan du triangle isocèle vou, suivant la droite uo.*

1° ━━ Sur la normale *o*″N (*fig.* 2), on portera *o*″*n*″ égal à *o*″*m*″, et la circonférence décrite du point *n*″ comme centre, avec le rayon $o''n''$, sera la projection d'une sphère inscrite dans le cône demandé.

2° ━━ On projettera cette sphère sur le plan horizontal (*fig. 4*), et les tangentes menées par le point u, seront les limites de la projection horizontale du cône.

3° ━━ On projettera (*fig. 10*) le point u et la sphère qui a le point n pour centre, sur le plan vertical $A^{iv} Z^{iv}$ parallèle à l'axe du cône, en faisant $t^{iv} n^{iv}$ de la figure 10, égale à $t'' n''$ de la figure 2.

4° ━━ Les deux points de tangences r^{iv} et le point z^{iv} étant projetés sur le plan horizontal, on connaîtra le centre et les deux axes de l'ellipse, suivant laquelle se projette la base circulaire du cône demandé.

345. **Troisième problème.** *Construire les projections d'une sphère d'un rayon donné, et qui soit tangente en même temps, au plan horizontal de projection et au cône U.*

1° ━━ Si l'on fait pq (*fig. 10*) égale au rayon de la sphère demandée, le plan horizontal P_2 contiendra le centre de cette sphère.

Mais la position de ce centre dans le plan P_2 sera encore indéterminée, car il est évident que l'on pourrait faire rouler la sphère sur le plan horizontal de projection sans qu'elle cessât d'être tangente au cône U. On ne peut donc déterminer la position de la sphère demandée, qu'en introduisant quelque nouvelle condition.

2° ━━ Si, par exemple, on veut que le point de tangence des deux corps soit situé sur la circonférence du cercle $h^{iv}g^{iv}$, on tracera $b^{iv}g^{iv}$ perpendiculaire sur $u^{iv}g^{iv}$, et l'on fera $g^{iv}d^{iv}$ égale au rayon de la sphère demandée; la circonférence décrite du point d^{iv} comme centre, avec le rayon $d^{iv}g^{iv}$, sera la projection de la sphère, que l'on aurait fait tourner autour de l'axe du cône jusqu'à ce que le centre soit parvenu dans le plan vertical qui contient cet axe.

3° ▰▰ Si, actuellement, on fait revenir la sphère à la place qu'elle doit occuper dans l'espace, le centre d^{IV} viendra se placer en e^{IV} dans le plan P_2 en décrivant l'arc de cercle $d^{IV}e^{IV}$ perpendiculaire à l'axe du cône; la normale $b^{IV}d^{IV}$ deviendra $b^{IV}e^{IV}$, et le point de tangence s^{IV} sera déterminé par l'intersection de la normale $b^{IV}e^{IV}$ avec le plan du cercle $g^{IV}h^{IV}$.

4° ▰▰ Si la droite $e^{IV}b^{IV}$ rencontre trop obliquement le plan du cercle $g^{IV}h^{IV}$, on projettera le tout sur le plan A^VZ^V, ou sur tout autre plan parallèle à la base du cône U.

5° ▰▰ Ce plan, rabattu autour de l'horizontale projetante du point A^V, viendra se placer dans la position a^Vz^V parallèle au plan horizontal de projection.

6° ▰▰ Cette opération donnera ($fig.$ 5) une nouvelle projection U^V du cône U sur un plan perpendiculaire à son axe.

7° ▰▰ On construira sur cette projection les circonférences d^Ve^V et g^Vs^V, ainsi que les points e^V et s^V, d'où il sera facile de déduire ($fig.$ 1) les projections horizontales e et s sur les perpendiculaires abaissées par les points correspondants de la figure 10.

346. **Remarque.** Nous supposerons, dans l'épure actuelle, que le cône V est posé horizontalement sur le parallélipipède rectangle R, sur le cylindre horizontal T, et qu'il est retenu à droite par un tronçon de colonne ou cylindre vertical C.

Le cône U est soutenu par le cône V qu'il touche au point oo' de la circonférence de sa base, par le tronc de cône droit M, et par la sphère E qui lui est tangente au point s.

Les projections de ces prismes, cylindres et tronc de cône ne présentent pas assez de difficultés pour qu'il soit nécessaire de nous y arrêter.

Ombres.

347. **Lignes de séparation sur le cône v.** *Première méthode.*

1° ▬▬ Le rayon de lumière qui passe par le sommet *v* du cône V, est l'intersection des deux plans tangents formés par les rayons lumineux qui s'appuient sur la surface du cône.

2° ▬▬ Ce rayon perce le plan $A^{vi}Z^{vi}$ qui contient la base du cône, suivant un point B''' dont la projection horizontale est B.

3° ▬▬ Les tangentes menées par B à l'ellipse suivant laquelle se projette la base du cône V, détermineront les points 1 et 2 des lignes de séparation.

Ces tangentes n'ont pas été conservées sur l'épure.

348. *Deuxième méthode.*

1° ▬▬ Au lieu de construire par B des tangentes à l'ellipse suivant laquelle se projette la base du cône V, on peut rabattre le plan $A^{vi}Z^{vi}$ de cette base jusqu'à ce qu'il soit venu prendre la position horizontale $a^{vi}z^{vi}$.

Par suite de ce mouvement, le cône V sera projeté par la circonférence V^{vi}, figure 3, et le point BB''' deviendra B^{vi}.

2° ▬▬ On tracera par B^{vi} les deux tangentes à la circonférence V^{vi}, ce qui déterminera les points 1 et 2 que l'on ramènera sur les deux projections de la circonférence de la base du cône (*fig.* 4 et 6).

349. *Troisième méthode.*

Les deux verticales l et K, tangentes à la projection de la sphère inscrite dans le cône V (*fig.* 6), couperont les droites

$v'''x'''$ en quatre points 13, 14, 15 et 16, qui sont les sommets d'un trapèze.

Or, on sait (*Géométrie descriptive*) que les diagonales de ce trapèze sont les traces de deux plans P_3 et P_4 perpendiculaires au plan de la figure 6, et qui jouissent de cette propriété que les sections elliptiques du cône V par ces plans, auront la même projection que la sphère inscrite. D'après cela :

1° ▬▬ On tracera (*fig.* 6) les deux verticales I et K tangentes à la projection de la sphère inscrite.

2° ▬▬ La diagonale 13-16 sera la trace du plan P_3 qui coupe le rayon de lumière $v'''B'''$ suivant un point D''' que l'on projettera en D sur la projection horizontale vB du rayon de lumière qui contient le sommet v du cône V.

3° ▬▬ Les droites menées par le point D tangentes à la projection horizontale de la sphère inscrite, ou, ce qui est la même chose, à la projection circulaire de l'ellipse 13-16 provenant de la section du cône par le plan P_3 détermineront les points 4 et 5 situés sur les deux lignes de séparation du cône V.

4° ▬▬ Ainsi, en partant du sommet, les lignes de séparation sur le cône V seront :

La droite v-2, qui contient le point 5 déterminé par la seconde méthode.

L'arc de cercle 2-3-1.

La droite 1-v, qui contient le point 4.

350. **Lignes de séparation sur le cône U.** *Première méthode.*

1° ▬▬ Le rayon de lumière $u'''H'''$ passant par le sommet u du cône U (*fig.* 10) perce le plan $A'Z'$ qui contient la base de ce cône, suivant un point F''' dont la projection horizontale ne se trouve pas sur l'épure.

2° ▄▄▄ Si l'on avait cette projection, on pourrait construire par ce point deux tangentes à l'ellipse suivant laquelle se projette la base du cône U.

Cette opération déterminerait les points de tangence 8 et 9, et par suite, les deux lignes de séparation u-8 et u-9. Mais la projection horizontale du point F étant trop éloignée, il faut trouver d'autres moyens de résoudre la question.

351. *Deuxième méthode.*

1° ▄▄▄ On pourra couper le cône U et le rayon de lumière qui contient le sommet par un plan P$_5$ perpendiculaire à l'axe du cône; on obtiendra par ce moyen une section circulaire qui, projetée sur le plan A^{v}Z^v et rabattue en $a^v z^v$, se projettera sur la figure 5 par la circonférence 6-7.

2° ▄▄▄ Le plan P$_5$ coupera le rayon de lumière qui contient le sommet u^{iv} du cône U, suivant un point G^{iv} qui se projettera sur le plan horizontal, en G, et sur le plan A^{v}Z^v rabattu en $a^v z^v$, suivant le point G^v.

3° ▄▄▄ Les deux tangentes menées par ce dernier point, à la circonférence 6-7 de la figure 5, détermineront les points 6 et 7 que l'on ramènera successivement sur $a^v z^v$ et sur A^{v}Z^v. De là, sur la trace du plan P$_5$ par des perpendiculaires au plan de projection A^{v}Z^v; enfin sur la projection horizontale (*fig.* 4), par des perpendiculaires à A^{iv}Z^{iv}, jusqu'à la rencontre des lignes menées parallèlement à cette même droite, par les points 6 et 7 de la figure 5.

Les points 6 et 7 étant joints avec la sommet u du cône U, on aura obtenu les deux lignes de séparation sur ce cône.

352. **Remarque.** Cette deuxième méthode a l'inconvénient

de déterminer le point G^{IV} par deux droites qui se coupent suivant un angle trop aigu. Il est vrai que ce point, projeté sur
le plan A^V Z^V et rabattu en G^V, se trouve très-loin du cercle
6-7 de la figure 5, de sorte que l'éloignement du point G^V
détruit en quelque sorte, par rapport à la direction des deux
tangentes, l'erreur qui pourrait exister dans la position du
point G^{IV}; mais il n'est pas moins vrai que les points 6 et 7
des projections U et U^{IV} sont trop près du sommet du cône
pour que les deux lignes de séparation soient parfaitement
déterminées.

Cela confirme ce que j'ai dit bien souvent, qu'il n'existe pas
de principe absolu lorsqu'il s'agit de la pratique; et que l'on
s'abuserait beaucoup si l'on croyait pouvoir agir toujours
d'une manière uniforme.

Il faut au contraire, suivant les circonstances, changer à
chaque instant la manière d'opérer; et lorsqu'un principe ne
conduit pas à des résultats satisfaisants, il faut en chercher un
autre.

Le moyen que nous avons employé au numéro 520 ne présente pas les inconvénients que nous venons de signaler,
et c'est la construction qui convient le mieux dans le cas
actuel.

353. *Troisième méthode.*

1° ▬▬ Les deux verticales Q et Y, tangentes à la projection
de la sphère inscrite dans le cône U (*fig.* 10), couperont
les droites $u^{IV} r^{IV}$ en quatre points, qui sont les sommets
du trapèze 17-18-19-20.

2° ▬▬ La diagonale 17-20 de ce trapèze sera la trace du
plan P$_6$ qui coupe le cône U suivant une ellipse 17-20,
dont la projection horizontale se confond avec la circonférence qui limite la projection de la sphère inscrite.

3° ▬▬ Le plan P$_6$ coupe le rayon de lumière qui contient
le sommet u du cône U, suivant un point H^{IV} que l'on

projettera en H, sur la projection horizontale *u*G du rayon
de lumière du sommet.

4° ▬▬ Les droites menées par le point H, tangentes à la
projection horizontale de la sphère inscrite, détermineront les points 11 et 12 situés sur les deux lignes de séparation du cône U.

5° ▬▬ Ainsi, en partant du sommet, les lignes de séparation sur le cône U seront :

1° *La droite* u-9, *qui contient les points* 7 *et* 12 *déterminés par la seconde et par la troisième méthode.*

2° *L'arc de cercle* 9-10-8.

3° *La droite* 8-u, *qui contient le point* 6 *et le
point* 11.

L'arc de cercle 9-10-8 appartient à la ligne de séparation du cône U, ce qui résulte de ce que la base du
cône est évidemment obscure, comme on peut facilement le voir sur la figure 10.

Si la base était éclairée, la ligne de séparation serait
formée par l'arc 8-21-9.

354. Ligne de séparation sur la sphère E.

On sait (102) que la ligne de séparation sur la sphère est
un grand cercle dont le plan est perpendiculaire à la direction
de la lumière.

Si l'on veut obtenir les axes principaux de l'ellipse suivant
laquelle se projette ce grand cercle, on construira la projection auxiliaire (*fig.* 8) sur le plan vertical A^{vii}Z^{vii} parallèle
aux rayons lumineux.

Le grand cercle qui forme la ligne de séparation sur la
sphère sera projeté (*fig.* 8) par le diamètre 23-24, perpendiculaire à la projection *e*^{vii}-22 du rayon de lumière.

Les perpendiculaires abaissées des points 23, *e*^{vii} et 24, détermineront le centre et le petit axe de l'ellipse qui forme la
projection horizontale du cercle 23-24.

355. Ombres portées sur le plan horizontal. Les traces des plans et des cylindres formés par les rayons lumineux qui s'appuient sur les lignes de séparation obtenues précédemment, détermineront le contour des ombres portées sur le plan horizontal ; car il résulte évidemment, de la direction de la lumière dans l'exemple qui nous occupe, qu'il n'y aura pas d'ombre portée sur le plan vertical de projection, qui n'existe ici que d'une manière abstraite et par conséquent incapable d'arrêter les rayons lumineux.

Les ombres portées sur le plan horizontal par le cône V, par le prisme R, par le cylindre vertical C, et par le cylindre horizontal T, seront déterminées par les figures 4 et 6.

Les ombres portées par le cône U, et par le tronc de cône M, pourront être obtenues par le moyen des deux projections figure 4 et 10.

Enfin, la projection auxiliaire A^{vii}Z^{vii} (*fig.* 8) donnera les axes de la grande ellipse qui forme l'ombre portée par la sphère E sur le plan horizontal de projection.

En partant du point 25 situé sur la circonférence de la grande base du cône tronqué M, le contour de l'ombre portée sur le plan horizontal se compose des lignes suivantes :

1° ▬▬ La droite 25-26, qui fait partie de la trace du plan tangent formé par les rayons lumineux qui s'appuient sur la surface du tronc de cône M.

2° ▬▬ L'arc de cercle 26-27 est l'ombre d'une partie de la base supérieure du tronc de cône.

3° ▬▬ La droite 27-28, trace du plan formé par les rayons lumineux qui s'appuient sur la ligne de séparation u-9 du cône U.

4° ▬▬ L'arc d'ellipse 28-29-30, qui fait partie de l'ombre portée par la sphère E.

5° ▬▬ La droite 30-31, prolongement de 27-28 qui forme l'ombre portée par le cône U.

6° ━━ Les droites 31-32, 32-33, ombres portées par les arêtes du prisme R.

7° ━━ La droite 33-9 appartient à l'ombre portée par le cône U.

8° ━━ L'arc d'ellipse 9-10-34 est la trace du cylindre formé par les rayons lumineux qui s'appuient sur la circonférence de la base du cône U.

9° ━━ La droite 34-2 appartient à la trace du plan tangent formé par les rayons lumineux qui s'appuient sur la ligne de séparation v-2 du cône V.

10° ━━ L'arc d'ellipse 2-35, formant une partie de l'ombre portée par la base du cône V.

11° ━━ La droite 35-36, la demi-circonférence 36-37-38, et la droite 38-39, forment le contour de l'ombre portée par le cylindre vertical C.

12° ━━ La droite 40-41 et l'arc d'ellipse 41-42 sont les ombres portées par le cylindre horizontal T.

13° ━━ Une partie 42-43-44 de cette ombre se relève sur sur le cylindre C, comme on peut le voir par les figures 6 et 1.

14° ━━ L'arc d'ellipse x-1 est l'ombre portée sur le plan horizontal par la base du cône V.

15° ━━ La droite 1-45 est la trace du plan tangent formé par les rayons qui s'appuient sur la ligne de séparation v-1 du cône V.

16° ━━ La droite 45-46 est la trace du plan tangent formé par les rayons qui s'appuient sur la ligne de séparation u-8 du cône U.

17° ━━ L'arc d'ellipse 46-47-48 appartient au contour de l'ombre portée par la sphère E.

18° ━━ La droite 48-49 est l'ombre portée par le cône U.

19° ━━ L'arc de cercle 49-50 et la droite 50-51 proviennent de l'ombre portée par le tronc de cône M.

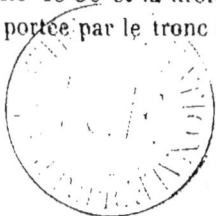

20

356. Ombres portées sur la sphère et sur le cône V.
Il est bien évident qu'il ne peut y avoir d'ombre portée
sur le cône U, qui est placé au-dessus de la sphère E et du
cône V.

Il ne reste donc plus qu'à chercher les ombres portées sur
ces deux dernières surfaces.

357. Ombre portée sur la sphère E. Cette ombre se
compose des deux ellipses 30-53 et 76-76, projections des
cercles suivant lesquels la sphère est coupée par les plans des
rayons lumineux, qui s'appuient sur les lignes de séparation
u-9 et u-8 du cône U.

Les axes principaux de l'ellipse 30-53 pourront être facilement déterminés, en projetant la sphère sur le plan $A^{viii}Z^{viii}$
perpendiculaire à la trace 27-9 du plan P_7 qui touche le
cône U, suivant la droite u-9.

La projection du point 7 ou de tout autre point de la
droite u-9 sur le plan $A^{viii}Z^{viii}$, déterminera la trace $A^{iv}P_7$ du
plan tangent au cône U, et la droite 55-55 sera la projec-
tion du cercle, suivant lequel ce plan coupe la sphère E.

Le point 56, milieu de la corde 55-55, déterminera le
centre de l'ellipse cherchée ; le grand axe de cette ellipse sera
égal au diamètre 55-55 du cercle dont elle est la projection, et
l'un des points 55 projeté sur le plan horizontal sera l'une
des deux extrémités du petit axe.

Enfin, la droite e^{viii}-53, parallèle à $A^{viii}Z^{viii}$, déterminera
sur la droite 55-55, la projection commune des deux points
53, suivant lesquels l'ellipse cherchée touche le grand cercle
qui limite la projection horizontale de la sphère.

358. En opérant de la même manière, on déterminera les
axes de l'ellipse 76-76, projection horizontale du cercle suivant lequel la sphère est coupée par le plan des rayons lumineux qui s'appuient sur la ligne de séparation u-8 du cône U.

Ainsi (*fig.* 11), on projettera la sphère sur le plan A^xZ^x, perpendiculaire à la trace $49\text{-}A^{vm}$ du plan P_{13} qui touche le cône U suivant la droite $u\text{-}8$.

Le rayon lumineux qui contient le sommet u du cône U perce le plan vertical de projection A^xZ^x, suivant le point 75. qui détermine sur la figure 11 la trace verticale P_{13} du plan qui touche le cône U suivant la droite $u\text{-}8$.

La trace du plan P_{13} pourrait encore être obtenue ou vérifiée en projetant le point 11, ou tout autre point de la droite $u\text{-}8$.

Cela étant fait, la corde 76-76 sera la projection du cercle suivant lequel la sphère E^x est coupée par le plan P_{13}

Le point 77, milieu de la corde 76-76, déterminera le centre de l'ellipse cherchée ; le grand axe de cette ellipse sera égal au diamètre 76-76 du cercle dont elle est la projection, et l'un des points 76 projeté sur le plan horizontal sera l'une des extrémités du petit axe.

Enfin, la droite $e^x\text{-}78$, parallèle à A^xZ^x, déterminera sur la droite 76-76 la projection 78, commune aux deux points suivant lesquels l'ellipse cherchée touche le grand cercle qui limite la projection horizontale de la sphère.

359. Comme exercice, et pour faire comprendre quelle est la partie de la sphère qui est comprise entre les deux plans tangents P_7 et P_{13} j'ai projeté le cercle 56-56 sur la figure 11, et le cercle 77-77 sur la figure 9.

Ces projections sont faciles à obtenir, et dépendent de principes que nous allons rappeler.

360. On sait que l'on peut facilement construire une ellipse, lorsque l'on connaît un de ses axes principaux et un point de la circonférence.

En effet, supposons (*fig.* 14 et 19) que la droite AA soit l'un des axes d'une ellipse dont la circonférence doit contenir le point M.

1° ▬▬ On prendra ce point pour centre d'un arc de cercle décrit avec un rayon MH, égal à la moitié AO de l'axe donné AA.

2° ▬▬ On tracera la droite HM.

3° ▬▬ On obtiendra KM pour la moitié du second axe de la courbe qu'il sera facile de construire.

361. D'après cela, pour construire sur la figure 9 les projections du cercle 76-76 de la figure 11, on déduira de la figure 4 le centre et les extrémités de l'axe horizontal 77-77.

On joindra le centre 77 de l'ellipse cherchée avec le centre e^{vm} de la sphère, et la droite perpendiculaire sur e^{vm}-77 sera le grand axe, dont la longueur est égale à la droite 76-76 de la figure 11.

Le grand axe de l'ellipse obtenu sur la figure 9 doit être parallèle à la droite 54-79, suivant laquelle le plan de projection $A^{vm}Z^{vm}$ est coupé par le plan qui contient le cercle 76-76.

Le point 54 s'obtiendra en prolongeant le rayon de lumière uG jusqu'au plan de projection $A^{vm}Z^{vm}$.

On opérera de la même manière pour construire sur la figure 11 la projection du cercle 55-55 de la figure 9. Ainsi, le grand axe de l'ellipse que l'on obtiendra sera perpendiculaire sur e^x-56, et parallèle à la trace 80-75 du plan tangent P_7

362. La question qui nous occupe ayant conduit à projeter des cercles inclinés dans l'espace, je rappellerai encore la construction suivante, que l'on a souvent l'occasion d'appliquer. Supposons (*fig.* 18) que l'on veut obtenir les projections d'un cercle d'un rayon connu, et situé dans un plan P déterminé par ses traces.

On remarquera que, lorsqu'un cercle est projeté obliquement, tous les diamètres se raccourcissent, excepté celui qui est parallèle au plan de projection.

D'après cela, le point *oo'* situé dans le plan P étant le centre du cercle demandé, on tracera :

1° ▬▬ La droite *a'a'* parallèle à la trace verticale, et *cc* parallèle à la trace horizontale du plan P.

   a'a' sera le grand axe de la projection verticale du cercle, et *cc* sera le grand axe de la projection horizontale.

2° ▬▬ Les droites *aa* et *c'c'*, parallèles à la ligne AZ, seront les secondes projections des diamètres précédents.

3° ▬▬ On projettera le point *a'* en *a*, et le point *c* en *c'*.

4° ▬▬ On connaîtra, par conséquent, un axe et un point de chaque ellipse, ce qui permettra de la tracer (360).

363. Les principes précédents peuvent servir pour construire la ligne de séparation sur une sphère (*fig.* 12).

En effet, le rayon de lumière étant déterminé par ses deux projections SO, S'O', on tracera :

1° ▬▬ La droite *a'a'* perpendiculaire sur S'O', et *cc* perpendiculaire sur SO.

   Ces droites, perpendiculaires sur les projections du rayon lumineux, seront parallèles aux traces du plan qui contient le grand cercle formant la ligne de séparation sur la sphère.

2° ▬▬ Les droites *a'a'* et *cc* seront les grands axes des deux ellipses demandées (362), et les secondes projections *aa* et *c'c'* de ces deux droites étant parallèles à la ligne AZ, on connaîtra pour chaque ellipse un axe et un point, ce qui permettra de la construire (360).

364. On peut encore déterminer les petits axes de ces deux ellipses, en opérant de la manière suivante (*fig.* 16) :

1° ▬▬ On concevra la sphère projetée sur le plan vertical

A′Z′, et l'on rabattra ce plan autour de l'horizontale
vO, v'O′, qui contient le centre de la sphère.

2° ▬ Le point S viendra se placer en S″, que l'on obtiendra en faisant SS″ égal à v'S′.

3° ▬ Le diamètre $m''m''$ perpendiculaire au rayon rabattu S″O sera la ligne de séparation sur la sphère.

4° ▬ Le point m'', ramené en m sur SO, sera l'extrémité
du petit axe de l'ellipse suivant laquelle le grand cercle
de séparation se projette sur le plan horizontal.

En rabattant le plan projetant A″Z″ autour de la droite
uO, u'O′, le rayon de lumière du centre devient S‴O′, que
l'on obtient en faisant S′S‴ égal à uS.

La ligne de séparation se projette sur le plan rabattu par le diamètre $n''n''$ perpendiculaire à S‴O′, et le point n'', ramené en n
sur S′O′, est l'extrémité du petit axe de l'ellipse suivant laquelle
le grand cercle de séparation se projette sur le plan vertical.

365. Ombres portées sur le cône v. Si l'on néglige un
instant les lignes de séparation, l'ombre portée sur la surface
du cône V sera :

1° ▬ La courbe à double courbure 57-34-8, provenant
de l'intersection du cône V par la surface cylindrique,
formée par les rayons lumineux qui s'appuient sur la
circonférence de la base du cône U ;

2° ▬ L'arc d'ellipse 8-67-45-59 provenant de la section
du cône V, par le plan des rayons lumineux qui touchent
le cône U, suivant la ligne de séparation u-8 ;

3° ▬ Une petite droite 59-58 (*fig.* 3) appartenant à
l'intersection du même plan, et de celui qui contient la
base du cône V ;

4° ▬ Enfin, une petite portion de l'ellipse 58-57 suivant laquelle ce dernier plan coupe le cylindre des
rayons lumineux, qui s'appuient sur la circonférence de
la base du cône U.

Ces deux dernières lignes n'ont pas été tracées sur la projection horizontale (*fig.* 4).

366. Une partie des ombres que nous venons d'indiquer se confondant avec l'ombre propre du cône V, il s'ensuit qu'en ayant égard aux lignes de séparation de cette surface, le contour de la partie ombrée sera, en commençant par le point 1 :

1° ▬ L'arc de cercle 1-3-2 formant ligne de séparation ;

2° ▬ La droite 2-34 formant également séparation ;

3° ▬ La courbe d'ombre portée 34-57, qui partant du point 34, passe par les deux points 64, 60, et vient couper la circonférence de la base du cône V au point 57 ;

4° ▬ Le petit arc d'ellipse 57-58, ombre portée sur la base du cône (*fig.* 3) ;

5° ▬ La droite 58-59, ombre portée (*fig.* 3) ;

6° ▬ L'arc d'ellipse 59-63-45, ombre portée(*fig.* 4 et 1);

7° ▬ La droite 45-1, séparation.

367. La courbe à double courbure 57-64-34, suivant laquelle la surface du cône V est pénétrée par les rayons lumineux qui s'appuient sur l'arc 8-10-9 du cône U, peut être obtenue de plusieurs manières.

368. *Première méthode.* On sait que, pour déterminer les points communs à deux surfaces, il faut les couper par des surfaces auxiliaires dont le choix, dans chaque cas, dépend de la forme des corps dont on veut obtenir la pénétration.

Or, les deux surfaces dont il s'agit dans le cas actuel étant le cône V et le cylindre des rayons lumineux qui s'appuient sur la base du cône U, il est évident que les surfaces coupantes les plus simples seront des plans parallèles au cylindre et passant par le sommet du cône ; d'où résultent les opérations suivantes :

1° ▬▬ On construira la trace horizontale L du cône V ; cette trace est une parabole dont le foyer et la directrice seront facilement déterminés par la figure 6.

2° ▬▬ Par le point k, suivant lequel le plan horizontal de projection est percé par le rayon de lumière qui contient le sommet v du cône V, on fera passer une droite quelconque qui coupe la trace parabolique L du cône V, et l'ellipse 9-10-34, trace du cylindre formé par les rayons lumineux qui s'appuient sur la base du cône U. Cette droite peut être considérée comme la trace d'un plan P_8 qui contiendrait le rayon de lumière vk, et qui, par conséquent, passerait par le sommet du cône, et serait parallèle au cylindre.

3° ▬▬ Les points 60, suivant lesquels la trace du plan P_8 coupera la trace parabolique L du cône V, seront les pieds de deux génératrices dont on construira les projections, et que l'on pourra vérifier en les projetant sur les figures 4 et 6.

4° ▬▬ On tracera également les rayons lumineux par les deux points suivant lesquels la trace du plan P_8 coupe l'ellipse 9-34, qui forme la trace du cylindre.

5° ▬▬ Les quatre points 60, suivant lesquels ces deux rayons de lumières rencontreront les génératrices correspondantes du cône V, appartiendront à la ligne d'ombre portée sur cette dernière surface par la base du cône U.

Le point 60, qui est le plus près du point o, est le seul parmi les quatre points que l'on vient d'obtenir qui appartienne au contour de l'ombre portée, et qui, par conséquent, doit être conservé ; mais on fera bien cependant de construire la courbe tout entière, afin de mieux comprendre sa forme et ses relations avec les autres lignes.

En recommençant l'opération précédente, on déterminera quatre nouveaux points, et l'on continuera jusqu'à ce que la courbe de pénétration soit complétement obtenue.

Dans l'épure actuelle, cette courbe est déterminée par les points 57-60-64-34-60-8-62-60-34-64-60-0.

Les plans dont les traces horizontales seront comprises dans l'angle P_9-k-P_{10} seront évidemment les seuls qui contiennent les points de la courbe demandée ; cette courbe doit être tangente à la génératrice suivant laquelle le cône V est coupé par le plan P_9

Pour vérifier la position de cette génératrice, on fera bien de projeter sur la figure 6 le point 61 de l'ombre portée. Le rayon lumineux correspondant percera la base $x'''x'''$ du cône, en un point que l'on rabattra successivement sur $a^{vi}z^{vi}$, et sur la figure 3, d'où on le ramènera sur la projection horizontale de la base du cône V ; la génératrice que l'on obtiendra sera tangente à la courbe à double courbure au point 62, déterminé par le rayon de lumière qui aboutit au point 62, suivant lequel l'ellipse 9-34 est touchée par la trace du plan P_9

369. *Deuxième méthode.* Quelques points pourront être déterminés directement, et sans le secours de plans coupants auxiliaires.

Ainsi, les deux ellipses 9-34 et 2-61 se coupent suivant deux points trop rapprochés pour qu'il ait été possible de les désigner par des chiffres.

L'un de ces points est l'ombre du point o suivant lequel se touchent les deux cônes U et V.

Le rayon de lumière passant par le second point déterminera celui qui est désigné par le n° 57, sur la circonférence de la base du cône V (*fig.* 4 et 3).

L'ombre kx de la génératrice vx située sur la partie supérieure du cône V coupera l'ellipse 9-34 en deux points qui détermineront les points 64 de la courbe cherchée (*fig.* 4).

Enfin les deux points 34 de l'ombre portée sur le plan horizontal détermineront les points correspondants sur la ligne de séparation v-2 du cône V.

370. Les méthodes précédentes pourront encore être employées pour construire l'ellipse 65-67-59, suivant laquelle le cône V est coupé par le plan des rayons lumineux qui touchent le cône U, suivant la ligne de séparation v-8.

En effet, le plan P_{11} coupera le cône V suivant les deux génératrices qui contiennent les points 69 de la parabole. Ces points détermineront sur le cône V deux génératrices que l'on peut encore vérifier en projetant sur les figures 4 et 6 les rayons lumineux passant par les points 70 de l'ellipse 2-61.

Le plan tangent 49-A^{viii} sera coupé par le plan P_{11} suivant le rayon de lumière déterminé par le point 93, et les intersections de ce rayon par les génératrices 69 du cône V détermineront les deux points correspondants de l'ellipse demandée.

Ces points n'ont pas été conservés.

La même opération répétée fera connaître autant de points que l'on voudra ; mais on pourra déterminer immédiatement, par le contour des ombres portées :

1° ▬▬ Les deux points 59 et 65 suivant lesquels l'ellipse cherchée coupe la circonférence de la base du cône V.

2° ▬▬ Le point 66, situé sur la ligne de séparation v-2.

3° ▬▬ Le point suivant lequel la courbe à double courbure 57-8 touche l'ellipse 8-67-68 etc., avec laquelle elle se raccorde au point 8.

4° ▬▬ Le point 67 sur la génératrice v-3 sera déterminé par l'intersection de la droite k-3 de l'ombre portée avec la trace 49-A^{viii} du plan tangent au cône U suivant v-8.

Le point 3 de la figure 4 sera déterminé sur la figure 6 par la droite m'''-3 parallèle à A$'''$-Z$'''$.

5° ▬▬ Les points 68, 45, 63 seront déterminés par les intersections de la trace 49-A^{viii} du plan tangent avec les ombres des génératrices v-x, v-1, v-92, etc.

Le point 92 et le point 3 ont la même projection sur la figure 6.

371. On peut encore vérifier ou déterminer tous les points de l'ellipse que nous venons d'obtenir, en construisant (*fig.* 7) une projection auxiliaire sur le plan vertical $A^{ix}Z^{ix}$ perpendiculaire à la trace 49-A^{viii} du plan qui touche le cône U suivant la droite *u*-8.

Dans ce cas, la courbe demandée se projetterait par la droite 68-73, ce qui déterminerait immédiatement sur chacune des génératrices du cône le point correspondant de la courbe demandée.

Les génératrices du cône V seront projetées sur la figure 7 en prenant sur la figure 6 la hauteur du point où chacune d'elles rencontre la circonférence $x'''x'''$ de la base.

Les plans des figures 7 et 11 étant perpendiculaires à la droite horizontale 49-A^{viii}, on aurait pu réunir ces deux projections en une seule, mais j'ai préféré les séparer pour éviter la confusion.

372. Projections et ombres sur le plan vertical A′Z′.
Nous n'avons rien dit jusqu'à présent des projections sur le plan vertical A′Z′, parce que la projection horizontale (*fig.* 4) et les projections auxiliaires ont suffi pour déterminer toutes les lignes demandées par la question.

Si pourtant on veut obtenir les projections sur le plan vertical A′Z′, on pourra opérer de la manière suivante :

Par chacun des points obtenus sur la projection horizontale, on tracera une perpendiculaire à la ligne A′Z′, et l'on prendra la hauteur du point correspondant sur l'une des projections verticales auxiliaires.

Ainsi, la projection du cône V et de toutes les lignes qui en dépendent se déduiront des figures 4, 6 et 7.

Les lignes qui appartiennent à la projection du cône U se déduiront des figures 4 et 10, et les points des trois ellipses qui forment la ligne de séparation et l'ombre portée sur la sphère E pourront être déterminés en prenant les hauteurs sur les figures 8, 9 et 11.

Toutes ces ellipses étant des projections de cercles, pourront être construites par les méthodes exposées aux n°s 360 et 362.

373. Ainsi l'ellipse qui forme la ligne de séparation sur la sphère E peut être obtenue de la manière suivante :

1° ▬▬ Le diamètre 81-81, perpendiculaire à la projection $s'e'$ du rayon lumineux (*fig.* 1) sera le grand axe de l'ellipse demandée.

2° ▬▬ Le petit axe devant être perpendiculaire au grand, doit coïncider avec la projection $s'e'$ du rayon lumineux qui passe par le centre de la sphère.

3° ▬▬ Enfin, le rayon e-52 de la figure 4 étant horizontal, sa projection verticale e'-52 sera parallèle à la ligne A'Z'. Par conséquent, on connaîtra l'axe 81-81 et un point 52 de l'ellipse demandée, ce qui suffira pour la construire (360).

374. Enfin (364), on peut déterminer les axes de cette ellipse en projetant la sphère sur le plan $A^{xi}Z^{xi}$ parallèle à la direction de la lumière et perpendiculaire au plan vertical A'Z'.

Si l'on fait ensuite tourner ce plan autour de la droite qui contient le centre de la sphère, et qui est parallèle au plan vertical A'Z', le rayon de lumière deviendra $s^{xi}e'$, que l'on obtiendra en faisant $s's^{xi}$ de la figure 1 égale à s-72 de la figure 4.

Le diamètre 82-82 perpendiculaire sur s^{xi}-e', sera la projection du cercle de séparation sur le plan $A^{xi}Z^{xi}$, et le point 82 ramené sur $s'e'$ sera l'extrémité du petit axe de l'ellipse demandée.

Les deux axes de cette ellipse étant connus, il sera facile de la construire.

Il est évident que la construction précédente revient à la

méthode exposée au n° 354; la seule différence, c'est que le plan de projection $A^{x_1}Z^{x_1}$ contient le centre de la sphère, au lieu de passer en dehors comme le plan auxiliaire $A^{v_{11}}Z^{v_{11}}$.

375. Les deux ellipses suivant lesquelles la sphère est coupée par les plans tangents au cône U, suivant les droites v-9 et v-8, peuvent être déterminées par la méthode exposée aux n°ˢ 363 ou 364. Ainsi :

1° ▬▬ Par le sommet u du cône U (*fig.* 4), on concevra un plan P_{14} parallèle au plan vertical de projection $A'Z'$.

2° ▬▬ Le rayon de lumière du point 9 sera coupé par le plan P_{14} suivant un point 84 dont on construira la projection verticale figure 1.

3° ▬▬ La droite u'-84 de la figure 1 sera parallèle à la trace verticale du plan tangent au cône suivant la ligne de séparation u-9.

4° ▬▬ Le plan $A^{x_{11}}Z^{x_{11}}$ perpendiculaire sur u'-84, sera perpendiculaire au plan de la courbe cherchée, dont la projection 85-85 sera par conséquent une ligne droite que l'on pourra déterminer en projetant le point u et le point 86 du rayon u-86.

5° ▬▬ En opérant comme au n° 361, on obtiendra le centre 56, et les axes de l'ellipse suivant laquelle se projette l'ombre portée sur la sphère par la ligne de séparation u-9 du cône U; les points de tangence seront déterminés par le point 88.

376. Le plan P_{14} coupe le rayon de lumière du point 8 suivant un point 89 dont la projection verticale sera le point 89 de la figure 1.

La droite u'-89 de la figure 1 sera parallèle à la trace verticale du plan qui touche le cône U suivant la ligne de séparation u-8.

La projection sur le plan A^{xiii}Z^{xiii} rabattu figure 15 sera par conséquent perpendiculaire au plan du cercle suivant lequel la sphère est coupée par le plan tangent au cône U, suivant la ligne de séparation u-8.

La courbe cherchée sera projetée sur la figure 15 par la droite 90-90, d'où il sera facile de déduire le centre 77 et les axes de sa projection sur la figure 1.

377. Les ellipses suivant lesquelles les bases des cônes V et U se projettent sur le plan A'Z', peuvent être obtenues par les méthodes exposées aux n°s 360, 364, ou bien en opérant de la manière suivante.

Le plan A^{xiv}Z^{xiv} perpendiculaire au plan vertical A'Z', et contenant l'axe $u'n'$ du cône U, peut être rabattu autour de la droite qui contient le point n et qui est parallèle au plan A'Z'.

Par suite de ce mouvement, le point uu' viendra se placer en u^{xiv} que l'on obtiendra en traçant la droite $u'u^{\text{xiv}}$ de la figure 1, perpendiculaire sur la projection $u'n'$ de l'axe du cône : et faisant $u'u^{\text{xiv}}$ égal à u-35, qui sur la figure 4 exprime la différence des distances des points n et u, au plan vertical de projection A'Z'.

La droite $n'u^{\text{xiv}}$ sera par conséquent l'axe du cône U.

La droite u^{xiv}-71, tangente à la projection de la sphère inscrite, sera l'une des limites de la projection du cône sur le plan A^{xiv}Z^{xiv}.

La perpendiculaire abaissée du point 71, sur l'axe $n'u^{\text{xiv}}$ du cône, déterminera le centre Z, que l'on ramènera en z' sur la projection verticale de l'axe. Enfin, le point 71, ramené sur $n'u'$, sera l'extrémité du petit axe de l'ellipse demandée dont on connaît déjà le centre z' et le demi grand axe z'-93 égal à la droite 71-Z.

Pour obtenir les axes de l'ellipse suivant laquelle se projette le cône U, on rabattra le plan A^{xv}Z^{xv}, et le point v deviendra v^{xv}, ensuite on tracera la droite $v^{\text{xv}}m'$ qui sera l'axe du cône. La tangente v^{xv}-87, à la projection de la sphère inscrite, déterminera le point 87, par lequel on tracera une perpendiculaire à l'axe $v^{\text{xv}}m'$ du cône, ce qui donnera le point C.

Puis les points 87 et C étant ramenés sur $v'm'$, on connaîtra le centre c', le demi petit axe c'-87, et le demi grand axe c'-74 égal à C-87 de l'ellipse demandée.

378. Les projections sur le plan $A'Z'$ des ombres portées par le cône U sur le cône V, pourront être obtenues en élevant une perpendiculaire par chacun des points de la figure 4 jusqu'à la rencontre de la génératrice correspondante projetée sur la figure 1.

On pourra vérifier les points de l'ellipse 65-67-59 en les projetant sur la droite 68-73 (fig. 7), et prenant ensuite sur cette nouvelle projection la hauteur de chaque point au-dessus de $A^{\text{ix}}Z^{\text{ix}}$, on portera cette hauteur au-dessus de $A'Z'$ sur la perpendiculaire élevée par la projection horizontale du point correspondant.

379. Remarque. La question que nous venons de résoudre offre un nouvel exemple du parti que l'on peut tirer des projections auxiliaires. Ainsi on a employé :

> 1   *plan horizontal;*
> 8   *plans verticaux;*
> 7   *plans inclinés;*
> _____
> 16   *plans de projection.*

Il ne faut pas s'effrayer de toutes ces projections auxiliaires, dont chacune se réduit souvent à quelques lignes, que l'on a dû conserver ici pour l'explication de l'épure, mais que, dans la pratique, on efface aussitôt que l'on a obtenu le résultat cherché.

Une question très-composée est bientôt résolue, lorsqu'elle est bien comprise, et l'exécution d'une grande épure est souvent moins longue que l'étude d'un principe exprimé par deux ou trois lignes.

D'ailleurs, ces grandes épures ne sont jamais nécessaires dans les applications et c'est précisément pour ne pas être obligé d'en faire beaucoup par la suite, qu'il faut en faire quelques-unes actuellement; si l'on emploie le compas maintenant c'est pour se mettre en état de s'en passer plus tard.

Il est vrai que beaucoup d'artistes aiment mieux s'en passer toujours; ils prétendent qu'ils savent *tracer les ombres de sentiment*. Il est fâcheux que cela ne signifie absolument rien.

C'est là une de ces phrases d'atelier, que l'on répète par habitude, parce qu'on les a entendu dire, et qui n'ont aucun sens;

En effet, *tracer les ombres de sentiment*, cela ne veut pas dire, pour certains artistes, qu'ils savent opérer sans le secours du compas; cela veut dire, pour eux, qu'ils sont en état de tracer les ombres *sans en avoir étudié les principes*. Or, on pourra bien, en éclairant fortement un modèle ou un plâtre, copier les ombres que l'on a sous les yeux. Mais lorsque l'on ira reporter ces croquis sur la toile, il n'y aura plus aucun accord, entre les ombres obtenues dans l'atelier, et la lumière qui est censée éclairer le tableau.

D'ailleurs, on n'a pas toujours un modèle convenable; la lumière n'est pas toujours du même côté, ni à la même hauteur. Il faut donc, par le raisonnement, et par de nombreuses études, s'exercer à prévoir les modifications qui résultent de la forme des objets, et de leur position par rapport à la lumière.

Ces études qui effrayent tant les artistes, ont moins pour but de leur apprendre à dessiner, ce qu'ils font souvent très-bien, que de leur apprendre à bien voir et à ne pas confondre les *effets* avec les *illusions* d'optique si dangereuses dans la pratique des beaux-arts.

380. Problème. (*Fig. 20.*) *Un cône circulaire étant déterminé par sa projection sur un plan vertical* AZ *parallèle à son axe, il faut construire la projection horizontale du cône, et les deux projections d'un cylindre circulaire d'un rayon donné, qui soit tangent au cône et au plan horizontal qui contient le sommet du cône.*

1° ▄▄▄ Le sommet u' étant projeté en u, la droite uz parallèle à AZ sera la projection horizontale de l'axe du cône.

2° ▄▄▄ La perpendiculaire $z'z$ donnera le centre de l'ellipse suivant laquelle se projette la base.

3° ▄▄▄ La perpendiculaire $r'r$ déterminera l'extrémité r du petit axe, et le demi grand axe sera égal à $z'r'$, moitié de $r'r'$.

4° ▄▄▄ La droite $r'n'$, perpendiculaire sur $u'z'$, déterminera le centre n' de la sphère inscrite.

5° ▄▄▄ Enfin, l'horizontale $n'o'$ coupera la droite $r'r'$ en un point o', qui sera la projection commune aux deux points o, o, suivant lesquels l'ellipse touche les deux génératrices uo, limites de la projection horizontale du cône.

Les projections du cylindre demandé resteraient indéterminées, si l'on n'ajoutait pas quelque nouvelle condition à l'énoncé du problème.

En effet, on conçoit qu'un cylindre circulaire d'un rayon donné pourra toujours être placé comme on voudra sur le plan horizontal, qui contient le sommet du cône donné ; or, si l'on fait ensuite rouler le cylindre, il y aura toujours un moment où les deux corps seront tangents l'un à l'autre.

D'après cela, supposons que, pour déterminer la question, on veut que le point de tangence des deux corps soit situé sur la circonférence $g'h'$ du cercle suivant lequel le cône donné serait coupé par un plan parallèle à sa base.

On commencera, en opérant comme nous l'avons dit au

n° 345, par chercher les deux projections d'une sphère, de même rayon que le cylindre demandé, et qui serait tangente au cône donné suivant un point de la circonférence $g'h'$.

Puis, quand la sphère sera déterminée, il ne restera plus qu'à construire le cylindre horizontal circonscrit.

Pour éviter les répétitions, et pour que l'explication donnée au n° 345 puisse convenir au cas actuel, j'ai employé sur la figure 20, les mêmes lettres que sur les figures 4 10 et 5. J'ai seulement dû changer l'accentuation, puisque les projections de la figure 20 n'ont aucune relation d'ordre avec celles qui font le sujet de la grande épure. Ainsi les accents " et ' des figures 10 et 5 seront remplacés par les accents ' et " de la figure 20.

Lorsque la sphère qui a pour centre le point ee' sera déterminée, on construira le cylindre circulaire circonscrit.

Mais il est évident que la direction de ce cylindre n'est pas arbitraire, et si l'on veut qu'il soit tangent au cône, il faut que les deux surfaces soient touchées par un même plan.

La solution de cette dernière partie du problème se réduira donc aux opérations qui suivent :

1° ▬▬ La génératrice qui contient le point ss' suivant lequel le cône donné est touché par la sphère, percera la base $r'r'$ du cône en un point a' qui, rabattu sur le plan horizontal r'K, en tournant autour de l'horizontale projetante du point r', deviendra a''.

2° ▬▬ La droite $a''c''$ perpendiculaire à l'extrémité du rayon $z''a''$ sera une tangente, qui, ramenée à sa place, se projettera sur le plan vertical par $a'c'$.

3° ▬▬ Cette tangente percera le plan horizontal de projection en un point c', rabattu en c'' sur le plan horizontal r'K et ramené de là en c, ce qui déterminera la droite ac, tangente au point a à l'ellipse suivant laquelle se projette la base du cône.

4° ▬▬ La droite *uc* sera la trace horizontale du plan tangent au point *ss'* et parallèle, par conséquent au cylindre
horizontal demandé, dont il sera facile alors de construire
les deux projections.

381. **ombres**. Les résultats obtenus sur la figure 20 ont
été transportés sur la figure 17, et renversés de droite à
gauche, afin que les opérations soient plus convenablement
placées dans l'espace disponible.

Cela étant fait, les ombres ont été tracées :

1° ▬▬ Sur le cône ;

2° ▬▬ Sur le cylindre ;

3° ▬▬ Sur les plans de projection.

La ligne de séparation sur le cône a été déterminée par la
méthode exposée au n° 349.

La ligne de séparation sur le cylindre, par la projection
auxiliaire sur le plan A″Z″, perpendiculaire au cylindre.

Les ombres portées sur le plan horizontal ont été obtenues par la projection verticale A′Z′, et vérifiées par la projection A″Z″.

Enfin, cette dernière projection a principalement servi pour
déterminer les ombres portées sur le cône et sur le cylindre.

Ces ombres, en partant du point 3, sont composées de la
manière suivante :

1° ▬▬ La droite 3-4 formant l'une des lignes de séparation sur le cylindre ;

2° ▬▬ L'arc d'ellipse 4-5-6, provenant de la section du
cylindre par le plan qui touche le cône suivant la ligne
de séparation *u*-1 ;

3° ▬▬ La droite 6-7, qui appartient à la seconde ligne de
séparation sur le cylindre ;

4° ▬▬ L'arc de cercle 7-8-3, qui appartient à l'une des
bases du cylindre et qui sépare cette base de la partie de
surface cylindrique qui est plongée dans l'ombre ;

5° ━━ La droite 9-10, prolongement de 3-4, appartient à l'une des lignes de séparation sur le cylindre;

6° ━━ La petite courbe 10-11 appartient à l'ellipse 17-11-10-18 provenant de l'intersection du cylindre, par le plan des rayons lumineux qui touchent le cône suivant la droite u-2;

7° ━━ La courbe 11-12-13-14 est une partie de la ligne à double courbure 19-14-13-11-20-21-22-23, suivant laquelle la surface du cylindre est pénétrée par les rayons lumineux qui s'appuient sur la circonférence de la base du cône;

8° ━━ La droite 14-15, prolongement de 7-6, est une partie de ligne de séparation sur le cylindre;

9° ━━ Enfin, l'arc de cercle 15-16-9 sépare la base obscure du cylindre de la partie de surface qui est éclairée.

━━━━

382. Rectification des lignes courbes. On ne connaît, jusqu'à présent, que deux méthodes pour obtenir la longueur d'une courbe, savoir : le calcul intégral ou la rectification graphique du polygone inscrit. Mais les difficultés souvent insurmontables des intégrations, et la longueur des calculs nécessaires pour obtenir le résultat par cette méthode, rendent à peu près inutiles les formules indiquées par la théorie.

383. Les praticiens se bornent à rectifier graphiquement le polygone inscrit, et considèrent le résultat ainsi obtenu comme suffisamment exact : ce qui est vrai dans le plus grand nombre de cas.

En effet (*fig.* 8, *pl.* 28), dans une épure de coupe de pierres, pour la construction d'une voûte ou d'un arc de pont, dont le cintre KH aurait un très-grand rayon de courbure. il est évident que, si l'on remplace cette courbe par le polygone ABC...D, l'erreur sera tout à fait insensible, par suite du peu de différence qui existe entre chacune des cordes et la partie de courbe qu'elle sous-tend.

On peut même ajouter que, pour la solidité de la construction, l'erreur sera *absolument nulle*, pourvu (*fig.* 7) que les surfaces de joint CD rencontrent les cordes DD suivant des angles parfaitement identiques avec ceux qui sont indiqués par l'épure. Il en résultera seulement qu'après l'exécution on aura construit un berceau prismatique au lieu d'un berceau cylindrique qui était projeté. Mais il est évident qu'en taillant la surface cylindrique après la pose, ou après le tracé des joints sur les faces de tête, on rétablira la courbure demandée, quel que soit le rayon de la voûte.

Il est donc certain que, dans un grand nombre de cas, on pourra remplacer la ligne donnée par le polygone qui lui est inscrit.

Cependant il peut exister des circonstances où l'on aurait besoin de connaître la longueur d'une courbe avec une grande exactitude. Il est vrai qu'en choisissant un plus grand nombre de points sur la ligne que l'on veut rectifier, on diminue la différence qui existe entre chacune des cordes et l'arc soustendu ; mais, d'un autre côté, on multiplie le nombre des erreurs, et, par conséquent, on perd d'un côté ce que l'on avait gagné de l'autre.

384. Il est évident que l'on sera beaucoup plus près de la vérité, si l'on remplace chacun des côtés du polygone inscrit par un arc de cercle, dont la différence avec la partie correspondante de la courbe donnée pourra toujours être aussi petite que l'on voudra. De sorte que la question sera réduite à rectifier la courbe formée par les arcs de cercle par lesquels on aura remplacé les côtés du polygone inscrit.

385. Pour atteindre ce but, exprimons (*fig.* 1) l'arc de

cercle MKN par a, l'angle MON par α, la corde MN par c et le rayon OM par R. On aura (*Géométrie*) :

$$(1) \qquad a = \frac{\pi R\alpha}{180} ; \qquad\qquad \text{mais}$$

$$(2) \qquad c = 2MI = 2R \sin. \tfrac{1}{2}\alpha, \qquad \text{d'où}$$

$$(3) \qquad \frac{a}{c} = \frac{\pi\alpha}{360 \sin. \tfrac{1}{2}\alpha}$$

Ainsi, le rapport d'un arc à sa corde ne dépend que du nombre de degrés de cet arc, quel que soit le rayon du cercle auquel cet arc appartient.

386. Cela étant admis, supposons qu'il s'agit de rectifier une courbe quelconque.

On choisira sur cette ligne des points assez rapprochés pour que la courbure des arcs compris entre deux points consécutifs soit sensiblement uniforme, puis on tracera les cordes qui forment les côtés du polygone inscrit.

Or, en exprimant ces cordes par c, c', c'' et c''', les arcs de cercle sous-tendus par a, a', a'' et a''', et les angles formés par les normales consécutives par α, α', α'', on aura (385) :

$$a = c \times \frac{\pi\alpha}{360 \sin. \tfrac{1}{2}\alpha}$$

$$a' = c' \times \frac{\pi\alpha'}{360 \sin. \tfrac{1}{2}\alpha'}$$

$$a'' = c'' \times \frac{\pi\alpha''}{360 \sin. \tfrac{1}{2}\alpha''}$$

etc. . . . .

Puis, en exprimant la courbe rectifiée par L, on a

$$L = \frac{\pi\alpha c}{360 \sin. \tfrac{1}{2}\alpha} + \frac{\pi\alpha'c'}{360 \sin. \tfrac{1}{2}\alpha'} + \frac{\pi\alpha''c''}{360 \sin. \tfrac{1}{2}\alpha''} + \ldots .$$

Or si l'on fait $\alpha = \alpha' = \alpha''$, on aura :

$$L = \frac{\pi\alpha}{360 \sin . \frac{1}{2} \alpha} (c + c' + c'' + \dots \text{etc.})$$

Le tout sera donc réduit :

1° ▬▬ *A remplacer la courbe donnée par une suite d'arcs de cercle semblables entre eux;*

2° ▬▬ *A rectifier le polygone formé par les cordes qui sous-tendent ces arcs de cercle ;*

3° ▬▬ *A multiplier le résultat obtenu par* $\dfrac{\pi\alpha}{360 \sin . \frac{1}{2} \alpha}$.

387. Ainsi, par exemple, pour rectifier la partie de courbe comprise (*fig.* 2) entre les normales AH et FK, dont nous supposons la direction bien exactement déterminée :

1° ▬▬ On tracera par un point O, pris à volonté (*fig.* 1), les deux droites OA', OF' parallèles aux normales extrêmes HA et KF de la courbe que l'on veut rectifier.

2° ▬▬ On partagera l'angle A'OF' en autant de parties égales que l'on supposera d'arcs de cercle dans la ligne par laquelle on veut remplacer la courbe donnée, et l'on tracera un rayon par chacun des points ainsi obtenus sur A'F'.

3° ▬▬ On construira une normale à la courbe **donnée** (*fig.* 2) *parallèlement à chacun des rayons de l'arc* A'F'.

Ces normales partageront la ligne donnée en une suite d'arcs *semblables entre eux*, et semblables en même temps à chacune des parties égales de l'arc de cercle A'F'.

388. On remarquera que les arcs semblables suivant lesquels on aura ainsi décomposé la courbe donnée seront proportionnels à leurs rayons, et deviendront, par conséquent, plus petits dans la partie de cette courbe où la courbure sera plus grande, ce qui augmentera beaucoup l'exactitude du résultat, quand même on négligerait la multiplication par le coefficient $\dfrac{\pi\alpha}{360 \sin. \frac{1}{2}\alpha}$.

389. Lorsque l'on aura déterminé les points qui partagent la courbe donnée (*fig.* 2) en autant d'arcs semblables qu'il y a de parties égales dans l'arc de cercle A'F' (*fig.* 1), il ne restera plus qu'à exécuter les opérations suivantes :

1° ━━ On tracera les cordes AB, BC, CD, etc., de chacun des arcs suivant lesquels on a décomposé la courbe donnée AF ;

2° ━━ On fera la somme de toutes ces cordes, ou, ce qui est la même chose, on rectifiera le polygone inscrit ;

3° ━━ On multipliera le résultat obtenu AF''' par $\dfrac{\pi\alpha}{360 \sin. \frac{1}{2}\alpha}$.

390. Si l'angle A'OF' (*fig.* 1) que font entre elles les deux normales extrêmes AH et FK de la figure 2, n'est pas donné en nombre, on pourra obtenir cet angle avec un bon rapporteur, et même avec un rapporteur médiocre. Pour cela, on mesurera l'angle plusieurs fois, en partant successivement des points 0, 10, 20 de l'instrument, puis on prendra une *moyenne* ; ce qui n'est autre chose que le principe de la *répétition* appliqué à un instrument commun.

Supposons que, dans l'exemple actuel, l'angle A'OF' soit égal à 145 *degrés* ; on aura $\alpha = \dfrac{145}{5} = 29$, et le facteur $\dfrac{\pi\alpha}{360 \sin. \frac{1}{2}\alpha}$ deviendra $\dfrac{29\pi}{360 . \sin (14°\text{-}30')} = 1,011$.

Ainsi la droite AF″ mesurée avec soin, et multipliée par 1,011 sera la longueur de la courbe rectifiée.

391. Pour mesurer la droite AF″, on emploiera un mètre bien divisé ; et si l'on compte la longueur successivement à partir des points 0, 10, 20, 30 *millimètres*, etc., on pourra, en prenant la moyenne, obtenir beaucoup d'exactitude (390).

392. Si l'on a bien compris tout ce qui précède, il est évident que le problème de la rectification des courbes se trouve réduit à remplacer la ligne donnée par une suite d'arcs de cercles *semblables entre eux*, et dont les extrémités seront déterminées par *les normales parallèles aux rayons qui partagent en parties égales l'angle des normales extrêmes;* d'où il résulte, que la question peut être considérée comme complétement résolue pour toutes les courbes auxquelles on sait mener une normale *parallèlement à une droite donnée.*

Lorsque la courbe à rectifier (*fig.* 2) ne sera pas définie géométriquement, on pourra se contenter de construire avec soin la développée KH, en opérant comme je l'ai dit au commencement du second livre de *Géométrie descriptive*, puis on construira une tangente à la développée, parallèlement à chacun des rayons de l'arc A′F′ (*fig.* 1). Ces tangentes seront normales à la courbe donnée AF, et partageront cette ligne en arcs que l'on pourra considérer comme semblables ; mais lorsqu'il s'agira d'une courbe définie, on pourra toujours construire les normales avec une grande exactitude.

Ainsi, par exemple, si la courbe donnée est du second degré, on pourra opérer de la manière suivante.

393. **Normales à l'ellipse.** *Première méthode* (*fig.* 4) : 1° ━━━ On tracera la corde VU perpendiculaire à la direction GO de la normale que l'on veut obtenir.

2° ━━━ On joindra le centre de l'ellipse avec le milieu I de la corde VU, par le diamètre C-6, dont les extrémités détermineront les points C et 6 sur la circonférence de l'ellipse ;

3° ━━━ Les deux normales CS, 6-X perpendiculaires sur VU seront par conséquent parallèles à GO.

Remarque. Si la corde VU est trop près du centre, la direction du diamètre C-6 sera mal déterminée, tandis que si la corde est trop loin elle coupera la courbe trop obliquement, et le point I ne sera plus déterminé avec une exactitude suffisante.

Il sera donc utile dans ce cas, de vérifier la position de la normale demandée.

394. *Deuxième méthode :*

1° ━━━ On décrira la circonférence MKN, qui a pour diamètre le grand axe MN de l'ellipse donnée ;

2° ━━━ On tracera par l'un des foyers F, la droite FK parallèle à la ligne donnée GO.

Le point K, suivant lequel FK rencontrera la circonférence MKN, doit appartenir à la tangente CK ;

3° ━━━ On portera FK de K en H, sur le prolongement de FK, et l'on joindra le point H avec le second foyer F', par une droite HF', dont l'intersection avec la courbe déterminera le point C, et par suite la normale CS parallèle à FK, et, par conséquent, à GO.

Au lieu de FK on peut tracer F'K', dont l'intersection avec la circonférence MKN donnera le point K'.

On fera K'H' égal à K'F', et la droite H'F déterminera le point C sur la tangente K'K et sur la circonférence de l'ellipse.

395. **vérifications.** La normale CS doit partager l'angle FCF' en deux parties égales, et le point H doit être situé sur

l'arc LP décrit du point F' comme centre, avec un rayon égal
à $2a$.

Enfin, le point H' doit être situé sur l'arc QY décrit avec le
même rayon du point F comme centre.

396. Normales de la parabole. *Première méthode* (*fig.* 9) :
1° ▬▬ On tracera une corde VU perpendiculaire à la
  direction donnée GO de la normale que l'on veut
  obtenir ;
2° ▬◻▬ La droite CF', parallèle à l'axe principal de la
  parabole, et passant par le milieu I de la corde VU, déterminera le point C sur la courbe ;
3° ▬▬ La droite CS perpendiculaire sur VU, et par conséquent parallèle à GO, sera la normale demandée.

397. *Deuxième méthode.*
1° ▬▬ Le point K, suivant lequel la droite FK parallèle à
  GO coupe l'ordonnée tangente au sommet M de la courbe,
  appartient à la tangente CK ; car la droite MK est pour
  la parabole, le lieu qui contient les pieds des perpendiculaires abaissées du foyer F sur les tangentes à la courbe ;
2° ▬▬ On tracera la tangente CK perpendiculaire sur FK ;
3° ▬▬ L'abscisse MP' étant reportée de M en P, on connaîtra l'ordonnée qui contient le point C, et l'on pourra
  construire la normale CS parallèle à GO.

398. *Troisième méthode.*
La droite FK prolongée jusqu'à la directrice RH de la parabole, déterminera le point H, par lequel on tracera HF' parallèle à l'axe principal de la parabole, ce qui déterminera
également le point C sur la courbe.

On sait que la directrice RH est pour la parabole ce qu'é-
tait, par rapport à l'ellipse, le cercle décrit du second foyer
F' comme centre, avec un rayon égal à $2a$.

399. Vérifications. On s'assurera :

1° ▬▬ Que CF = CH, quelle que soit la position du point C sur la courbe ;

2° ▬▬ Que la droite KP perpendiculaire sur OK contient le pied de l'ordonnée du point C ;

3° ▬▬ Que le triangle PCK est isocèle ;

4° ▬▬ Que la normale CS partage en parties égales l'angle FCF′ formé par les deux rayons vecteurs CF, CF′ ;

5° ▬▬ Que la sous-normale PS est toujours égale au demi-paramètre FO, etc.

400. Normales de l'hyperbole. *Première méthode* (*fig.* 10). On tracera une corde perpendiculaire sur la droite GO parallèle à la normale demandée ; le diamètre passant par le milieu de cette corde déterminera le point D, et la normale DS perpendiculaire sur la corde sera parallèle à la droite GO.

Mais, lorsque le point D est un peu éloigné du sommet de la courbe, la méthode précédente n'est pas praticable, par la trop grande obliquité de la corde et du diamètre qui la coupe en deux parties égales. C'est pourquoi cette opération n'a pas été conservée sur l'épure.

Voyons donc si les propriétés connues de l'hyperbole nous fourniront quelque moyen plus exact de résoudre la question.

401. *Deuxième méthode.* On décrira la circonférence qui a pour diamètre MN = 2a et le point K suivant lequel cette circonférence coupe une droite FD′ menée par le foyer parallèlement à la normale demandée, sera le pied de la perpendiculaire abaissée du foyer F sur la tangente qui correspond à cette normale.

Il est alors facile de construire cette tangente KD, puisque l'on connaît un point de cette ligne.

Mais comme c'est principalement le point de tangence que l'on veut déterminer, on fera la construction connue, ainsi :

1° ▬▬ Du point K, comme centre, on décrira la circonférence qui passe par le foyer F ;

2° ▬▬ On décrira une seconde circonférence LQ en prenant pour centre le second foyer F′, et pour rayon la droite F′L égale à MN = **2a** ;

3° ▬▬ On joindra le foyer F′ avec le point H suivant lequel les deux cercles se rencontrent, et la droite F′H déterminera le point D sur l'hyperbole ;

4° ▬▬ La droite DS parallèle à D′F sera la normale demandée.

402. vérifications.

1° ▬▬ On tracera la droite DF et l'on s'assurera que le triangle DFH est parfaitement isocèle ;

2° ▬▬ La droite KD perpendiculaire sur le milieu de FH doit contenir le point D et être tangente à l'hyperbole en ce point ;

3° ▬▬ La partie de cette tangente comprise entre les asymptotes, doit être partagée au point D en deux parties égales ;

4° ▬▬ La normale DS perpendiculaire sur DK, et parallèle à D′F, doit partager en deux parties égales l'angle RDF, formé par l'un des rayons vecteurs DF et le prolongement DR de l'autre ;

5° ▬▬ Enfin, pour dernière vérification, on peut chercher l'abscisse du point D.

403. Pour y parvenir, on sait que la tangente à l'hyperbole a pour équation $a^2yy' - b^2xx' = -a^2b^2$, que l'on peut écrire sous la forme

$$y = \frac{b^2x'}{a^2y'}\, x - \frac{b^2}{y'}$$

Mais la normale devant être perpendiculaire sur la tangente, on aura, en exprimant par u l'angle donné que la normale doit faire avec l'axe des x :

(1) $$\text{tang. } u = -\frac{a^2 y'}{b^2 x'}.$$

Le point x', y' étant situé sur l'hyperbole on aura :

(2) $$a^2 y'^2 - b^2 x'^2 = -a^2 b^2.$$

Or, en éliminant y' entre les équations (1) et (2), on obtient :

(3) $$x' = \frac{a^2}{\sqrt{a^2 - b^2 \text{tang}^2 u}}$$

qui fera connaître l'abscisse du point D.

Pour obtenir par le compas la valeur de x', on remplacera $b^2 \text{tang}^2 u$ par z^2, et l'on aura $x' = \dfrac{a^2}{\sqrt{a^2 - z^2}}$; mais l'équation auxiliaire $b^2 \text{tang}^2 u = z^2$ donne $z = b \text{tang.} u$.

Or, si l'on construit la droite mn perpendiculaire sur FH, on aura l'angle $nmM = \text{KFM} = \text{DSP} = u$, et mM étant égal à b la droite Mn vaudra $b \text{tang.} u = z$.

L'arc de cercle décrit du point M comme centre avec le rayon M$n = z$ déterminera le point E sur la demi-circonférence qui a pour diamètre AM $= a$, et le triangle rectangle AEM donnera :

$$\overline{\text{AE}}^2 = \overline{\text{AM}}^2 - \overline{\text{ME}}^2,$$

ou, ce qui est la même chose,

$$\overline{\text{AE}}^2 = a^2 - z^2,$$

et par conséquent

$$\text{AE} = \sqrt{a^2 - z^2}.$$

On prolongera AE jusqu'à ce que l'on ait AX $= a$, et la droite XP perpendiculaire sur AX donnera le point P pour le

pied de l'ordonnée DP. En effet, les deux triangles AEM, AXP
étant semblables, on aura :

$$AE : AX :: AM : AP,$$

ou
$$\sqrt{a^2 - z^2} : a :: a : AP,$$

ce qui donne
$$AP = \frac{a^2}{\sqrt{a^2 - x^2}} = x'.$$

Toutes ces opérations peuvent être vérifiées en ramenant AE sur AM. La droite TC perpendiculaire sur AM doit
alors contenir le point X.

404. L'équation de la normale étant

$$y - y' = \tang.\ u\ (x - x'),$$

si l'on fait $y = 0$, on aura :

$$x = \frac{x'\ \tang.\ u - y'}{\tang.\ u}, \text{ mais } \tang.\ u = -\frac{a^2 y'}{b^2 x'} ;$$

substituant, il viendra :

$$x = \frac{-\dfrac{a^2 y' x'}{b^2 x'} - y'}{-\dfrac{a^2 y'}{b^2 x'}} = \frac{a^2 y' x' + b^2 x' y'}{a^2 y'} = \frac{(a^2 + b^2)\ x'}{a^2} = \frac{c^2 x'}{a^2},$$

et remplaçant x' par la valeur obtenue précédemment,

$$x = \frac{c^2 a^2}{a^2\sqrt{a^2 - z^2}} = \frac{c^2}{\sqrt{a^2 - z^2}} ; \text{ pour l'abscisse MS du point}$$

suivant lequel la normale rencontre l'axe des x.

Or, on sait que $AF = c$; par conséquent si l'on décrit
l'arc FC du point A comme centre, on obtiendra le point C
sur TX, et la droite CS perpendiculaire sur AC déterminera
le point S.

En effet, les deux triangles rectangles TAC, ACS étant semblables, on aura la proportion :

$$AT : AC :: AC : AS,$$

ou
$$\sqrt{a^2 - z^2} : c :: c : AS,$$

d'où
$$AS = \frac{c^2}{\sqrt{a^2 - z^2}} = x.$$

Ainsi les extrémités, les directions et les grandeurs de toutes les normales de l'hyperbole pourront être déterminées et vérifiées avec la plus grande exactitude.

Ce qui précède étant admis, il sera facile, en opérant comme nous l'avons dit au n° 387, de rectifier les courbes du second degré.

405. Rectification de l'ellipse. Supposons que l'on veut rectifier le quart NO de l'ellipse qui est tracée figure 4 :

1° ▬ On fera l'angle droit TOE, dont les côtés OE, OT sont parallèles aux normales extrêmes de l'arc NO ;

2° ▬ On partagera l'arc TE en autant de parties égales que l'on voudra, suivant le plus ou moins d'exactitude exigée par la question.

Dans le cas actuel, on a partagé l'arc TE en cinq parties égales.

3° ▬ On construira les normales parallèles aux quatre rayons qui partagent l'arc TE en parties égales, ce qui revient à remplacer la courbe NO par cinq arcs de cercle de 18 *degrés* chacun ;

4° ▬ On tracera les cordes 0-1, 1-2, 2-3, etc., en joignant deux à deux les points déterminés sur la courbe par la construction des normales.

Les normales des points 1, 2, 3 et 4 pourront être obtenues en opérant comme nous l'avons dit au n° 393.

La développée ZR, tracée avec soin (157), pourra contribuer à vérifier la direction des normales ;

5° ━━ On multipliera la somme ON″ des cordes par le facteur $\dfrac{\pi\alpha}{360 \sin.\frac{1}{2}\alpha}$, qui, dans le cas actuel, devient

$$\frac{\pi \times 18}{360 \sin. 9°} = \frac{\pi}{20 . \sin. 9°} = 1,004,$$ et l'on aura par conséquent $L = 1,004 \times ON''$.

406. Pour rectifier un arc d'ellipse :

1° ━━ On tracera les droites OB′, OD′ parallèles aux normales extrêmes de l'arc donné BD.

2° ━━ On partagera l'angle B′OD′ en parties égales, suivant le nombre des arcs de cercle par lesquels on veut remplacer la courbe BD.

Dans le cas actuel, trois arcs de cercles donneront certainement une très-grande exactitude ;

3° ━━ Cela étant fait, on construira les rayons O-5′, O-6′ qui partagent l'arc B′D′ en trois parties égales, et les normales parallèles à ces rayons détermineront les points 5 et 6 de l'arc BD ;

4° ━━ On fera la somme des trois cordes, et l'on multipliera cette somme B″D″ par le coefficient $\dfrac{\pi\alpha}{360 \sin.\frac{1}{2}\alpha}$.

Or, admettons que l'angle B′OD′ mesuré avec un bon rapporteur soit égal à 44°, on aura :

$$\alpha = \frac{44°}{3},$$ et le coefficient $\dfrac{\pi\alpha}{360 \sin.\frac{1}{2}\alpha}$

devient $\dfrac{\pi \times 44}{360 \times 3 \sin. (7°-20')} = 1,00273,$

de sorte que l'on aura la longueur de l'arc BD en

multipliant la somme B″D″ des trois cordes par 1,00273.

407. Rectification de la parabole.

1° ▬▬ Les droites FB′ et FD′ (*fig.* 9) étant parallèles aux normales extrêmes de l'arc BD, on partagera l'angle B′FD′ en trois parties égales ;

2° ▬▬ Les normales parallèles aux rayons F-7′ et F-8′ de l'arc B′D′ détermineront les deux points 7 et 8 qui partagent l'arc BD en trois arcs semblables;

3° ▬▬ On multipliera la somme des trois cordes par le coefficient $\dfrac{\pi\alpha}{360\sin.\frac{1}{2}\alpha}$.

Or, si nous supposons que, dans le cas actuel, l'angle B′FD′ soit égal à 19°-6′, on aura $\alpha = 6°\text{-}22'$, d'où $\dfrac{\pi\alpha}{360\sin.\frac{1}{2}\alpha} =$

$$= \frac{\pi\,(6°\text{-}22')}{360°\sin.\,(3°\text{-}11')} = \frac{\pi\times 382}{21600\,\sin.\,(3°\text{-}11)} = 1,00051.$$

408. Rectification de l'hyperbole.

Pour rectifier l'arc BD (*fig.* 10) :

1° ▬▬ On construira, comme ci-dessus, les droites FB′, FD′ parallèles aux normales des points B et D, et l'on mesurera l'angle B′FD′ avec un bon rapporteur ;

2° ▬▬ L'arc que l'on veut rectifier étant très-aplati, il suffira de le remplacer par deux arcs de cercles ;

3° ▬▬ La normale parallèle au rayon F-9′, qui contient le milieu de l'arc B′D′, déterminera le point 9 sur l'arc d'hyperbole BD, et, par suite, les deux arcs B-9, 9-D, que l'on peut considérer comme semblables à chacune des parties égales de B′O′ ;

4° ▬▬ On tracera les cordes B-9, 9-D, et l'on fera leur somme ;

5° ━━ Cela étant fait, supposons que dans le cas actuel l'angle B'FD' soit égale à 9°-44', on aura

$$\alpha = \frac{9°\text{-}44'}{2} = 4°\text{-}52'$$

et le coefficient

$$\frac{\pi\alpha}{360\sin.\frac{1}{2}\alpha} = \frac{\pi\,(4°\text{-}52')}{360\sin.(2°\text{-}26')} = \frac{\pi\,.\,292}{21\,600\sin.(2°\text{-}26')} =$$

$$= 1,000301.$$

409. Remarque. Le peu de différence qui existe dans les exemples précédents, entre l'unité et le coefficient $\dfrac{\pi\alpha}{360\sin.\frac{1}{2}\alpha}$ fera comprendre pourquoi, dans la pratique, on pourra presque toujours négliger la multiplication par ce facteur et se contenter, comme je l'ai dit au n° 383, de rectifier le polygone inscrit.

Admettons cependant le cas où l'on aurait besoin d'une grande exactitude, et cherchons quelles espèces d'erreurs pourront affecter le résultat obtenu par la méthode qui vient d'être exposée.

Le coefficient numérique $\dfrac{\pi\alpha}{360\sin.\frac{1}{2}\alpha}$ pouvant être calculé par les logarithmes avec une grande précision, il ne peut exister d'erreur que dans la valeur de α ou dans le contour du polygone inscrit.

Or l'angle formé par les normales extrêmes sera souvent donné par la question, et, dans le cas contraire, nous avons vu comment cet angle peut être mesuré très-exactement, même avec un rapporteur médiocre.

Il ne reste donc plus qu'à rechercher quel peut être l'effet d'une erreur dans la position de l'un des points qui partagent la courbe donnée en arcs semblables.

Pour cela, supposons (*fig.* 6) que MO et ON soient deux arcs consécutifs de la courbe cherchée; si l'on prend le point O' au lieu de prendre le point O, la corde MO' sera, il est vrai, un peu trop longue, mais la corde O'N sera trop courte, et l'une des deux erreurs détruira l'autre.

Pour reconnaître jusqu'à quel point il y aura compensation entre ces deux erreurs, concevons l'ellipse VU qui passerait par le point O et qui aurait pour foyer les points M et N.

La somme des rayons vecteurs de cette ellipse sera toujours égale à MO + ON, quel que soit le point de cette courbe que l'on aura choisi.

Or la normale au point O de l'ellipse VU partage l'angle MON formé par les rayons vecteurs en deux parties égales. Mais les deux arcs de cercle MIO, OKN, qui, dans le voisinage du point O, coïncident avec la courbe donnée, étant semblables, les triangles isocèles MHO, OGN le sont également; les angles MOH et HON sont égaux et la droite OH normale de la courbe à deux centres MON coïncide avec la normale au point O de l'ellipse VU; de sorte que l'ellipse VU et la courbe MON se touchent au point O, puisqu'elles ont à ce point la même normale OG, et par conséquent la même tangente.

Or, si par un faux mouvement du compas ou de l'équerre il y a une petite erreur dans la position du point déterminé sur la courbe donnée, il est certain, et cela est évident pour toute personne familiarisée avec les opérations graphiques, que l'erreur OO' ne s'étendra jamais jusqu'à l'endroit où les deux courbes tangentes se séparent sensiblement l'une de l'autre; et le point O' de la courbe MON pouvant toujours être considéré comme appartenant à l'ellipse VU, on aura la somme des deux cordes MO' + O'N = MO + ON; de sorte que le contour du polygone ou de la portion de polygone inscrit dans la courbe donnée sera le même que si le point O était parfaitement déterminé sur cette courbe.

410. Le raisonnement qui précède suppose que les rayons de courbure des deux arcs MO et ON sont de même signe ; car s'il en était autrement (*fig.* 5), et s'il existait un point d'inflexion au point O, la petite partie de courbe qui est voisine de ce point ne se confondrait plus avec un arc de l'ellipse qui aurait les points M et N pour foyer.

Pour apprécier approximativement l'erreur qui aurait lieu dans ce cas, si l'on prenait le point O' au lieu du point O, nous ferons remarquer d'abord que les arcs MO et ON étant semblables, les triangles MOH et NOG le sont aussi. Les angles HOM et GON que les deux cordes MO, ON font avec la normale GH sont égaux, d'où il résulte que les trois points M, O et N sont en ligne droite.

Pour rendre plus sensible ce que nous allons dire, supposons (*fig.* 12) que l'erreur OO' soit considérablement exagérée, de manière que la somme des cordes MO + ON soit remplacée par MO' + O'N ; la partie de courbe correspondante se confondant toujours d'une manière sensible avec les deux arcs semblables MIO, OO'N, il est évident que l'erreur sera la différence qui existe entre la somme des deux cordes MO + ON et celle des cordes MO' + O'N, ou, ce qui revient au même, entre le côté MN du triangle MO'N et la somme des autres côtés MO' + O'N du même triangle.

Or si l'on conçoit le cercle inscrit dans un triangle MO'N (*fig.* 11), les points de tangence étant V, U, S,

on aura
$$MO' = MV + VO'$$
$$NO' = NU + UO'$$
mais
$$MV = MS$$
$$NU = NS$$
de plus
$$MS + NS = MN$$

Ajoutant et réduisant, on obtient

$$MO' + O'N = MN + VO' + O'U ;$$

d'où il résulte que la somme des deux tangentes VO' + O'U est la différence qui existe entre la ligne brisée MO'N et la droite MN.

Mais il est évident (*fig.* 12) que la somme de ces deux tangentes sera toujours très-petite par rapport à l'erreur OO', surtout lorsque l'angle MO'N sera très-grand (*fig.* 5).

Or si l'on rétablit par la pensée les dimensions qui auront lieu dans la pratique ; si l'on se demande alors ce que devient la somme des deux tangentes O'V, O'U de la figure 11 : 1° lorsque l'erreur OO' (*fig.* 5) est réduite à l'épaisseur du trait insensible que l'on peut faire avec un crayon bien taillé ; 2° lorsque l'angle MO'N est par conséquent infiniment près de valoir deux angles droits, on sera autorisé à regarder comme insignifiante, même dans les questions les plus délicates, l'erreur qui résulterait pour la somme des deux cordes consécutives d'un petit dérangement du compas ou de l'équerre qui déplacerait leur extrémité commune.

411. Rectification par le calcul. Si l'on reprochait à la méthode précédente de n'être qu'une approximation, je ferais remarquer :

1° ▬▬ Que le calcul intégral ne donne pas autre chose, *quand on peut intégrer,* ce qui est souvent impossible et toujours fort long ;

2° ▬▬ Que l'on peut, en augmentant le nombre des arcs, approcher autant que l'on voudra de la courbe donnée ;

3° ▬▬ Et que d'ailleurs une courbe composée de deux ou trois arcs de cercle sera presque toujours plus près de la courbe donnée que le polygone inscrit d'un grand nombre de côtés.

Au surplus, il sera toujours facile d'effectuer par le calcul toutes les opérations que nous venons de faire par le compas.

En effet, supposons que l'on veut rectifier l'arc d'ellipse BD
(*fig. 4*), l'équation de la courbe étant donnée ainsi que les
abscisses x' et x'' des points B et D :

1° ■■■■ L'équation de la courbe fera connaître les ordonnées y' et y'' en fonctions de x' et de x'' ;

2° ■■■■ En exprimant par u' et u'' les angles que les deux
   normales correspondantes font avec l'axe des x , on
   aura :

$$\text{tang. } u' = \frac{a^2 y'}{b^2 x'} \quad \text{et} \quad \text{tang. } u'' = \frac{a^2 y''}{b^2 x''} ;$$

3° ■■■■ L'angle V que font entre elles les deux normales
   extrêmes sera donné par la formule

$$\text{tang. } V = \frac{\text{tang. } u' - \text{tang. } u''}{1 + \text{tang. } u' \times \text{tang. } u''} ;$$

4° ■■■■ Si l'on remplace l'arc d'ellipse dont il s'agit par
   trois arcs de cercle semblables entre eux, et si l'on
   exprime chacun des angles correspondants par α, on
   aura $\alpha = \dfrac{V}{3}$;

5° ■■■■ En exprimant par u''' et u^{iv} les angles d'inclinaison
   des deux normales qui déterminent les extrémités 5 et 6
   des trois arcs de cercle semblables par lesquels on remplace la courbe donnée BD, on aura

$$u''' = u'' + \frac{V}{3} ; \quad u^{\text{iv}} = u'' + \frac{2V}{3} ;$$

6° ■■■■ En opérant pour l'ellipse comme nous l'avons fait
   au n° 403 pour l'hyperbole, nous obtiendrons les formules

$$x''' = \frac{a^2}{\sqrt{a^2 + b^2 \, \text{tang}^2 u'''}} \quad \text{et} \quad x^{\text{iv}} = \frac{a^2}{\sqrt{a^2 + b^2 \, \text{tang}^2 u^{\text{iv}}}}$$

qui seront les abscisses des points 5 et 6 de l'arc **BD** ;

7° ▬▬ Ces valeurs portées dans l'équation de l'ellipse donneront

$$a^2y'''^2 + b^2x'''^2 = a^2b^2, \quad a^2y^{iv\,2} + b^2x^{iv\,2} = a^2b^2$$

d'où l'on déduira les valeurs de y''' et de y^{iv} pour les ordonnées des points 5 et 6 ;

8° ▬▬ Les coordonnées des quatre points B, 5, 6 et D étant connues, il sera facile de calculer les trois cordes par les formules

$$c = \sqrt{(x' - x''')^2 + (y' - y''')^2}$$

$$c' = \sqrt{(x''' - x^{iv})^2 + (y''' - y^{iv})^2}$$

$$c'' = \sqrt{(x^{iv} - x'')^2 + (y^{iv} - y'')^2}$$

9° ▬▬ Enfin la formule

$$L = \frac{\pi\alpha}{360\sin.\frac{1}{2}\alpha}(c + c' + c'')$$

exprimera la longueur de l'arc d'ellipse rectifié.

Il sera facile, en opérant de la même manière, de rectifier un arc de parabole ou d'hyperbole, et enfin de toutes les courbes dont on sait calculer les normales.

Ces études pourront être considérées comme exercices de calcul ; car, dans les applications, les solutions graphiques indiquées précédemment seront toujours suffisamment exactes.

412. Quadratures. La décomposition d'une courbe en arcs de cercles semblables entre eux, pourra servir également pour résoudre le problème des quadratures.

En effet, supposons (*fig. 4*) que l'on veut calculer la surface comprise entre la courbe BD, l'ordonnée B*b*, du point B, l'ordonnée D*d* du point D et la droite *bd*. Il est évident qu'il suffira de calculer le polygone *b*B-5-6-D*b*, et d'y ajouter la somme des segments compris entre les côtés de ce polygone et les arcs de cercles par lesquels on aura remplacé la courbe donnée BD.

Or la surface du polygone pourra facilement être obtenue par la décomposition en triangles ou en trapèzes, et par conséquent il ne restera plus qu'à obtenir la surface des segments.

Les arcs de cercles B-5, 5-6, 6-D par lesquels on remplace les parties de la courbe donnée étant toujours d'un petit nombre de degrés, on pourra, comme cela se fait à chaque instant dans la pratique, considérer chacun des segments compris entre la corde et la portion de courbe correspondante comme un segment de parabole dont la surface est égale aux deux tiers du rectangle circonscrit.

Or, si nous exprimons (*fig.* 1) la corde MN par c, et la flèche KI par u, la surface s du segment MKNI sera

$$(1) \qquad s = \frac{2}{3} MN \times KI = \frac{2}{3} cu.$$

Mais si l'on trace la corde MK, le triangle MIK rectangle en I donnera $KI = MI \times$ tang. KMI, ou

$$(2) \qquad u = \frac{c}{2} \times \text{tang.} \frac{\alpha}{4} ;$$

car l'angle KMI a pour mesure $\dfrac{KN}{2} = \dfrac{\alpha}{4}$.

Ainsi, en portant la valeur de u dans l'équation (1), on aura

$$s = \frac{2c}{3} \times u = \frac{2c}{3} \times \frac{c}{2} \times \text{tang.} \frac{\alpha}{4} = \frac{c^2}{3} \times \text{tang.} \frac{\alpha}{4}.$$

Cela étant admis, revenons à la figure 4, désignons les cordes B-5, 5-6 et 6-D par c, c' et c'' et les surfaces des segments correspondants par s, s' et s'', nous aurons :

$$s = \frac{c^2}{3} \times \text{tang.} \frac{\alpha}{4}$$

$$s' = \frac{c'^2}{3} \times \text{tang.} \frac{\alpha}{4}$$

$$s'' = \frac{c''^2}{3} \times \text{tang.} \frac{\alpha}{4}$$

Et si nous exprimons par S la somme des segments, nous aurons :

$$S = \frac{\tan. \frac{1}{4}\alpha}{3} \, (c^2 + c'^2 + c''^2).$$

Le facteur polynôme $c^2 + c'^2 + c''^2$ peut facilement être réduit à un monôme par une opération graphique. En effet on tracera :

1° ▬▬ La droite 6″-5‴ égale à la corde 6-5 et perpendiculaire sur D″-B″ ;

2° ▬▬ L'hypoténuse D″-5‴ du triangle rectangle D″-6″-5‴ ;

3° ▬▬ La droite 5‴-B‴ égale à la corde 5-B et perpendiculaire sur D″-5‴.

Le carré du nombre qui exprimera la longueur de B‴D″ sera égal à $c^2 + c'^2 + c''^2$.

En effet le triangle rectangle D″-6″-5‴ donne

$$(D''\text{-}5''')^2 = (D''\text{-}6'')^2 + (6''\text{-}5''')^2 \qquad \text{ou}$$

(1)· $$(D''\text{-}5''')^2 = c''^2 + c'^2 ;$$

mais le triangle D″-5‴-B‴ étant rectangle en 5‴, on aura

$$(D''B''')^2 = (D''\text{-}5''')^2 + (5''\text{-}B''')^2 \qquad \text{ou}$$

(2) $$(D''B''')^2 = (D''\text{-}5''')^2 + c^2 ;$$

Ajoutant les équations (1) et (2) on obtient

$$(D''B''')^2 = c''^2 + c'^2 + c^2.$$

Ainsi la formule précédente devient

$$S = \frac{\tan. \frac{1}{4}\alpha}{3} \times (D''B''')^2.$$

Et si l'on ajoute cette quantité avec la surface du polygone bB-5-6-Db, on aura obtenu avec une grande exactitude la surface comprise entre l'arc BD, les ordonnées Bb, Dd et la droite bd.

413. Il est évident que ce qui précède convient à toutes les courbes que l'on pourra décomposer en arcs semblables, ou ,

ce qui revient au même, pour lesquelles on saura calculer ou construire une normale *parallèle à une ligne donnée.*

Ainsi, la longueur d'une *courbe quelconque* sera exprimée par la formule

$$L = \frac{\pi\alpha}{360 \sin.\frac{1}{2}\alpha} (c + c' + c'' + \cdots)$$

et si l'on exprime la surface par Q, on aura

$$Q = P + \frac{\tan.\frac{1}{4}\alpha}{3} (c^2 + c'^2 + c''^2 + \cdots)$$

P étant le polygone inscrit, limité par la somme des cordes et par telles autres lignes que l'on voudra.

Il est évident que ces deux formules ne seront pas plus difficiles à employer que celles qui expriment la circonférence ou la surface du cercle; car, pour calculer 2ΠR ou ΠR², il faut bien mesurer le rayon. Eh bien! dans le cas actuel, on mesurera la *somme des cordes*, ou l'on calculera la *somme des carrés de cordes*, ce qui ne sera pas plus difficile que de mesurer R ou de calculer R².

414. Si la courbe donnée A (*fig.* 4) est très-petite, on construira une courbe semblable beaucoup plus grande, dix fois par exemple; puis on divisera la longueur obtenue par 10, ou la surface par 100.

———

415. **Intersection des plans.** *L'intersection de deux surfaces* est pour la géométrie descriptive ce que l'*élimination* est dans l'algèbre : on doit donc étudier avec intérêt tout ce qui se rapporte à cette importante question.

Lorsque les deux surfaces données sont deux plans, leur intersection est une ligne droite que l'on peut toujours obtenir en déterminant deux de ses points, ou bien en cherchant un point et la direction.

Dans les écoles, on détermine presque toujours l'intersection des deux plans donnés par les points suivant lesquels se rencontrent leurs traces, et l'on est trop souvent disposé à présenter cette opération comme une méthode générale ; tandis que l'on regarde comme exceptions les cas où les traces ne se rencontrent pas sur l'épure.

Or, c'est précisément le contraire qu'il faudrait admettre, et l'on doit considérer comme très-rare dans la pratique le cas où l'on peut faire usage de l'intersection des traces.

Dans les épures d'étude ou d'examen, le professeur dispose les plans donnés comme cela lui plaît, et cherche ordinairement des combinaisons qui permettent d'obtenir le résultat sur le tableau ou sur la planche à dessin ; mais, lorsqu'on arrive aux applications de la géométrie descriptive, il faut laisser les droites et les plans à la place qui est déterminée par la question.

Ainsi, les pierres d'une voûte, les nombreuses pièces de bois qui entrent dans la composition d'un comble étant placées à toutes les hauteurs, et inclinées de toutes les manières dans l'espace, il faudrait souvent aller jusqu'à plusieurs centaines de mètres de l'épure pour rencontrer les traces des plans inclinés qui contiennent les faces dont on veut déterminer les arêtes.

416. *Il ne faut donc pas regarder l'usage des traces comme une méthode générale*, mais seulement comme un moyen de fixer les idées des commençants, et l'on doit peu à peu les habituer à éviter l'emploi de lignes que l'on ne rencontre presque jamais dans la pratique, excepté lorsque les faces dont il s'agit sont perpendiculaires aux plans de projection.

417. Ainsi, on détermine souvent la position des plans dans l'espace en projetant trois de leurs points, ou bien une droite et un point, deux droites qui se coupent, ou deux droites parallèles : et l'on doit s'exercer à construire dans tous les cas l'intersection des plans ainsi déterminés : ce qui sera toujours

possible lorsque les projections de la partie de ligne que l'on cherche seront contenues dans les limites de l'épure.

Je donnerai ailleurs des exercices sur ce genre de difficultés ; mais, pour l'instant, je me bornerai à l'étude d'un cas assez singulier dans lequel les points d'intersection des traces sont situés en dehors de la planche à dessin.

418. Pour obtenir l'intersection des plans P et P_1 (*fig.* 1, pl. 29), on coupe ordinairement les deux plans donnés par un plan auxiliaire P_2 que l'on prend horizontal pour plus de simplicité. On construit les droites a et c suivant lesquelles les plans donnés sont coupés par le plan auxiliaire P_2 et le point m, suivant lequel les droites a et c se rencontrent, appartient à l'intersection des deux plans donnés.

Mais, lorsque le point m est situé en dehors de l'épure, il est évident que la méthode précédente ne convient plus.

Or, on ne peut pas élever le plan P_2 sans sortir des limites de l'épure ; et si, au contraire, on rapprochait le plan P_2 du plan horizontal de projection, les droites a et c se rapprocheraient des traces horizontales des plans donnés, et le point m serait encore plus loin de la ligne AZ. Il faut donc recourir à d'autres moyens.

419. Supposons que les plans donnés soient transportés sur la *fig.* 3, qui n'est autre chose que la *fig.* 1ʳᵉ agrandie, les traces des plans donnés P et P_1 se couperont suivant les deux points V' et U, qui ne sont indiqués ici que pour l'explication de l'épure, mais dont on ne peut pas faire usage, puisqu'ils sont en dehors des limites du papier qui est figuré ici par une teinte.

On supposera que le plan P_1 s'est avancé parallèlement à lui-même jusqu'à ce qu'il soit parvenu dans la position du plan P_2 assez rapproché du point S pour que les points v' et u soient compris dans les limites de l'épure.

La droite vu, $v'u'$ sera l'intersection des deux plans P et P_2

et sera parallèle à la ligne cherchée VU, V'U', puisque ces deux droites sont les intersections des deux plans parallèles P_1 et P_2 par le plan P.

La direction de la droite cherchée VU, V'U' étant alors connue, il ne reste plus qu'à déterminer un de ses points, ou au moins un point de chacune de ses projections.

Or, les triangles SV'B, SBU étant semblables et parallèles aux triangles Sv'b, Sbu, les deux quadrilatères SV'BU et Sv'bu sont également semblables et parallèles, et le point S est leur centre de similitude (*géométrie*). Ainsi,

1° ▬▬ La droite SM', tracée à volonté par le point S, déterminera les deux points homologues M' et m'.

2° ▬▬ On joindra le point m' avec u', et la droite M'U', parallèle à m'u', déterminera le point U' homologue du point u'.

3° ▬▬ La droite U'K parallèle à u'v' sera la projection verticale de l'intersection demandée.

4° ▬▬ On joindra le point m' avec v, et la droite M'V, parallèle à m'v, déterminera le point V homologue du point v.

5° ▬▬ Enfin, la droite VH parallèle à vu sera la projection horizontale de la ligne demandée.

420. La *fig.* 2 représente l'épure débarrassée des lignes qui ne servent qu'à l'explication du problème.

421. Tout ce qui vient d'être dit pour expliquer la *fig.* 3 s'applique également à la *fig.* 4. La seule différence, c'est que le point S de la *fig.* 4 est un centre de *similitude inverse* : ce qui ne change rien à l'ordre des opérations.

422. courbes de section. On sait que dans la construction des courbes il faut chercher surtout à obtenir les tangentes, parce que ces lignes ont l'avantage de rendre sensible la direction de la courbe dans le voisinage du point de tangence.

Par conséquent, lorsque l'on cherchera la courbe de section d'une surface par un plan, on devra construire une tangente partout où il y aura quelque incertitude sur la direction de la courbe, et l'on a vu, dans le *Traité de Géométrie descriptive*, que pour obtenir cette tangente il faut :

1° ▬▬ *Faire passer par le point dont il s'agit un plan tangent à la surface donnée;*

2° ▬▬ *Construire l'intersection du plan tangent avec le plan coupant.*

Alors, on construit la tangente pour mieux déterminer la direction de la courbe; mais il arrive souvent, au contraire, que l'on connaît la direction de la courbe et celle de la tangente, de sorte que, dans ce dernier cas, c'est le point de tangence qu'il faut déterminer.

Ainsi, par exemple (*fig.* 1, *pl.* 30), supposons que l'on veut obtenir le point le plus élevé de la courbe qui provient de la section du cylindre A par le plan P. On remarquera que pour ce point 1, la tangente T_1 doit évidemment être horizontale. Or cette tangente étant l'intersection du plan tangent et du plan coupant, il faut que les traces horizontales de ces deux plans soient parallèles; d'où résulte la construction suivante :

1° ▬▬ La droite a tangente à la trace horizontale du cylindre et parallèle à la trace horizontale du plan coupant P sera la trace horizontale du plan tangent P_1 qui contient le point le plus élevé 1 de la courbe demandée;

2° ▬▬ La droite horizontale T_1 suivant laquelle le plan tangent P_1 rencontre le plan coupant P sera la tangente au point cherché 1;

3° ▬▬ Ce point sera déterminé par l'intersection de la tangente T_1 avec la génératrice G_1 suivant laquelle le cylindre est touché par le plan P_1 Le point 2, qui est le plus bas de la courbe demandée, sera déterminé de la

même manière par le plan tangent P_2 dont la trace horizontale est parallèle à la trace horizontale du plan P.

423. Si l'on avait sur l'épure la trace verticale du cylindre,
on pourrait, en opérant comme nous venons de le faire, déterminer le point *le plus près* ou *le plus éloigné* du plan vertical de projection ; mais on peut également réussir en employant la trace horizontale du cylindre donné.

En effet, on remarquera que la question que nous venons
de résoudre n'est qu'un cas particulier de cette autre question
beaucoup plus générale, par laquelle on demanderait de déterminer sur une courbe de section le point *le plus près* ou *le
plus éloigné* d'un plan quelconque.

Or il est évident (*fig.* 2) que pour le point 7, qui est le plus
près, ou pour le point 8 qui est le plus éloigné d'un plan quelconque P_9 la tangente T_7 ou T_8 sera toujours parallèle à ce plan.

Par conséquent, la tangente au point cherché devant être
située dans le plan P de la courbe de section et parallèle au
plan donné P_9 sera parallèle à l'intersection du plan P avec
le plan P_9 ou avec tout autre plan parallèle au plan P_9 d'où
résulte la solution suivante :

1° ▬▬ On construira (*fig.* 4 et 5) un plan quelconque P_{10}
parallèle au plan donné P_9 (*fig.* 7) ;

2° ▬▬ On cherchera l'intersection du plan P et du
plan P_{10}

3° ▬▬ La droite *uu'* que l'on obtiendra sera parallèle à la
tangente demandée, de sorte que la question est réduite
à *construire un plan tangent au cylindre, parallèlement
à une droite connue.*

Or ce problème, résolu en géométrie descriptive, ne présente plus aucune difficulté.

En effet :

1° ▬▬ Par un point quelconque de la droite *uu'* (*fig.* 5)
on fera passer une droite *cc'* parallèle au cylindre ;

2° ━━━ On déterminera les traces horizontales *m* et *n* des deux droites *uu'* et *cc'* :

3° ━━━ La droite *mn* sera la trace horizontale d'un plan parallèle aux plans tangents cherchés P_7 et P_8 .

Les droites T_7 et T_8 suivant lesquelles le plan P rencontre les deux plans P_7 et P_8 seront les tangentes aux deux points 7 et 8 de la courbe de section, et ces points seront déterminés par la rencontre de ces tangentes T_7 et T_8 avec les génératrices G_7 et G_8 suivant lesquelles le cylindre est touché par les deux plans P_7 et P_8

424. La figure **3** contient les opérations nécessaires pour déterminer le point *le plus près* et le point *le plus éloigné* du plan vertical de projection, dont l'intersection avec le plan P sera la trace verticale de ce dernier plan ; cette ligne, projetée par les droites *u* et *u'*, sera parallèle aux tangentes demandées, et la question revient par conséquent à construire deux plans tangents au cylindre, parallèlement à la trace verticale *uu'* du plan P.

Pour y parvenir, on construira (423) :

1° ━━━ La droite *cc'* parallèle au cylindre ;

2° ━━━ La droite *mn*, qui contient les traces horizontales des droites *uu'* et *cc'*, sera parallèle aux traces horizontales des deux plans tangents demandés ;

3° ━━━ On construira les traces P_3 et P_4 de ces plans tangents ;

4° ━━━ Les tangentes T_3 et T_4 aux points cherchés ;

5° ━━━ Les génératrices G_3 et G_4 du cylindre détermineront ces deux points.

425. La figure 6 contient les opérations nécessaires pour déterminer le point qui est situé le plus à droite, et celui qui est situé le plus à gauche, sur la courbe demandée, ce qui

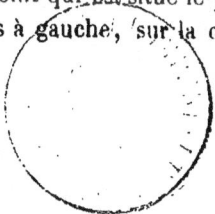

23

revient à construire le point le plus *près* et le plus *éloigné* d'un plan P_{11} perpendiculaire à la ligne AZ. Ainsi :

1° ▬▬ La droite uu', intersection du plan P par le plan P_{12} parallèle au plan P_{11} sera parallèle à la tangente cherchée ;

2° La ligne uu' et la droite cc' parallèle au cylindre déterminent la trace horizontale mn d'un plan parallèle aux plans tangents P_5 et P_6 qui doivent contenir les points demandés 5 et 6 ;

3° ▬▬ On construira les traces horizontales de ces plans tangents ;

4° ▬▬ Les tangentes T_5 et T_6 parallèles au plan P_{11}

5° ▬▬ Les génératrices de tangence G_5 G_6 et les points demandés 5 et 6 seront alors connus.

426. Toutes ces opérations sont réunies sur la planche **31**, où l'on s'est proposé de déterminer la courbe de section d'un cylindre AA' par le plan P.

La concordance des lettres nous dispensera de répéter tout ce que nous avons dit pour expliquer les figures 1, 3, 5 et 6 de la planche précédente. Ainsi :

1° ▬▬ Les points 1 et 2 de la planche 31 ont été obtenus en opérant comme pour la figure 1 de la planche 30 ;

2° ▬▬ Les points 3 et 4 par la méthode indiquée au n° 424,

3° ▬▬ Les points 5 et 6 par celle du n° 425 ;

4° ▬▬ Enfin, les points 7 et 8 sont le plus *près* et le plus *éloigné* du plan P_9

Le plan P_{10} parallèle au plan P_9 coupe le plan P donné suivant la droite uu', qui détermine la direction des tangentes aux points cherchés.

La droite uu' et la ligne cc' parallèle au cylindre déterminent la trace horizontale mn d'un plan P_{11} parallèle aux plans tangents cherchés P_7 et P_8

Les tangentes T_7 et T_8 parallèles à la droite uu' et les génératrices G_7 et G_8 du cylindre se coupent suivant les points cherchés 7 et 8.

Les opérations précédentes déterminent huit points et huit tangentes, et si l'on ajoute les quatre points situés sur les génératrices qui forment les limites des projections du cylindre donné, on aura certainement obtenu la courbe de section avec une grande exactitude.

427. Tout ce qui vient d'être dit pour la courbe de section d'un cylindre par un plan s'appliquerait également à la section plane de toute autre surface.

Ainsi la figure **2**, planche **32**, contient les opérations nécessaires pour déterminer le point le plus *élevé* et le point le plus *bas* de la courbe de section d'un cône par le plan P.

Le tout se réduit évidemment à construire les deux plans tangents P_1 et P_2 dont les traces horizontales sont parallèles à la trace horizontale du plan P.

428. Sur la figure **1**, on a déterminé le point le plus *près* et le plus *éloigné* d'un plan donné P_7 (*fig.* **4**).

Pour cela on a construit (*fig.* **1**) :

1° Le plan P_8 parallèle au plan donné P_7 (*fig.* **4**);

2° La droite uu', intersection des plans P et P_8

3° Les deux plans tangents P_3 et P_4 parallèles à la droite uu' ;

4° Les deux tangentes T_3 et T_4 suivant lesquelles le plan P_3 est coupé par les plans tangents P_3 et P_4

5° Enfin les deux génératrices suivant lesquelles le cône est touché par les mêmes plans.

429. Sur la figure **3**, on a déterminé le point le plus à droite et celui qui est le plus à gauche, ou, ce qui revient au

même, le point le plus *près* et le plus *éloigné* d'un plan quelconque P_9 perpendiculaire à la ligne AZ.

Ainsi on a construit :

1° ▬▬ Le plan P_{10} parallèle au plan P_9 donné ;

2° ▬▬ Ces deux plans se coupent suivant la droite uu'
rabattue en u'' sur le plan vertical de projection ;

3° ▬▬ La droite $s'v''$ parallèle à u'' est l'intersection des
deux plans tangents demandés ;

4° ▬▬ La droite $s'v''$ ramenée dans le plan P_{10} détermine
le point v, et par suite les traces horizontales P_5 et P_6
des deux plans tangents ;

5° ▬▬ Les deux tangentes T_5 et T_6 doivent être perpendiculaires à la ligne AZ ;

6° ▬▬ Enfin ces deux tangentes détermineront les deux
points cherchés 5 et 6 sur les génératrices suivant lesquelles le cône est touché par les plans P_5 et P_6

---

430. Tangentes aux courbes d'intersections. Lorsque
l'on construit la courbe d'intersection de deux surfaces, on
peut également se proposer d'obtenir le point le plus près ou
le plus éloigné d'un plan donné.

Ainsi, par exemple (*fig.* 2 et 4, *pl.* 33), les cylindres B et C
étant donnés par leurs traces et par leurs directions, on
construira le plan P parallèle à ces deux cylindres, et les plans
coupants P_1 P_2 P_3 etc. parallèles au plan P, détermineront
autant de points que l'on voudra sur la courbe d'intersection.

Or, si l'on veut déterminer le point le plus *élevé* de cette
courbe, on pourra opérer de la manière suivante.

431. *Première méthode:*

1° ▬▬ On cherchera quelle peut être approximativement
la position du point le plus élevé, et l'on déterminera

trois ou quatre points dans le voisinage de celui que l'on cherche.

On fera en sorte qu'il y en ait au moins un au delà. Supposons, par exemple, que l'on ait déterminé les points 1, 2 et 3.

2° ▬▬▬ On construira les traces horizontales des plans $V_1 V_2$ et V_3 qui touchent le cylindre B aux points 1, 2 et 3.

3° ▬▬▬ On construira également les traces horizontales $Y_1 Y_2 Y_3$ des plans qui touchent le cylindre C suivant les mêmes points.

4° ▬▬▬ On choisira (*fig*. 3) un point quelconque M, que l'on peut supposer situé où l'on voudra dans l'espace.

5° ▬▬▬ On tracera par le point M de la figure 3, les droites $v_1 v_2 v_3$ parallèles aux traces horizontales $V_1 V_2 V_3$ des trois plans tangents aux points 1, 2 et 3 du cylindre BB'.

6° ▬▬▬ On tracera également par le point M de la figure 3, les droites $y_1 y_2 y_3$ parallèles aux traces horizontales $Y_1 Y_2 Y_3$ des trois plans tangents aux points 1, 2 et 3 du cylindre CC'.

7° ▬▬▬ On ouvrira le compas d'une quantité quelconque Mu, et l'on portera cette distance *une fois* sur chacune des droites v_1 et y_1 ; *deux fois* sur chacune des droites v_2 et y_2 et *trois fois* sur chacune des droites v_3 et y_3

8° ▬▬▬ On tracera les deux courbes uv et $u'v'$ qui se couperont en un point O, que l'on joindra avec le point M.

9° ▬▬▬ La droite MO sera parallèle aux traces des deux plans tangents V_4 et Y_4 qui contiennent le point 4 qui est le plus *élevé* de la courbe de pénétration.

En effet, de la loi suivant laquelle ces courbes uv et $u'v'$ de la figure 3 ont été tracées, il résulte évidemment que, si l'on prend sur ces courbes deux points z et z' à égale distance du point M, les droites Mz et Mz' seront parallèles aux traces horizontales des deux plans qui toucheront les cylindres donnés en un même point de la courbe d'intersection, ce qui sera encore vrai pour les deux plans tangents, dont les traces horizontales seront parallèles à la droite MO ; mais alors ces deux traces seront parallèles. et leur intersection, tangente au point correspondant de la courbe cherchée étant horizontale, ce point sera évidemment le plus *élevé* de la courbe d'intersection des deux cylindres (423).

On déterminera de la même manière, le point le plus bas ainsi que le point le plus élevé, sur toutes les courbes de pénétrations, ou sur les diverses parties des courbes d'arrachements.

432. Les deux courbes *uv u'v'* peuvent être tracées d'une infinité de manières, pourvu que les distances sur les droites désignées par le même chiffre soient égales entre elles, ce qui permettra toujours d'obtenir le point O par une bonne intersection.

433. *Deuxième méthode.* Le moyen que nous venons d'indiquer n'est pas général, et ne peut servir que pour déterminer le point le plus *élevé* et le plus *bas* de la courbe de pénétration. Car il est évident que, si l'on voulait employer la même méthode pour obtenir le point le plus *près* et le plus *éloigné* du plan vertical de projection, il faudrait connaître les traces verticales des cylindres; et pour le point le plus *près* et le plus *éloigné* d'un plan quelconque, il faudrait construire les intersections des deux cylindres par ce plan, ce qui serait fort long.

Or la question qui nous occupe peut être résolue d'une manière générale par la méthode suivante: .

1° ▬ Lorsque l'on aura déterminé un certain nombre de points de la courbe cherchée, on construira une tangente par chacun de ces points.

2° ▬ On transportera toutes ces tangentes en un **point** quelconque SS' de l'espace (*fig.* 5 et 1).

3° ▬ On obtiendra ainsi une surface conique, dont

chaque génératrice sera parallèle à l'une des tangentes de
la courbe de pénétration des deux cylindres donnés.

4° ▬▬ On coupera cette surface conique (*fig.* 5) par un
plan P_6 que l'on pourra choisir à volonté, et par conséquent perpendiculaire à l'un des plans de projection.

5° ▬▬ La courbe plane $u'v'$ (*fig.* 1) qui résulte de la section par le plan P_6 de la figure 5, pourra être prise pour
directrice de la surface conique qui a pour sommet le
point SS' (*fig.* 5 et 1).

6° ▬▬ Ce qui précède étant admis, si l'on veut avoir le
point le plus *près* ou le plus *éloigné* d'un plan quelconque P_7 (*fig.* 6), on coupera la surface conique qui
est projetée sur les figures 5 et 1, par un plan parallèle
au plan P_7 et passant par le sommet SS'. Toutes les génératrices de section que l'on obtiendra seront parallèles
aux tangentes qui contiennent les points de la courbe
cherchée qui sont les plus *près* ou les plus *éloignés* du
plan donné P_7 (*fig.* 6).

7° ▬▬ Il ne restera donc plus qu'à construire les plans
tangents aux deux cylindres, parallèlement à chacune des
génératrices provenant de la section du cône SS' par le
plan parallèle à P_7

Pour ne pas surcharger l'epure on n'a pas exécuté cette
partie de l'opération, qui d'ailleurs ne présente aucune difficulté si l'on efface les lignes de construction à mesure que les
résultats sont obtenus.

434. On n'a conservé ici que les constructions nécessaires
pour déterminer par cette seconde méthode le point le plus
élevé de la courbe de pénétration; ainsi :

1° ▬▬ La tangente au point cherché devant être horizontale, on a coupé le cône SS' par le plan horizontal P_8 qui
contient le sommet du cône;

2° ▬▬ La génératrice S-4 que l'on obtient (*fig.* 5) est

parallèle à la tangente T_4 qui contient le point le plus *élevé*, et par conséquent aux traces horizontales V_4 et Y_4 des deux plans tangents qui se coupent suivant cette tangente.

Les génératrices désignées sur les deux cylindres par le n° **4**, se coupent suivant le point cherché.

435. Il est évident que si l'on veut se contenter du point le plus *élevé* de la courbe de pénétration, il suffira de construire trois ou quatre tangentes dans le voisinage du point demandé.

Pour obtenir ces tangentes on pourra construire les traces verticales des plans tangents correspondants; mais pour ne pas embarrasser l'épure on a effacé ces traces, excepté à l'endroit où elles coupent le cadre de l'épure.

On a cependant conservé entièrement les traces verticales des deux plans tangents V_4 et Y_4 qui contiennent le point demandé.

---

436. courbes d'essais. Pour résoudre la question précédente, nous avons fait usage (*fig.* 3) de courbes telles que *uv*, *u'v'* que l'on nomme quelquefois *courbes d'erreurs*, mais qui seraient plus convenablement désignées par le nom de *courbes d'essais ;* car il n'y a aucune erreur dans la construction de ces courbes, qui satisfont toujours très-exactement à la loi de leur définition.

C'est donc le nom de courbes d'essais que nous emploierons toutes les fois que nous jugerons utile de construire ces sortes de lignes.

L'usage des courbes d'essais est extrêmement fécond et donne la solution d'un grand nombre de problèmes qui sans cela ne pourraient être résolus que par des calculs algébriques très-pénibles, et qui, quoique vrais en théorie, seraient souvent inapplicables dans la pratique.

J'espère qu'il me sera possible plus tard de faire voir tout le parti que l'on peut tirer de l'emploi des courbes d'essais; mais je me bornerai pour l'instant à un seul problème, dont on a déjà donné un grand nombre de solutions.

---

437. Trisection de l'angle. Supposons (*fig.* 7, *pl.* 34) que l'on veut déterminer le tiers de l'angle ABC′, on tracera :

1° ▬ La droite AC dans une direction quelconque ;

2° ▬ On fera CU = CB ;

3° ▬ On recommencera l'opération en changeant la direction de AC, ce qui donnera la courbe BU′AU″B ;

4° ▬ L'intersection de cette courbe avec la droite MN perpendiculaire sur le milieu de AB, donnera deux points U′ et U″ ;

5° ▬ On tracera les droites BU′ et BU″ et le problème sera résolu.

L'angle ABU′ sera le tiers de ABC′ et l'angle ABU″ sera le tiers de ABC″.

En effet, les triangles C′BU′ et ABU′ étant tous deux isocèles, on aura :

$$C'BU' = C'U'B = U'AB + ABU' = 2ABU' ;$$

donc
$$ABU' = \frac{C'BU'}{2} = \frac{ABC'}{3}$$

on aura de même
$$ABU'' = \frac{U''BC''}{2} = \frac{ABC''}{3}$$

Il est évident qu'il ne sera pas nécessaire de construire la courbe tout entière et que deux ou trois points suffiront dans le voisinage des points U′ ou U″.

---

438. Décagone régulier. Puisque je viens de parler de la division d'un angle ou d'un arc, je placerai ici une construction très-simple pour déterminer immédiatement les dix sommets du décagone régulier inscrit.

Soit (*fig.* 3) le cercle qu'il s'agit de diviser ;

1° On tracera le diamètre 1-6, ce qui donnera deux sommets opposés du décagone ;

2° On décrira le circonférence qui a pour rayon CO moitié du rayon O-1 du cercle donné ;

3° On tracera les deux sécantes 1-U et 6-V passant par le centre C du petit cercle ;

4° Les arcs de cercles décrits du point 1 comme centre avec les rayons 1-K et 1-U, détermineront les sommets 2, 10, 4 et 8 ;

5° Enfin, les deux arcs décrits du point 6 comme centre avec les rayons 6-V et 6-H, détermineront les quatre derniers sommets 3, 9. 5 et 7.

En effet, si l'on fait tourner la sécante AV (*fig.* 6) jusqu'à ce que le point H soit arrivé en B sur la circonférence, le point V viendra se placer en D, sur le prolongement de la corde AB, on aura $DB = VH = OB$, et le triangle ODB sera isocèle.

Mais la tangente AO étant moyenne proportionnelle entre la sécante AV et la partie extérieure AH, on a

$$AV : AO :: AO : AH,$$

ou, ce qui revient au même,

$$AD : AO :: AO : AB ;$$

donc le triangle AOD est semblable au triangle ABO et l'angle $AOB = ODA$.

Or, si nous exprimons ce dernier angle par x, nous aurons :

$$AOB = ODB = DOB = x$$
$$OBA = ODB + DOB = 2x$$
$$BAO = OBA = 2x$$

Ajoutant et réduisant,

$$AOB + OBA + BAO = x + 2x + 2x = 5x = 2 \ droits ;$$

d'où l'angle

$$BOA = x = \frac{2\ droits}{5} = \frac{4\ droits}{10}$$

et par conséquent l'arc AB $= \frac{1}{10}$ de circonférence.

439. L'angle BOD étant égal à ODB, on a :

$$BOS = ODB = x,$$

et l'arc BS $= \frac{1}{10}$ de circonférence.

De plus, la droite

$$AE = AD = OD,$$

d'où il résulte que les deux triangles AOE et DBO ont les trois côtés égaux. Mais l'angle

$$DBO = 2\ droits - 2x = 5x - 2x = 3x,$$

donc l'angle

$$AOE = DBO = 3x.$$

Ainsi la sécante AV est égale à la corde AE qui sous-tend les *trois dixièmes* de la circonférence.

D'où l'on peut conclure, que les six points A, B, S, M, I, E, sont des sommets du décagone régulier inscrit, et qu'il en est de même de tous les autres points déterminés sur la figure 3.

Les angles BOA et OAE de la figure 6 étant égaux, le rayon OB est parallèle à la corde EA, et les trois points DOE sont en ligne droite, puisque la somme des angles

$$SOB + BOA + AOE = x + x + 3x = 5x = 2\ droits.$$

---

440. **Calcul du nombre** π. On sait que le nombre π exprime le rapport qui existe entre la circonférence du cercle et son diamètre.

Or on connaît trois méthodes élémentaires pour obtenir ce rapport.

La première consiste à calculer successivement les surfaces des polygones réguliers inscrits et circonscrits de 4, 8, 16, 32, 64 *côtés*, etc.

A mesure que l'on augmente ainsi le nombre des côtés, la différence qui existe entre le polygone inscrit et le polygone semblable circonscrit diminue; et lorsque les nombres qui expriment les surfaces de ces deux polygones ne diffèrent plus entre eux que d'une partie décimale suffisamment petite, on peut prendre l'un ou l'autre de ces deux nombres pour la surface du cercle, et l'erreur que l'on commet est évidemment moindre que la différence des deux nombres obtenus, puisque le cercle est toujours plus grand que l'un des deux polygones et plus petit que l'autre.

En divisant la surface trouvée par la moitié du rayon, on obtiendra la circonférence, et, par suite, le rapport de cette ligne au diamètre.

On simplifie les calculs en prenant pour exemple un cercle dont le rayon est égal à l'*unité*.

Par la seconde méthode, on prend pour point de départ les nombres qui expriment les périmètres des carrés inscrit et circonscrit à un cercle dont le rayon est connu, et peut être pris, pour plus de simplicité, égal à l'unité; puis on calcule successivement les périmètres des polygones réguliers inscrits et circonscrits de 8, 16, 32, 64 *côtés*, etc.

Il est évident que la différence de ces périmètres diminue à mesure que le nombre des côtés du polygone augmente, et l'on s'arrête lorsque cette différence est plus petite qu'une fraction décimale qui détermine la limite de l'exactitude obtenue.

Le nombre trouvé exprimant la circonférence d'un cercle dont le rayon est connu, il est facile d'en déduire le rapport de la première de ces deux lignes au diamètre.

Par la troisième méthode, on se donne le contour d'un carré, et l'on calcule les rayons des cercles inscrits et circonscrits au polygone que l'on obtiendrait si l'on remplaçait ce carré par des polygones réguliers qui auraient le même contour, mais dont le nombre des côtés serait successivement de 8, 16, 32, 64, 128, etc.

Ainsi, dans le premier cas, on cherche la surface d'un cercle dont le rayon est donné.

Dans le deuxième, on cherche la circonférence d'un cercle dont on connaît le rayon, et dans le troisième on cherche le rayon d'un cercle dont on connaît la circonférence.

441. Le but que je me suis toujours proposé étant de conduire aux applications par le chemin le plus court, j'ai cru devoir éviter, dans mon Traité de géométrie élémentaire, de donner plusieurs démonstrations d'un même principe, et j'avais préféré la première méthode, qui est celle donnée par Legendre, parce qu'à cette époque, beaucoup d'examinateurs la demandaient ou du moins l'acceptaient dans les examens.

Mais la troisième méthode, dite des *polygones isopérimètres*, paraît être préférée par les professeurs et les examinateurs, et comme elle est effectivement beaucoup plus simple que la première, je crois devoir la donner ici comme complément de mon Traité de géométrie élémentaire.

442. Supposons (*fig. 2*) que AB soit le côté d'un polygone régulier qui a pour centre le point O.

La droite AO, que nous nommerons R, sera le rayon du cercle circonscrit, et la droite OI, que nous désignerons par r, sera le rayon du cercle inscrit ou l'*apothème* du polygone donné.

Or il s'agit de déterminer le rayon R' du cercle circonscrit et le rayon r' du cercle inscrit à un polygone régulier de même périmètre que le premier, et qui aurait un nombre double de côtés.

Pour y parvenir. nous décrirons la circonférence ABC du cercle circonscrit et nous prolongerons la droite IO jusqu'au point C. L'angle ABC sera la moitié de AOB.

Nous décrirons du point O, comme centre, la circonférence qui a pour rayon la droite OA′ moitié de OA, et nous tracerons le triangle A′B′O′.

L'angle A′O′B′ moitié de AOB sera l'angle au centre du polygone cherché, et la corde A′B′ moitié de AB sera le côté de ce polygone, puisque le périmètre devant rester le même, il est évident que chaque côté doit être réduit à sa moitié, dès que le nombre des côtés devient double.

Cela étant, la droite A′O′ sera le rayon R′ du cercle circonscrit, et la droite O′I′ sera le rayon r′ du cercle inscrit ou l'*apothême* du nouveau polygone.

Or on aura évidemment :

$$r' = O'I' = O'O + OI' = \frac{OC}{2} + \frac{OI}{2} = \frac{R}{2} + \frac{r}{2} = \frac{R+r}{2},$$

et la corde A′O′ étant moyenne proportionnelle entre O′I′ et O′D, on aura :

$$R'^2 = \overline{O'A'}^2 = O'D \times O'I' = Rr', \qquad \text{d'où}$$

$$R' = \sqrt{Rr'}.$$

Ainsi les deux formules

$$(A) \qquad r' = \frac{R+r}{2} \quad \text{et} \quad R' = \sqrt{Rr'}$$

serviront pour calculer r′ et R′ lorsque l'on connaîtra r et R.

443. D'après cela, concevons un carré dont le côté serait égal à l'*unité*, et dont le périmètre serait par conséquent égal à *quatre*, on aura :

$$r = \tfrac{1}{2} = 0{,}5000000 \quad \text{et} \quad R = \sqrt{\tfrac{1}{2}} = 0{,}7071068$$

pour les rayons des cercles inscrits et circonscrits.

Ces deux nombres étant portés à la place de r et R dans les formules (A), on obtiendra les nombres 0,6035534 et 0,6532815 pour les rayons des cercles *inscrit* et *circonscrit* à l'octogone régulier, dont le périmètre est 4.

Les mêmes formules donneront les nombres 0,6284174 et 0,6407289 pour les rayons des cercles *inscrit* et *circonscrit* au polygone régulier de 16 côtés, dont le périmètre est toujours 4, et ainsi de suite.

Or, lorsqu'on sera parvenu au polygone de 8192 côtés on aura :

$$r = 0,6366196 \text{ et } R = 0,6366196,$$

et la différence de ces deux rayons étant plus petite que 0,0000001.

On peut considérer le nombre obtenu comme exprimant à moins de 0,0000001 le rayon d'un cercle dont la circonférence serait égale à 4.

Or, l'équation $2 \pi R = 4$ donne :

$$\pi = \frac{4}{2R} = \frac{4}{2 \times 0,6366196} = \frac{4,0000000}{1,2732392} = 3,1415926, \text{ etc.}$$

444. On peut représenter graphiquement la transformation du carré en un cercle de même contour.

En effet, si l'on construit sur la figure 1, le carré qui a pour côté A'B', on fera successivement :

$$O'O'' = O'A'' = \frac{O'A'}{2}; \ O''O''' = O''A''' = \frac{O''A''}{2}; \ O'''O^{iv} = O'''A^{iv} = \frac{O'''A'''}{2}$$

et l'on aura par ce moyen les centres O'', O''', O^{iv}, et les côtés A''B'', A'''B''' et A^{iv}B^{iv} des polygones de 8, 16 et 32 *côtés* ayant le même contour que le carré donné.

445. On peut prendre pour point de départ le diamètre AB, qui serait alors considéré comme un polygone régulier inscrit

de *deux côtés*, ayant pour centre le point O, et pour sommets les points A et B.

Le périmètre, égal à 2AB, vaudrait quatre fois A'B' et serait par conséquent égal à 4. La surface de ce polygone serait *zéro*, le rayon du cercle inscrit serait également *zéro*, le rayon AO du cercle circonscrit vaudrait A'B', et serait par conséquent égal à *l'unité*.

Ainsi, en doublant toujours le nombre des côtés depuis le polygone AB, qui n'a que deux côtés, jusqu'au cercle qui en a un nombre infini, les rayons des cercles inscrits et circonscrits aux différents polygones que l'on obtiendra seront successivement exprimés par les formules

$$r = 0$$
$$R = 1$$
$$r' = \frac{R+r}{2}$$
$$R' = \sqrt{Rr'}$$
$$r'' = \frac{R'+r'}{2}$$
$$R'' = \sqrt{R'r''}$$
$$r''' = \frac{R''+r''}{2}$$
$$R''' = \sqrt{R''r'''}$$
$$\text{etc.} \ . \ . \ . \ . \ . \ .$$

et l'on peut faire cette remarque assez curieuse, qu'à partir du troisième, un terme quelconque de cette série est toujours alternativement, et suivant le rang qu'il occupe, *moyen* par différence ou par quotient entre les deux termes qui le précèdent.

---

446. Cercle tangent à trois droites. Le cercle NVU étant inscrit dans le triangle ABC, si l'on fait

$$AN = AU = x$$
$$BN = BV = y$$
$$CU = CV = z,$$

on aura

$$AB = AN + BN = x + y = c$$
$$AC = AU + CU = x + z = b$$
$$BC = BV + CV = y + z = a.$$

Ces équations résolues donnent les formules

$$x = p - a; \quad y = p - b; \quad z = p - c,$$

c'est-à-dire que *chaque tangente est égale au demi-périmètre du triangle, moins le côté opposé à l'angle au sommet duquel aboutit la tangente.*

447. Concevons actuellement le cercle U'V'N', que l'on nomme cercle *ex-inscrit*, on aura :

$$AU' = AU + CU + CU'$$
$$AN' = AN + BN + BN', \quad \text{d'où, en ajoutant,}$$

$$AU' + AN' = (AU + CU) + (AN + BN) + (CV' + BV') = b + c + a = 2p,$$

et par conséquent,

$$AU' + AN' = 2AU' = 2p, \qquad \text{d'où}$$

$$AU' = p.$$

Il résulte de là que les six tangentes AU', AN', BN'', BV'', CU''', CV''' sont égales entre elles, et que chacune d'elles est égale à p.

448. Quant aux tangentes formées par les côtés prolongés du triangle, chacune d'elles est égale à *p moins le côté dont elle forme le prolongement.*

24

449. Ainsi le point A est l'extrémité commune à huit tangentes, dont les valeurs sont renfermées dans le tableau suivant :

$$AU' = AN' = p$$
$$AU = AN = p - a$$
$$AU'' = AN'' = p - c$$
$$AU''' = AN''' = p - b.$$

Les deux tangentes au cercle *ex-inscrit* compris dans l'angle N'AU' sont égales à p, tandis que les deux tangentes au cercle *inscrit* dans l'intérieur du triangle sont égales à $p - a$.

Les deux tangentes au cercle qui touche le côté b et le prolongement de c sont égales à $p - c$, et les tangentes au cercle qui touche le côté c et le prolongement de b sont égales à $p - b$. Ainsi, chacune de ces quatre dernières tangentes est égale à p *moins le côté qui est touché dans son prolongement par le cercle que l'on considère.*

450. Ce qui vient d'être dit est applicable aux *huit* tangentes qui ont leurs extrémités en B, ainsi qu'à celles qui aboutissent au point C.

Ces *vingt-quatre tangentes* peuvent encore être groupées de la manière suivante :

$$AU' = AN' = BN'' = BV'' = CU''' = CV''' = p$$
$$AU = AN = BN''' = BV''' = CU'' = CV'' = p - a$$
$$AU'' = AN'' = BN' = BV' = CV = CU = p - c$$
$$AU''' = AN''' = BN = BV = CV' = CU' = p - b.$$

Six de ces tangentes sont égales à p; *six* autres sont égales à $p - a$; *six* sont égales à $p - c$, et les *six dernières* égales à $p - b$.

———

451. surface du triangle. Les formules précédentes conduisent très-promptement à la formule si connue qui exprime la surface d'un triangle en fonction de ses trois côtés; en effet, traçons les droites OU, OC, O'U', O'C, les deux triangles OCU, O'CU' seront semblables, parce qu'ils sont rectangles en U et U', et qu'en outre l'angle OCU est égal à CO'U', puisque les bissectrices CO et CO' sont perpendiculaires l'une à l'autre.

On aura donc la proportion :

$$OU : CU' :: CU : O'U'.$$

Or, si nous exprimons par r et par r' les deux rayons OU et O'U', la proportion précédente deviendra

$$r : (p-b) :: (p-c) : r', \qquad \text{d'où}$$

$$(1) \qquad rr' = (p-b)(p-c).$$

Les points O et O' étant situés tous les deux sur la bissectrice de l'angle A, les deux triangles AUO, AU'O' sont semblables, et l'on a :

$$AU : OU :: AU' : O'U',$$

d'où

$$(p-a) : r :: p : r',$$

et par conséquent

$$(2) \qquad pr = r'(p-a).$$

On a de plus, évidemment,

$$s = pr, \qquad \text{d'où}$$

$$(3) \qquad s^2 = p^2 r^2,$$

Rapprochant pour plus de clarté les équations

$$(1) \qquad rr' = (p-b)(p-c)$$
$$(2) \qquad pr = r'(p-a)$$
$$(3) \qquad s^2 = p^2 r^2.$$

Puis multipliant et réduisant, on obtient :

(4) $s^2 = p(p-a)(p-b)(p-c)$.

d'où

(5) $s = \sqrt{p(p-a)(p-b)(p-c)}$.

Cette manière d'obtenir la formule précédente paraît beaucoup plus simple que celle qui est donnée dans la plupart des traités de géométrie élémentaire ; mais on doit remarquer que, dans le cas actuel, il faut commencer par établir les formules du n° 450, ce qui est, au surplus, un exercice utile.

J'ajouterai, cependant, que la démonstration ordinaire est plus analytique, car elle conduit directement à la formule, tandis que, dans le cas actuel, on n'aurait certainement pas l'idée de chercher cette formule si l'on n'en connaissait pas l'existence.

452. Nous avons obtenu précédemment

(2) $pr = r'(p - a)$.

Mais on a

(6) $s = pr$,

d'où, multipliant et réduisant,

(7) $s = r'(p - a)$.

Donc, si nous exprimons par r'' et par r''' les rayons des cercles *ex-inscrits* tangents aux côtés b et c, nous aurons :

(8) $s = r''(p - b)$
(9) $s = r'''(p - c)$.

De plus, en renversant l'équation (4), on aura :

(10) $p(p-a)(p-b)(p-c) = s^2$.

Rapprochant les cinq équations qui précèdent

$$(6) \qquad s = pr$$
$$(7) \qquad s = r'(p-a)$$
$$(8) \qquad s = r''(p-b)$$
$$(9) \qquad s = r'''(p-c)$$
$$(10) \quad p(p-a)(p-b)(p-c) = s^2.$$

Puis, multipliant et réduisant, on obtient :

$$s^2 = rr'r''r''';$$

d'où

$$s = \sqrt{rr'r''r'''},$$

c'est-à-dire que *la surface du triangle est égale à la racine quarrée du produit des rayons des quatre cercles tangents.*

Cette formule est plus curieuse qu'utile, car le calcul des quatre rayons serait évidemment plus long que celui des quatre facteurs de la formule (5).

------

453. Vérification graphique du quarré de l'hypoténuse. En exécutant la construction indiquée sur la figure 4, on aura :

$$a = a'$$
$$b = b'$$
$$c = c'$$
$$d = d'$$
$$e = e',$$

d'où, en ajoutant

$$\overline{BC}^2 = \overline{AB}^2 + \overline{AC}^2,$$

------

454. Remarque. Dans les applications des mathématiques, il ne faut pas confondre un principe général avec une mé-

thode générale. En effet, *il ne peut pas y avoir de méthode*
générale dans la pratique

Ainsi, lorsque l'on veut obtenir la courbe de pénétration
de deux surfaces coniques, il faut les couper par des surfaces
auxiliaires qui peuvent être *quelconques*, et c'est dans cette
faculté d'employer les surfaces que l'on veut, que consiste la
généralité du principe. Mais lorsque l'on dit qu'il faut couper
les cônes donnés par des plans qui contiennent les deux sommets, on indique une méthode qui paraît générale en théorie,
mais qui, dans les applications, n'est presque jamais praticable : d'abord, parce que l'on a rarement sur l'épure les traces
ou les sommets des deux cônes donnés; ensuite, parce que la
droite qui joindrait ces sommets est quelquefois tout entière
en dehors de l'épure, ou rencontre les plans de projections
suivant un point trop éloigné pour qu'il soit possible d'en
faire usage. On ne fait pas assez d'attention à ces circonstances,
qui se reproduisent à chaque pas dans les applications de la
géométrie descriptive ; ainsi, les surfaces coniques qui forment
l'intrados de certaines voûtes dans les monuments, ou dans
les fortifications, les cônes ou les cylindres dont les intersections ont lieu si souvent dans les assemblages de la charpente.
ou des machines, n'ont presque jamais leurs traces sur l'é-
pure.

Il est donc évident que lorsqu'on propose à un élève de
trouver l'intersection de deux surfaces dont on a étudié d'a-
vance la nature et la position de manière à obtenir le résultat
sur le tableau, ou sur la planche à dessiner, on attire son
attention sur des combinaisons qu'il ne rencontrera jamais
dans la pratique, et l'on néglige, au contraire, celles qui se
présentent à chaque pas dans l'exécution des travaux.

Je ferai remarquer encore, que dans les questions où un
cône se trouvera combiné avec une autre surface, on emploiera
presque toujours le cône circulaire ou de révolution, et
même, lorsque la théorie indique l'usage d'un *cône oblique,*

on préfère souvent le remplacer par un *cône circulaire coupé obliquement*.

C'est pourquoi je crois utile de consacrer quelques planches à l'étude des cônes circulaires.

---

455. Intersections de deux cônes circulaires B et C (*pl.* 35).

1° ▬▬ Le premier plan de projection étant perpendiculaire à l'axe du cône B, on prendra le second plan de projection A'Z', parallèle aux deux axes qui, dans le cas actuel, se rencontrent.

2° ▬▬ On construira les projections des deux cônes données sur le plan A'Z', que nous pouvons supposer vertical pour mieux fixer les idées, et la circonférence du rayon SD sera par conséquent la projection horizontale du cône BB'.

3° ▬▬ La sphère qui a pour centre le point OO' étant inscrite dans le cône CC', on tracera les deux tangentes uT, et la projection horizontale de ce deuxième cône sera déterminée.

4° ▬▬ Les perpendiculaires abaissées sur A'Z', par les points o' et c', c' détermineront le centre et les deux axes de l'ellipse suivant laquelle se projette la base circulaire du cône CC'.

5° ▬▬ La droite u's', percera au point v'v le plan A''Y'' qui contient la base du cône CC'.

6° ▬▬ Si par la droite us, u's' on conçoit un plan P, dont l'intersection avec le plan A''Y'' serait la droite vm, ce plan coupera le cône CC' suivant les deux génératrices u-1, u'-1 dont les pieds 1,1, seront déterminés par la rencontre de la droite vm avec l'ellipse suivant laquelle se projette la base du cône CC'.

7° ▰▰▰ La droite *un* parallèle à *vm* sera la projection horizontale de la droite suivant laquelle le plan P$_1$ coupe le plan A‴Y‴ parallèle au plan A″Z″.

8° ▰▰▰ La droite *mn* coupera la circonférence qui forme la base du cône BB′, suivant deux points 1,1 que l'on joindra avec le sommet *ss*′, et les droites *s*-1 , *s*′-1 ainsi obtenues seront les intersections du cône BB′ par le plan P$_1$

9° ▰▰▰ Enfin , les génératrices *s*-1 , *s*′-1 du cône BB′ rencontreront les génératrices *u*-1, *u*′-1 du cône CC′ suivant 4 points 1, 1, 1, 1, dont il sera facile d'obtenir les projections verticales.

10° ▰▰▰ Si l'on ne veut pas construire l'ellipse suivant laquelle se projette la base du cône CC′, ou si les intersections de cette courbe par la droite *vm* se font trop obliquement, on rabattra le plan A″Y″ sur le plan horizontal de projection.

Par suite de ce mouvement, la base du cône CC′ sera la circonférence qui a pour centre *o*″ et pour rayon *o*″*c*″, le point *vv*′ se rabattra en *v*″ et la droite *v*″*m* coupera la circonférence *o*″*c*″ suivant les deux points 1,1 qui, ramenés sur la droite A″Y″ et de là sur l'ellipse *oc* détermineront les deux génératrices *u*-1, *u*′-1′ du cône CC′.

456. On peut aussi, comme vérification, rabattre le point *uu*′ en *u*″; la droite *u*″*n* parallèle à *v*″*m* déterminera le point *n*, et par suite, la trace horizontale *mn* du plan P$_1$

L'exemple actuel contient deux courbes séparées qui forment par conséquent ce que l'on nomme *pénétrations*, et le plan qui contient les deux axes coupe les cônes en deux parties symétriques dont les projections verticales se confondent.

Cette circonstance permettra de compléter rapidement les projections horizontales des courbes de pénétrations, puisqu'il suffira de reporter symétriquement, au delà du plan vertical vu, les points que l'on aura obtenus en deçà.

457. Pour obtenir les génératrices du cône CC' qui sont tangentes aux points 2, 2 des courbes de pénétration :

1° ■■■■ On coupera le cône BB' et la droite $s'u'$ par un plan horizontal P.

2° ■■■■ On obtiendra de cette manière le cercle horizontal du rayon sa et le point $z'z$ de la droite $(su, s'u')$.

3° ■■■■ On construira zx tangente au cercle sa, le rayon sx perpendiculaire à zx, puis la droite bd perpendiculaire à sx et parallèle, par conséquent, à zx sera la trace horizontale d'un plan P_2 tangent au cône BB', et contenant la droite su, $s'u'$.

4° ■■■■ La droite $v''b$ suivant laquelle le plan $A''Y''$ est coupé par le plan P_2 rencontrera le cercle $o''c''$ aux points 2, 2 qui, ramenés dans le plan $A''Y''$, détermineront sur le cône CC', les deux génératrices u-2, u'-2 tangentes aux points 2, 2 des courbes de pénétration.

5° ■■■■ Enfin, on déterminera de la même manière, ou par la symétrie, les deux points symétriques des mêmes courbes.

458. **Tangentes.** Si l'on veut obtenir une tangente en un point ee' de la courbe de pénétration, on pourra opérer de la manière suivante :

1° ■■■■ La droite HD perpendiculaire au rayon sD de la base du cône BB' sera la trace horizontale d'un plan P_3 tangent à ce cône suivant la génératrice SD.

2° ■■■■ La droite uK génératrice du cône CC', pourra être considérée comme une tangente au point ee' du cône CC'.

3° ■■■■ La droite LK'' perpendiculaire au rayon $o''K''$ de la base rabattue, sera également tangente au cône CC'.

4° ■■■■ Les deux droites uK, LK'' tangentes au point KK''

du cône CC' détermineront la trace horizontale MN du plan P$_4$ qui touche ce cône dans toute l'étendue de la génératrice u-k, u'-k' et par conséquent au point ee' de cette génératrice.

5° ▬▬ Enfin la droite HX, H'X' suivant laquelle le plan P$_3$ tangent au cône BB' coupe le plan P$_4$ tangent au cône CC', sera la tangente au point ee' de la courbe d'intersection des deux cônes.

Il est évident qu'en opérant de la même manière, on obtiendra autant de tangentes que l'on voudra.

---

459. Deuxième étude sur les intersections de cônes circulaires. — *Intersection de deux troncs de cônes circulaires dont les axes ne se coupent pas* (pl. 36).

Les troncs de cônes donnés sont déterminés dans le cas actuel, par leurs projections sur un plan A'Z' parallèle aux deux axes, et par les projections S et Oo de leurs axes, sur un plan perpendiculaire à l'un d'eux.

Projections. Supposons, comme dans l'épure précédente, et pour fixer les idées, que l'axe du cône BB' soit vertical, le plan perpendiculaire à cet axe sera horizontal, et la projection du cône sur ce plan se réduira aux deux cercles concentriques suivant lesquels se projettent les deux bases.

Les projections des deux cônes donnés sur le plan vertical A'Z', seront les trapèzes isocèles GKIT et HDFE.

Les sommets des deux cônes ne peuvent pas être projetés sur l'épure.

Dans ce cas, deux points O' et o' étant pris à volonté sur l'axe O'o' du cône CC' (*fig* 1 et 3 ou *fig*. 2 et 4), on décrira deux cercles tangents aux droites qui forment les deux côtés latéraux du trapèze HDFE.

Ces deux cercles pourront être considérés comme les projections verticales de deux sphères inscrites dans le cône CC'.

On construira les projections horizontales de ces sphères, et les tangentes aux circonférences qui expriment ces projections formeront les limites de la projection horizontale du cône CC'. Les ellipses suivant lesquelles se projettent les deux bases du tronc de cône se construiront comme à l'ordinaire.

460. Nous avons dit que les sommets des deux cônes donnés ne pouvaient pas être projetés sur l'épure, mais il sera peut-être possible d'obtenir au moins une partie de la droite qui contient ces deux sommets.

Pour y parvenir on construira (*fig.* 2) :

1° ⬛⬛⬛ La diagonale RL du quadrilatère formé par la rencontre des côtés latéraux des deux trapèzes GKIT, HDFE.

2° ⬛⬛⬛ La droite *rl* menée où l'on voudra parallèlement à RL.

3° ⬛⬛⬛ La droite *rs'* parallèle à TG.

4° ⬛⬛⬛ La droite *ls'* parallèle à IK.

5° ⬛⬛⬛ Le point *s'* suivant lequel les lignes *rs'*, *ls'* se coupent, sera situé sur la droite qui contient les sommets des deux cônes.

Pour obtenir un second point de la même droite, on tracera :

1° ⬛⬛⬛ La droite *r'l'* parallèle à RL et par conséquent à *rl*.

2° ⬛⬛⬛ La droite *r't'* parallèle à HD.

3° ⬛⬛⬛ La droite *l't'* parallèle à EF.

4° ⬛⬛⬛ Le point *t'* déterminé par la rencontre des deux lignes *r't'* et *l't'* sera encore situé sur la droite qui contient les sommets des cônes donnés.

En exécutant ces opérations, sur une feuille ou sur un tableau qui contiendrait les sommets des deux cônes, il sera facile de prouver l'exactitude de cette construction qui résulte évidemment des propriétés des figures semblables.

461. Pour obtenir la projection horizontale S*s* de la droite

qui contient les sommets des deux cônes donnés, il faudra construire par le point S qui est la projection horizontale de l'un des sommets, une droite S*s* dirigée de manière à passer par le point de rencontre des deux droites X*x*, Z*z* qui limitent la projection horizontale C du cône CC'.

Pour y parvenir on pourra opérer de la manière suivante (*fig.* 4 et 5) :

1° ▬▬ La droite XZ tracée dans une direction quelconque, déterminera les deux points X et Z que l'on joindra avec le point S par les droites XS et ZS.

2° ▬▬ On tracera ensuite les droites *xz* parallèles à XZ, *xs* parallèle à XS et *zs* parallèle à ZS, cette opération déterminera le point *s*.

3° ▬▬ La droite S*s* (*fig.* 4) passera par le point de rencontre des lignes X*x*, Z*z*, et sera par conséquent la projection horizontale de la droite qui contient les sommets des deux cônes donnés (*Géom.*).

462. Courbes d'intersections. Le point *v'* suivant lequel la droite *t's'* perce le plan horizontal Y''Y''' qui contient la base supérieure du tronc de cône BB' étant projeté en *v* sur la projection horizontale S*s* de la droite *s't'*, on tracera :

1° ▬▬ Une droite quelconque *va* que l'on pourra considérer comme l'intersection du plan horizontal Y''Y''' par un plan P₁ qui contiendrait les sommets des deux cônes.

2° ▬▬ Les droites S-1, S-1 seront les génératrices suivant lesquelles le cône B est coupé par le plan P₁

3° ▬▬ La droite *mn* parallèle à *av* et passant par les pieds des génératrices S-1 sera la trace horizontale du plan P₁

4° ▬▬ Enfin, les droites *am*, *cn* parallèles entre elles, seront les intersections par le plan P₁ des deux plans parallèles A''Y'' et A'''Y''' qui contiennent les bases du tronc de cône incliné CC'.

5° ▬▬▬ Les points de rencontre des droites am , cn avec les
ellipses, projections horizontales des bases du cône incliné CC′, détermineront les génératrices suivant lesquelles ce cône est coupé par le plan P_1

6° ▬▬▬ Enfin, les points suivant lesquels les génératrices
1-1 du cône CC′ rencontrent les génératrices 1-1 du cône
BB′, seront au nombre de quatre, et feront partie des
lignes de pénétration.

L'opération précédente étant répétée, on pourra déterminer
autant de points que l'on voudra sur les courbes demandées.

463. Il est évident que la méthode que nous venons d'indiquer, revient à remplacer les plans ordinaires de projections
par les plans parallèles deux à deux qui contiennent les bases
des troncs de cônes donnés, chaque plan coupant mené par le
point vv' coupera les plans $A''Y''$, $A'''Y'''$, $A''A'''$ et $Y''Y'''$ suivant
les côtés d'un parallélogramme tel que $acmn$, et les intersections de ces côtés avec les circonférences des bases des deux
cônes détermineront les génératrices de section et par suite
les points communs à ces deux surfaces.

464. En rabattant les plans $A''Y''$, $A'''Y'''$, on pourra éviter la
construction des ellipses suivant lesquelles se projettent les
deux bases du cône incliné CC′, et si l'on fait tourner la grande
base autour de l'horizontale projetante du point Y'', et la
petite base autour de l'horizontale projetante du point A''', les
droites am, cn deviennent am'', nc''' et sont encore parallèles
entre elles, comme elles l'étaient avant d'être rabattues, les
deux droites am'', $c'''n$ coupent les bases rabattues du tronc
de cône GC′ suivant quatre points 1,1,1,1 qui, ramenés dans
les plans $A''Y''$, $A'''Y'''$ déterminent les génératrices 1-1, 1-1
suivant lesquelles le cône CC′ est coupé par le plan P_1

465. **Limites**. On devra s'attacher surtout à déterminer les

points qui, par suite de leur position particulière, peuvent contribuer à augmenter l'exactitude du résultat; ainsi, par exemple :

    1° ▬▬ Si l'on prolonge la droite *ma* jusqu'à ce qu'elle rencontre la ligne *s*S des sommets. On obtiendra en U la projection horizontale du point suivant lequel cette dernière ligne perce le plan A″Y″ qui contient la grande base du tronc de cône CC′.

    2° ▬▬ La droite *nc* prolongée jusqu'à sa rencontre avec S*s* déterminera le point *u* suivant lequel le plan A‴Y‴ est percé par la droite des sommets.

    3° ▬▬ Les droites UM et *um* parallèles entre elles, et tangentes aux bases du cône oblique CC′, détermineront le plan P$_2$ qui touche ce cône suivant la génératrice 2-2, et coupe le cône BB′ suivant les génératrices S-2, S-2.

    4° ▬▬ Les intersections de ces deux droites avec la génératrice 2-2 du cône CC′, donneront les points 2, 2 des courbes de pénétration.

Les points suivant lesquels le plan P$_2$ touche les deux bases du cône oblique CC′, peuvent être vérifiés ou obtenus par le rabattement des plans A″Y″, A‴Y‴. En effet :

    1° ▬▬ Dans ce mouvement, la droite *am* devient *am″* et le point U décrit un arc de cercle dont la projection horizontale UU″ est parallèle à la ligne A′Z′.

    2° ▬▬ La droite *m″a* prolongée rencontre la ligne UU″ au point U″ qui est la projection du point U rabattu sur le plan Y″Y‴ qui contient la base supérieure du cône BB′.

    3° ▬▬ La droite U″M″ tangente à la base rabattue du cône CC′ détermine le point de tangence 2, qui étant ramené dans le plan A″Y″ donnera le point de tangence 2 sur la projection horizontale du cercle HE et sur la tangente UM qui doit passer par le point Q.

    4° ▬▬ La droite N*q* rabattue en N*q‴* sera parallèle à M″Q et touchera la circonférence qui forme la petite base du cône CC′ en un point 2 qui, ramené dans le plan A‴Y‴, déterminera le point 2 et par suite, la projection horizontale de ce point sur la droite *u*N et sur l'ellipse qui forme la projection horizontale de la petite base du cône CC′.

Les points 3,3 des courbes de pénétration seront déterminés en opérant comme pour les points 2,2.

466. Enfin, les points suivant lesquels les projections des deux courbes touchent les génératrices limites des projections des cônes pourront être facilement déterminés en construisant les plans qui contiennent le point *vv*′, et la ligne sur laquelle on voudra obtenir un point de la courbe cherchée.

Ainsi, pour obtenir le point suivant lequel la courbe de pénétration touche la droite GT, on construira le plan qui contient cette droite et le point *vv*′, puis en opérant comme aux n⁰ˢ 462 et 464, on obtiendra quatre points parmi lesquels il y en aura deux situés sur la droite GT.

On obtiendra de la même manière tous les points situés sur les droites KI, HD et FE.

Cette partie de l'opération n'a pas été conservée.

467. **Tangentes**. Supposons que l'on veut construire la tangente au point *ee*′ de la courbe de pénétration, on pourra opérer de la manière suivante :

　1° ▬▬ Le plan tangent au cône BB′ sera déterminé par la génératrice S-*e* et par la droite *kb* tangente au point 1 de la base supérieure du cône BB′.

　2° ▬▬ Le plan tangent au cône CC′ sera déterminé par la génératrice 1-*e*-1 de ce cône, et par la droite *dy* tangente au point 1 de la grande base.

　　Cette droite rencontre l'horizontale projetant du point Y″, en un point *y* que l'on joindra avec *b*.

　3° ▬▬ On prolongera la génératrice 1-*e*′-1 du cône CC′ jusqu'au point *g*′*g* suivant lequel elle perce le plan horizontal Y"Y''' qui contient la base supérieure du côn BB'.

La droite gy sera l'intersection de ce dernier plan par le plan tangent au point ee' du cône CC'.

4° ▬▬ Enfin, le point bb' suivant lequel se rencontrent les deux droites kb et gy appartiendra aux deux plans tangents dont l'intersection be, b'e' sera la tangente demandée.

Le plan tangent au point ee' du cône CC' peut encore être vérifié en construisant la droite hq''' tangente au point 1 de la petite base du cône CC'.

Cette tangente hq''' rencontre l'horizontale projetante du point Y''' en un point q''' qui, ramené en q' doit appartenir à la droite gb.

---

468. **Troisième étude sur les intersections de cônes circulaires** (pl. 37). Dans l'exemple qui précède, on avait sur l'épure une partie de la droite passant par les deux sommets ; dans la question actuelle, cette droite est tellement éloignée, qu'il est impossible d'employer aucun de ses points.

Dans ce cas, on pourra faire usage du principe énoncé au n° 288 : ainsi, le cercle indiqué par une teinte de points sur la figure 1, étant considéré comme la projection verticale d'une sphère, on pourra toujours concevoir deux cônes enveloppants B" et C", qui seraient semblables et parallèles aux deux cônes donnés par leurs projections verticales (fig. 2) et par leurs axes (fig. 3).

Les diagonales du quadrilatère cekr seront les projections verticales de deux ellipses ck, vr qui forment les courbes de pénétration des deux cônes projetés sur la figure 1, de sorte que tout plan parallèle à l'une quelconque de ces deux ellipses coupera les deux cônes de la figure 1 et par conséquent ceux de la figure 2 suivant des ellipses semblables, et si l'on choisit un plan de projection sur lequel ces ellipses se projettent par des cercles, les opérations à effectuer deviendront très-simples.

469. Or, nous avons déjà vu plusieurs fois comment on peut déterminer le plan de projection qui satisfait aux conditions que nous venons d'énoncer. Ainsi :

1° ▬▬ On coupera (*fig.* 1) l'un des deux cônes B″, par exemple par le plan *bd* perpendiculaire à son axe, et passant par le centre *m* de l'ellipse *ck*.

2° ▬▬ On rabattra la section circulaire du cône par le plan *bd*, et l'ordonnée *mz* sera le demi-petit axe de l'ellipse *ck*.

3° ▬▬ On ramènera le point *z* sur la circonférence qui a pour diamètre *mk*, et la droite *mz′* déterminera la direction du plan AY sur lequel l'ellipse *ck* se projettera par un cercle, car le triangle *mz′k* étant rectangle en *z′*, il est évident que le côté *mz′*, qui est égal au demi-petit axe de l'ellipse *ck*, est la projection du demi-grand axe *mk* de la même ellipse.

470. D'après cela,

1° ▬▬ Si l'on coupe les cônes projetés (*fig.* 2) par le plan P, parallèle au plan P de l'ellipse *ck* (*fig.* 1), on obtiendra pour sections deux ellipses R′R′ et V′V′ semblables à l'ellipse *ck* de la figure 1re.

2° ▬▬ Le point M′, milieu de R′R′, sera le centre de l'ellipse qui a cette droite pour grand axe.

3° ▬▬ Le point N′, milieu de V′V′, sera le centre de la seconde ellipse.

4° ▬▬ Ces courbes projetées sur le plan A″Y″, parallèle au plan AY de la figure 1, donneront les deux cercles qui ont pour centres les points M″ et N″.

5° ▬▬ Ces cercles se couperont suivant deux points 1, 1 qui, ramenés successivement dans le plan horizontal

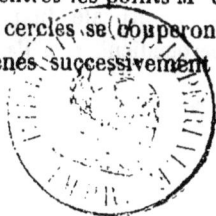

25

Y'''Y'', dans le plan de projection Y''A'' et enfin dans le plan coupant P₁ par les lignes projetantes perpendiculaires au plan Y''A'', appartiendront à la courbe d'intersection des deux cônes.

6° ▬▬ La même opération répétée déterminera autant de points que l'on voudra.

On pourra éviter la confusion en projetant une partie des lignes sur un second plan de projection A'''Y''' parallèle comme le plan A''Y'' au plan AY de la figure 1. Ainsi, les cercles décrits des points X'' et U'' comme centres, sont les projections sur le plan A'''Y''' des deux ellipses semblables suivant lesquelles les deux cônes donnés sont coupés par le plan P₂ qui contient les points 2,2 de la courbe demandée.

On fera bien de déterminer, sur la figure 2, les droites M'X' et U'N' qui contiennent les centres de toutes les ellipses semblables provenant de la section des deux cônes par les plans parallèles au plan P de la figure 1.

471. Tangente. Pour obtenir une tangente en un point *ee'* de la courbe d'intersection, on pourra opérer de la manière suivante :

1° ▬▬ Le plan tangent au point *ee'* du cône BB' sera déterminé par la génératrice S — *e* et par la droite *x* — P₃ tangente au cercle qui forme la base supérieure du cône.

2° ▬▬ Pour obtenir le plan tangent au point *ee'* du tronc de cône CC', on pourrait bien construire la génératrice du cône en opérant comme au n° 461; mais cette génératrice percerait le plan horizontal suivant un point qui serait en dehors de l'épure, et qui, par conséquent, ne pourrait être employé. Or, puisqu'il s'agit ici de cônes circulaires, il sera facile d'opérer de la manière suivante :

3° ▬▬ Par la projection verticale du point donné, on construira un plan perpendiculaire à l'axe du cône CC'.

4° ▬▬ La section du cône par ce plan sera un cercle projeté sur le plan vertical par la droite *zz*.

5° ▬▬ La droite *za'*, perpendiculaire à la génératrice EF du cône CC', déterminera le centre *a'* d'une sphère inscrite, qui touchera le cône suivant le cercle projeté sur le plan vertical par la droite *zz*.

6° ▬▬ On rabattra le point *ee'* en *e''* sur le méridien principal de la sphère, et l'on construira la tangente *e''t''* perpendiculaire à l'extrémité du rayon rabattu *o'e''*.

7° ▬▬ La tangente *e''t''* percera le plan horizontal Y'''Y'' en un point *t''* projeté en *t'''*, que l'on ramènera en *t* dans le plan vertical qui contient le centre de la sphère et le point donné *ee'*.

8° ▬▬ La droite P₄ perpendiculaire sur *ae*, sera l'intersection du plan horizontal Y'''Y'' par le plan P₄ tangent au point *ee* du cône CC'.

9° ▬▬ Enfin, les deux droites P₃ et P₄ situées dans le plan horizontal Y'''Y'' se couperont suivant le point *xx'*, et les droites *x-e*, *x'-e'* seront les deux projections de la tangente demandée.

―――――

472. **Problème.** *Trois points étant donnés, on veut déterminer un quatrième point dont on connait les distances aux trois premiers.*

Exprimons les points donnés par M, N, V et le point cherché par U. Supposons de plus que l'on doit avoir MU = 7 *mètres* ; VU = 8 *mètres* et NU = 9 *mètres* ; il est évident que la question revient à construire le quatrième sommet d'un tétraèdre qui aurait pour base le triangle MNV et dont les arêtes adjacentes au point U seraient égales aux trois distances données. Pour y parvenir, on pourra opérer de la manière suivante :

Première méthode (pl. 38) :

1° ▰▰▰ On déterminera les traces du plan P qui contient les trois points donnés.

2° ▰▰▰ On projettera ces trois points m'', n'', v'' sur un plan auxiliaire $A''Z''$ perpendiculaire à la trace horizontale du plan P.

3° ▰▰▰ On rabattra le plan P sur l'épure, et les trois points donnés seront m''', n''', v'''.

4° ▰▰▰ On construira les deux faces $n'''v'''u^{IV}$ et $m'''n'''u^{V}$ en faisant $v'''u^{IV} = 8$ *mètres* ; $n'''u^{IV} = n'''u^{V} = 9$ *mètres* et $m'''u^{V} = 7$ *mètres*,

5° ▰▰▰ On ramènera les deux faces $n'''v'''u^{IV}$ et $n'''m'''u^{V}$ à leur place en les faisant tourner autour des arêtes $n'''v'''$ et $n'''m'''$ (33), ce qui donnera u''' pour la projection du point cherché sur le plan P rabattu.

6° ▰▰▰ L'arc de cercle que décrit u^{V} en tournant autour du point o. étant rabattu en $u^{V}u^{VI}$, la droite $u'''u^{VI}$, perpendiculaire sur $u'''u^{V}$, sera la hauteur du tétraèdre, et par conséquent la distance du point cherché au plan qui contient les trois points donnés.

7° ▰▰▰ On projettera le point u''' sur la droite $A'''Z''$, d'où on le ramènera en u^{VII} sur $A'''Z'''$ par un arc de cercle décrit du point A''' comme centre.

8° ▰▰▰ On fera passer par ce point u^{VII} une perpendiculaire à $A'''Z'''$, et par conséquent au plan P, et l'on portera sur cette perpendiculaire les deux distances $u^{VII}u''$ égales à $u'''u^{VI}$. Cette opération déterminera sur le plan $A''Z''$ les projections u'', u'' de deux points qui satisfont à la question proposée.

9° ▰▰▰ Les projections horizontales u, u de ces mêmes points seront situées sur les perpendiculaires abaissées sur $A''Z''$ par les deux points $u''u''$, et sur la droite menée par u''' perpendiculairement à la trace horizontale du plan $PA'''Z'''$.

10° ▬▬ Enfin, les projections verticales $e'e'$ des deux points demandés pourront être obtenues sur les perpendiculaires uu', uu' en faisant les hauteurs des points e' au-dessus de $A'Z'$ égales aux hauteurs des points e'', au-dessus de $A''Z''$.

Si l'on a bien opéré, la droite $u'u'$ doit être perpendiculaire à la trace verticale du plan P.

473. *Deuxième méthode* :

1° ▬▬ Une sphère B, qui aurait pour centre le point M, et pour rayon 7 *mètres*, contiendra évidemment les points demandés.

2° ▬▬ Une deuxième sphère C, dont le centre serait le point N, et qui aurait pour rayon 9 *mètres*, contiendra également les points demandés.

3° ▬▬ Enfin, ces points devant être situés sur une troisième sphère D, de 8 mètres de rayon et dont le centre serait au point V, il est évident qu'il ne restera plus qu'à obtenir les points communs aux trois sphères.

4° ▬▬ Pour exécuter cette épure (*pl. 39*), on prendra un plan auxiliaire de projection $A''Z''$ vertical et parallèle à la droite *mn*, qui joint les centres des sphères B et C.

5° ▬▬ Le plan de projection $A''Z''$ étant rabattu, les points mm' nn' seront projetés par m'' et n'', dont les hauteurs au-dessus de $A''Z''$ seront égales à celles des projections verticales primitives m' et n' au-dessus de $A'Z'$.

6° ▬▬ Les sphères B et C seront projetées sur le plan $A''Z''$ par leurs grands cercles décrits de m'' et n'' comme centre avec des rayons de 7 et de 9 *mètres*.

7° ▬▬ La corde $k''h''$, qui joint les points d'intersection de ces deux circonférences, sera la projection sur le plan vertical $A''Z''$, du petit cercle suivant lequel se coupent les deux sphères B et C.

Or le cercle $k''h''$, lieu de tous les points communs aux deux sphères B et C devra évidemment contenir les deux points cherchés, et la question se trouve par conséquent réduite à la recherche des points suivant lesquels la circonférence du cercle $k''h''$ pénètre dans la troisième sphère D, ce qui revient par conséqnent à chercher l'intersection d'une ligne avec une surface.

8° ▰▰▰▰ Pour résoudre cette dernière partie de la question, on projettera, sur le plan $A''Z''$, la sphère, qui a pour centre le point vv', projeté en v'', et dont le rayon est égal à 8 *mètres*.

9° ▰▰▰▰ On coupera cette sphère par le plan projetant du cercle $k''h''$, ce qui donnera un cercle projeté sur le plan $A''Z''$ par la droite $r''s''$, dont le centre sera projeté au milieu c'' de la droite $r''s''$.

Or les points demandés devant appartenir aux deux cercles $k''h''$ et $r''s''$, il ne reste plus qu'à trouver leurs intersections; mais comme les projections de ces deux cercles sur le plan $A''Z''$ se confondent avec la trace $k''s''$ de leur plan projetant $A'''Z'''$, il est nécessaire de rabattre ce plan. Pour cela,

10° ▰▰▰▰ On peut le faire tourner autour de l'horizontale projetante de A''', jusqu'à ce qu'il soit venu se rabattre sur le plan horizontal de projection.

11° ▰▰▰▰ Par suite de ce mouvement, les centres o'' et c'' des deux cercles dont on cherche les intersections viendront se rabattre sur le plan horizontal en o''' et c'''.

12° ▰▰▰▰ La circonférence décrite de o''' comme centre avec un rayon égal à $o''k''$ représentera le cercle $k''h''$ rabattu, et la circonférence décrite de c''' comme centre avec le rayon $c''r''$ sera le rabattement du cercle $r''s''$.

13° ▰▰▰▰ Les deux points u''' suivant lesquels ces deux circonférences se rencontrent satisferont aux conditions du problème.

14. ▬▬ Pour ramener ces points à leur place, on les projettera d'abord sur $A'''z'''$, puis on les ramènera en u'', u'' sur $A'''Z'''$, d'où l'on déduira leurs projections horizontales u, u sur les droites $u'''u, u'''u$, parallèles à $A''Z''$.

15° ▬▬ Enfin, les perpendiculaires à $A'Z'$ menées par les projections horizontales u, u contiendront les projections verticales u', u' dont les hauteurs au-dessus de $A'Z'$ doivent être égales à celles des points u'', u'' au-dessus de $A''Z''$.

474. Pour obtenir les points u, u' communs aux trois sphères, on pourrait :

1° ▬▬ Construire le cercle suivant lequel se coupent deux quelconques de ces trois sphères.

2° ▬▬ On construirait ensuite le cercle provenant de la rencontre de la troisième sphère avec l'une quelconque des deux premières.

3° ▬▬ Les points communs aux deux cercles ainsi obtenus seraient les points demandés.

Mais les deux cercles n'étant pas dans un même plan, les points suivant lesquels ils se rencontrent ne pourraient plus être déterminés par un rabattement, et l'épure serait beaucoup moins simple.

———

475. **Concours de 1852 pour l'admission à l'École des beaux arts.**

Les droites bb', cc', dd' *(pl. 40) sont les axes de trois cylindres circulaires égaux, et tels que chacun d'eux est tangent aux deux autres.*

Chacun de ces axes est incliné sur le plan horizontal de projection d'une quantité égale à l'angle V, et leurs projections horizontales se coupent suivant les sommets m, v, n *d'un triangle équilatéral dont un des côtés* mv *est parallèle à la ligne*

A'Z', *d'où il résulte que l'un des trois cylindres demandés est parallèle au plan vertical de projection.*

Enfin, les traces horizontales des droites données sont les points E,F,G *situés sur les prolongements des côtés du triangle* mvn *de manière que l'on ait* mE $=$ vF $=$ nG.

On demande de construire :

1° ▬▬ *Les projections horizontales et verticales des trois cylindres ;*

2° ▬▬ *Les courbes d'intersection de ces cylindres et d'une sphère d'un rayon donné dont le centre est situé dans le plan qui contient les trois points suivant lesquels se touchent les cylindres et sur la verticale qui contient le centre du triangle* mvn.

476. **Projection verticale des droites données.**

1° ▬▬ Le point E étant projeté en E' sur la ligne A'Z', on fera l'angle H'E'G' égal à l'angle donné V, et la droite E'b' sera la projection verticale de l'axe du cylindre BB'.

2° ▬▬ La verticale du point v déterminera sur E'b' un point v' par lequel on tracera l'horizontale QR.

3° ▬▬ Les points n et m situés sur les axes F'c et Gd, à la même hauteur que le point vv', seront déterminés par les verticales nn', mm'.

477. **Rayons des cylindres.** Les trois cylindres devant

être égaux et se toucher, il est évident que le rayon de la section droite sera pour chacun d'eux égal à la moitié de la perpendiculaire qui détermine la plus courte distance de deux quelconques des trois lignes données.

Pour obtenir cette plus courte distance, on peut opérer de plusieurs manières :

Première méthode (18). On projettera les deux droites dont on veut obtenir la distance sur un plan perpendiculaire à l'une d'elles ; ainsi, par exemple :

1° ▬▬▬ Si par le point EE', ou tout autre point de la droite E'b', on trace une ligne A"Z" perpendiculaire sur E'b', on pourra considérer les deux droites A"Z', E'E comme les traces d'un plan perpendiculaire, au plan vertical de projection et à l'axe E'b' du cylindre BB'.

2° ▬▬▬ Le plan A"Z" étant considéré comme plan de projection, on le rabattra sur l'épure en le faisant tourner autour de sa trace horizontale E'E.

3° ▬▬▬ La droite E'b' se projettera sur ce plan A"Z" par un seul point E, qui ne changera pas de place, puisqu'il appartient à la charnière du rabattement.

4° ▬▬▬ Enfin, les points HH' et KK', pris arbitrairement sur la droite Gm, G'm', étant projetés sur le plan A"Z" et rabattus en H" et K", on aura K"H" pour la projection de la droite dd' sur le plan A"Z".

5° ▬▬▬ La droite Ea", perpendiculaire sur K"H", sera la plus courte distance des axes des deux cylindres BB' et DD', et le point u", milieu de Ea", sera le point de tangence de ces deux cylindres, dont les rayons seront égaux à u"E, moitié de Ea".

6° ▬▬▬ La droite a"a, parallèle à A'Z', déterminera sur Gm la projection horizontale du point a.

7° ▬▬▬ Le point a", projeté sur A'Z' et ramené dans le plan A"Z", deviendra le pied d'une perpendiculaire projetante qui déterminera sur Gm' la projection verticale du point a', et si l'on a bien opéré, les deux points a et a' seront sur une même perpendiculaire à A'Z'.

8° ▬▬▬ La droite $a'r'$, parallèle à A"Z", sera la projection verticale de la perpendiculaire commune aux deux droites bb' et dd', et la verticale abaissée de r' déterminera sur Eb la projection horizontale r du point rr', et par suite, la projection horizontale ar de la droite perpendiculaire aux axes bb', dd' des deux cylindres BB' et DD'.

9° ▬▬▬ Le point uu', milieu de la droite ar, $a'r'$, sera le

point de tangence que l'on pourra encore obtenir et vérifier en ramenant le point u'' successivement sur A′Z′,
sur A″Z″ et de là sur $a'r'$, par une ligne projetante perpendiculaire au plan A″Z″.

Deuxième méthode. La plus courte distance qui existe entre
les axes des deux cylindres donnés peut être obtenue, dans le
cas actuel, par des considérations dépendantes de la position
particulière de ces axes.

En effet (*fig.* 3), si par un point II′, pris où l'on voudra
dans l'espace, on conçoit les droites IV, IN, parallèles aux axes
des deux cylindres CC′ et DD′, le plan P, qui contiendra les
droites (IV, I′V′) (IN, I′N′), sera parallèle aux deux cylindres, et
par conséquent au plan tangent commun qui contient le point
suivant lequel les deux cylindres doivent se toucher.

Or les axes cc' et dd' des deux cylindres CC′ et DD′ devant
être également inclinés sur le plan horizontal de projection, il
en sera de même des droites (IV, I′V′) (IN, I′N′) de la figure 3,
le triangle IVN formé par les projections horizontales IV et IN
de ces droites et par la trace horizontale VN du plan P, sera
isocèle ; enfin les deux côtés IV, IN du triangle IVN de la figure
3, étant parallèles aux côtés nv et mn du triangle équilatéral
mnv (*fig.* 4), on doit en conclure que la ligne VN perpendiculaire à la bissectrice de l'angle VIN sera, par la même raison, perpendiculaire à la ligne A′Z′.

Or les axes cc', dd' des cylindres donnés CC′, DD′ étant parallèles au plan tangent P, il s'ensuit évidemment que les
projections verticales c' et d' de ces axes seront parallèles, et
leurs plans projetants c'F′F et d'G′G étant parallèles, toute
perpendiculaire G′x'' abaissée d'un point quelconque GG′ de
ces plans sur l'autre, exprimera leur distance, et, par suite,
la plus courte distance des axes dd' et cc' des cylindres (15).

Cette opération détermine bien la distance des deux axes,
et par conséquent les rayons des deux cylindres DD′ et CC′,
mais elle ne donne pas la position du point suivant lequel les

deux cylindres se touchent ; or il est essentiel de connaître cette position, puisque c'est dans le plan des trois points de tangence que doit être situé le centre de la sphère pénétrée par les trois cylindres.

· Il faut donc que la perpendiculaire qui exprime la distance des deux axes soit amenée à la position qu'elle doit occuper dans l'espace.

Pour obtenir cette position, on pourra opérer comme nous l'avons dit au n° 15 de l'ouvrage actuel. Ainsi :

1° ▬▬ On déterminera la projection horizontale x''' du point x'' suivant lequel la perpendiculaire abaissée du point GG' perce le plan projetant $c'F'F$ qui contient l'axe cc' du cylindre CC'.

2° ▬▬ On fera mouvoir cette perpendiculaire Gx''' parallèlement à elle-même et de manière que le point GG' ne quitte pas l'axe dd' du cylindre DD'.

3° ▬▬ Par suite de ce mouvement, le point $x''x'''$ décrira dans l'espace une droite $x'''x$ parallèle à dd', et lorsque le point x''' sera venu se placer en xx' sur l'axe cc' du cylindre CC', la droite zx parallèle à la ligne $A'Z'$ sera la projection horizontale de la perpendiculaire commune aux axes des deux cylindres CC' et DD'; puis les verticales projetantes élevées par les points z et x détermineront les projections verticales z' et x' des mêmes points sur les projections verticales des axes des deux cylindres.

478. **vérification.** Une remarque importante et de laquelle doit résulter pour la suite de cette épure un grand nombre d'abréviations, c'est qu'il est évident que les trois cylindres sont groupés autour de la verticale qui contient le centre du triangle équilatéral mnv, de manière que si l'on faisait faire à ces trois cylindres un tiers de révolution dans le sens indiqué par la flèche i, le cylindre BB' viendrait prendre exactement la place du cylindre CC', tandis que celui-ci remplacerait le cy-

lindre DD' ; or la perpendiculaire *ar* qui mesure la distance des deux axes étant entraînée par le même mouvement, viendrait se placer en *st*, et le point de tangence *u* en *e*, milieu de *st*.

Enfin, si l'on faisait encore tourner le tout de 120 degrés, la droite *st* deviendrait *xz* et le point de tangence *e* se placerait en *o*.

Ainsi les droites qui mesurent les plus courtes distances entre les axes des cylindres, ont pour projections horizontales les trois côtés d'un triangle équilatéral ; et les milieux *u*, *e*, *o* de ces côtés sont les projections horizontales des trois points de tangence.

Les perpendiculaires élevées par les points suivant lesquels ces trois droites rencontrent les axes des cylindres détermineront les projections verticales $a'r'$, $s't'$ et $z'x'$ des mêmes lignes, et les projections u', e' et o' des trois points de tangence qui doivent être situés tous les trois dans le plan horizontal LU.

479. Projections des cylindres. Les axes et les rayons des cylindres étant connus, il sera facile d'obtenir leurs projections. L'un des moyens les plus simples sera de construire les deux projections d'une sphère inscrite dans chacun des cylindres demandés.

Le rayon de cette sphère étant égal à Eu'', on prendra pour centre un point quelconque sur l'axe du cylindre dont on voudra obtenir la projection.

480. Traces des cylindres. La droite *hk* sera le grand axe, et la droite *el* sera le petit axe de chacune des ellipses qui forment les traces horizontales des trois cylindres.

On n'a pas construit les traces verticales qui n'offrent pas d'intérêt dans la question actuelle.

481. Projections de la sphère. Le rayon étant donné,

on prendra pour centre le point OO', situé à égale distance des trois points de tangence, et dans le plan LU de ces points.

482. pénétrations dans la sphère. On construira d'abord les deux courbes suivant lesquelles la sphère est pénétrée par le cylindre BB'. Il suffira (*Géom. descript.*) pour obtenir ces courbes de couper le cylindre et la sphère par des plans parallèles au plan vertical de projection. Chacun de ces plans coupera le cylindre suivant deux génératrices, et la sphère suivant un cercle parallèle au plan vertical de projection. Les points suivant lesquels ce cercle sera rencontré par les génératrices du cylindre appartiendront aux courbes de pénétration demandées.

Cette opération est tellement élémentaire, que je n'ai pas cru devoir en conserver la trace sur l'épure principale, et je me suis contenté de la rappeler au lecteur par la figure 1, qui contient les mêmes données sur une plus petite échelle.

483. Si par le point O de cette figure on construit le plan P perpendiculaire au cylindre BB', il est évident que ce plan coupera la sphère et le cylindre en deux parties symétriques, et l'on sait que lorsqu'un plan de symétrie est perpendiculaire au plan de projection les parties symétriquement placées dans l'espace ont des projections symétriques, ce qui explique pourquoi les deux courbes de pénétration MM' et NN' ont des projections verticales M' et N' symétriques.

Cette remarque permettra de vérifier les courbes de pénétration en s'assurant que sur la projection verticale, les points symétriques sont bien exactement placés à égale distance du plan P, sur les projections verticales des génératrices du cylindre.

De plus, si l'on fait tourner le cylindre BB' autour de l'horizontale projetante du point OO', jusqu'à ce qu'il soit venu prendre la position B″ et de manière que les deux cylindres B' et B″

soient placées symétriquement par rapport au plan horizontal P_1 il est évident que les courbes N' et U' seront symétriques et qu'elles auront par conséquent la même projection horizontale N ; mais les deux courbes M et N étant symétriques par rapport au plan vertical P_2 leurs projections horizontales sont symétriques ; donc la projection horizontale de la courbe U' étant égale à celle de la courbe M, sera symétrique de la courbe N.

Ainsi les courbes de pénétration de la sphère et du cylindre BB' auront des projections verticales M' et N' symétriquement placées par rapport au plan P, et les projections horizontales M et N des mêmes courbes seront également symétriques par rapport au plan P_2 ce qui permettra de vérifier l'exactitude des projections horizontales comme la symétrie par rapport au plan P sert à vérifier les projections verticales.

484. C'est principalement pour déterminer les courbes de pénétration de la sphère et des deux autres cylindres que la symétrie nous sera d'une grande utilité.

En effet, si l'on voulait employer la méthode précédente, il faudrait construire une projection auxiliaire, sur un plan vertical parallèle à chacun des cylindres donnés ; mais nous avons déjà remarqué que les trois cylindres sont groupés autour de l'axe, de manière qu'en faisant faire à ces trois cylindres un tiers de révolution, chacun d'eux viendrait occuper exactement la place du cylindre qui le précède, et serait à son tour remplacé par le cylindre qui le suit.

Or ce que nous venons de dire des cylindres s'appliquerait également aux courbes de pénétration : de sorte qu'en faisant tourner les trois cylindres de 120 degrés, chaque point des deux courbes précédemment obtenues décrirait également un arc de 120 degrés, et le plan P_2 tournant en même temps, viendrait prendre la place du plan P_3 ainsi, pour obtenir les courbes de pénétration de la sphère par le cylindre CC' :

1° ▰▰▰ On décrira du point O comme centre, un arc de

cercle passant par chacun des points des courbes de pénétration de la sphère et du cylindre BB'.

2° ━━ On prendra les longueurs des arcs compris entre ces points et le plan P_2 et l'on reportera ces mêmes arcs sur les circonférences correspondantes à partir du plan P_3

3° ━━ Enfin, en portant les mêmes distances à partir du plan P_4 on obtiendra les projections horizontales des deux courbes de pénétration de la sphère et du cylindre DD'.

Lorsque les projections horizontales des quatre dernières courbes seront déterminées, on obtiendra leurs projections verticales en élevant, par chaque point, une perpendiculaire à A'Z', jusqu'à ce que ces perpendiculaires rencontrent les horizontales menées par les projections verticales des points correspondants que l'on aura pris la précaution de numéroter.

------

485. symétrie. Les nombreuses relations de symétrie qui existent dans l'épure précédente peuvent donner lieu à quelques remarques utiles.

On a dit (Legendre) que *deux objets, deux corps symétriques devaient avoir une base commune, et être construits semblablement, l'un au-dessus du plan de cette base, l'autre au-dessous, avec cette condition que les sommets des angles solides homologues seraient situés à égale distance du plan de la base sur une même droite perpendiculaire à ce plan.*

Cette définition n'est point exacte; d'abord parce qu'il n'est pas nécessaire que les deux corps dont il s'agit aient une base commune. Il est évident qu'ils pourraient être placés à une certaine distance l'un de l'autre, de manière que les sommets homologues soient situés deux à deux sur une perpendiculaire à un même plan, et à égale distance de

ce plan, qui devient alors un *plan de symétrie*. Mais encore
il est bien évident que cette dernière condition n'est pas nécessaire pour établir la symétrie des deux corps dont il s'agit ;
et l'on conçoit parfaitement que deux corps *composés de parties égales arrangées dans un ordre inverse* seront symétriques dans leur forme, quoiqu'ils ne soient pas placés symétriquement.

Il faut donc distinguer la *symétrie de forme* de la *symétrie
de position*.

Cette dernière espèce de symétrie est évidemment la seule
qui convienne pour les figures planes ; en effet, si deux figures
de cette espèce, deux triangles par exemple, sont placés
comme on le voit sur la figure 7, on ne peut pas dire que
ces deux triangles soient symétriques ; car si l'on joint par
une droite deux quelconques de leurs sommets homologues,
et si par le milieu de la droite *ab* on lui élève une perpendiculaire *cd*, cette dernière ligne sera un *axe de symétrie ;* or,
si l'on fait tourner le triangle A autour de la droite *cd*, on
fera coïncider les deux triangles, et leur égalité deviendra
évidente. On ne doit donc pas dire que ces deux triangles
sont des figures symétriques ; ce sont des *figures égales placées symétriquement*.

Aux symétries de forme et de position on pourrait ajouter
une troisième sorte de symétrie, que l'on nommerait *symétrie de projection*.

En effet, pour qu'un objet symétrique se projette symétriquement, il faut que le plan de projection soit perpendiculaire au plan de symétrie ; et, dans ce cas, on a une vue de
face comme celle que l'on obtient lorsque la surface d'un
portrait est perpendiculaire au plan de symétrie du corps
humain ; tandis que si ce dernier plan était parallèle à celui
du tableau, on aurait évidemment ce que l'on appelle un
profil.

Si les deux polyèdres A et B (*fig.* **6**) sont placés symétriquement par rapport au plan vertical P, il est évident que leurs projections horizontales seront symétriques par rapport à la trace horizontale du plan P, qui alors est un axe de symétrie pour ces deux projections ; et l'on conçoit que l'un des deux polyèdres pourrait s'élever jusqu'en A′ sans que la symétrie cessât d'exister sur la projection horizontale.

Enfin cette symétrie de projections existerait encore si le polyèdre B était remplacé par un polyèdre C différant complétement du premier, mais dont les sommets seraient situés sur les mêmes perpendiculaires projetantes.

---

486. Je terminerai ici le premier volume des exercices. Cet ouvrage ne devait d'abord contenir que des questions de géométrie descriptive ; mais l'ordre des matières n'étant pas déterminé, j'ai cru pouvoir, sans inconvénient, y introduire quelques problèmes de géométrie élémentaire.

On y trouvera aussi plusieurs planches qui, depuis, ont été placées dans la deuxième édition de mon *Traité des ombres*. J'aurais voulu pouvoir éviter cette double publication, mais cela n'aurait pu se faire qu'en interrompant l'ordre des pages ; ensuite j'ai pensé que ces nouvelles études pourront former un complément utile aux personnes qui ne possèdent que la première édition de mes livres ou les traités publiés par quelques-uns des auteurs qui ont écrit sur le même sujet.

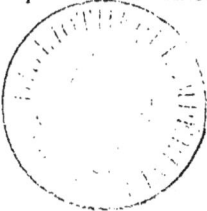

FIN DU PREMIER VOLUME.

Paris — Imprimé par E. Thunot et Cⁱᵉ, rue Racine, 26.

COURS
DE MATHÉMATIQUES

A L'USAGE

DE L'INGÉNIEUR CIVIL,

PAR J. ADHÉMAR.

Chaque Traité se vend séparément.

PARIS.

CARILIAN-GOEURY et Vᵒʳ DALMONT, Libraires,
quai des Augustins, 49 ;
HACHETTE et Cᵉ, rue Pierre-Sarrazin, 14;
MATHIAS, quai Malaquais, 15.
1852.

IMPRIMÉ PAR E. THUNOT ET Cᵉ, RUE RACINE, N° 26.

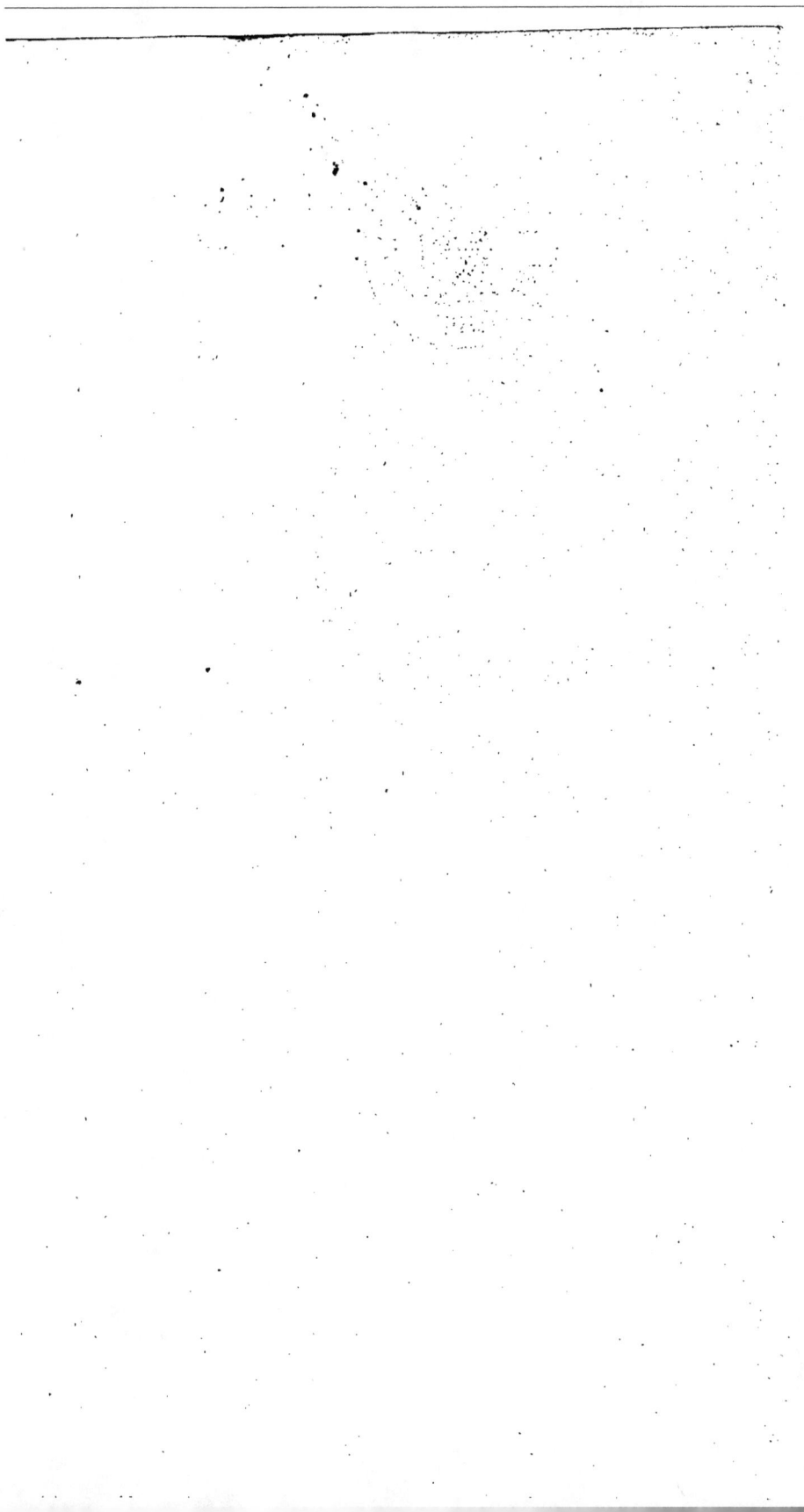

www.ingramcontent.com/pod-product-compliance
Lightning Source LLC
Chambersburg PA
CBHW060956220326
41599CB00023B/3731